水利水电技术前沿

第2辑

湖北省水利水电规划勘测设计院　组编

·北京·

内 容 提 要

本书以湖北省水利水电规划勘测设计院多年来的工程实践和科研攻关项目为依托，分为水文分析与规划、工程地勘与测量、工程设计与研究和水保移民与施工四个部分，以专题文章的形式总结并阐述了水利水电技术发展趋势和关键前沿问题。

本书可为水利水电工程领域的管理人员、专业技术人员、研究人员和高等院校师生了解工程技术前沿和重点研究方向提供参考，也可作为社会公众了解水利水电技术前沿的引领性读物。《水利水电技术前沿》为连续出版物，计划每年出版一本，本书为第2辑。

图书在版编目（CIP）数据

水利水电技术前沿. 第2辑 / 湖北省水利水电规划勘测设计院组编. -- 北京 : 中国水利水电出版社, 2021.12
ISBN 978-7-5226-0131-1

Ⅰ. ①水… Ⅱ. ①湖… Ⅲ. ①水利水电工程 Ⅳ. ①TV

中国版本图书馆CIP数据核字(2021)第209469号

书　名	水利水电技术前沿·第2辑 SHUILI SHUIDIAN JISHU QIANYAN · DI 2 JI
作　者	湖北省水利水电规划勘测设计院　组编
出版发行	中国水利水电出版社 （北京市海淀区玉渊潭南路1号D座　100038） 网址：www.waterpub.com.cn E-mail：sales@mwr.gov.cn 电话：（010）68545888（营销中心）
经　售	北京科水图书销售有限公司 电话：（010）68545874、63202643 全国各地新华书店和相关出版物销售网点
排　版	中国水利水电出版社微机排版中心
印　刷	清淞永业（天津）印刷有限公司
规　格	184mm×260mm　16开本　15印张　365千字
版　次	2021年12月第1版　2021年12月第1次印刷
印　数	001—800册
定　价	**58.00**元

编 委 会

主　　编： 李瑞清

副 主 编： 宾洪祥　许明祥　别大鹏　刘贤才　姚晓敏　熊卫红

编审组成员： 李文峰　陈汉宝　沈兴华　雷新华　刘学知　秦昌斌　周　明　黄定强　翁朝晖　孟朝晖　周　全　王述明　李海涛　崔金秀　黄桂林　陈亚辉　邓秋良

前言

湖北省水利水电规划勘测设计院（以下简称“湖北水院”）是中国水利水电勘测设计行业AAA+信用等级单位，拥有水利水电工程勘察、设计、咨询等14个甲级资质，是湖北省属唯一的甲级水利水电勘测设计单位。建院60多年来，湖北水院在水利规划、水资源配置、筑坝技术、泵站设计等方面达到国内领先水平，科技创新成果丰硕，取得了200余项科技成果和170余项技术专利，获得110多项国家和省部级科技进步奖、科技成果奖和优秀工程勘察设计奖，荣获1项国家设计金奖、3项银奖和3项铜奖。

为充分展示湖北水院的最新研究成果，作者针对一些关键技术问题和焦点问题，以专题文章的形式把这些成果展示给读者。全书包括水文分析与规划、工程地勘与测量、工程设计与研究、水保移民与施工四个部分，每一部分包括6～7篇论文。

（1）水文分析与规划。主要包括长江中游河道崩岸机理及生态防护措施研究，低影响开发措施对城市内涝的控制研究进展，ArcGIS在水文计算及水资源规划上的应用综述，平原区跨流域城乡联动水资源调控技术研究，河湖沉积物吸附和解吸磷的特性研究进展，流速法生态需水计算——以汉北河为例，以及溃坝洪水模拟关键技术研究综述等。

（2）工程地勘与测量。主要包括水利工程安全监测数据分析过程中常见问题及应对方法研究，鄂北地区水资源配置工程施工控制网的关键技术研究，无人机稀少像控若干关键因素的分析与控制，专题空间数据库的研究与应用，湖北省水利水电工程岩体力学参数经验取值与数据库查询系统研究，以及碾盘山水利水电枢纽工程浸没问题研究等。

（3）工程设计与研究。主要包括坝工泄洪消能新技术，碾压混凝土拱坝筑坝技术的研究与应用，引江济汉工程超大型闸门设计与研究，高压闸门水封的研究与应用，碾盘山智能水电厂体系架构研究，基于BIM技术的水利水电工程三维协同设计，以及中小型水电站机电金设计创新研究等。

（4）水保移民与施工。主要包括水土保持“天地一体化”监管技术研究及应用，起爆点位置对台阶爆破爆堆形态的影响研究，基于狼群优化——投影寻踪模型的水土保持综合效益研究，国家水土保持重点工程小流域治理规划设计技术研究——以麻城革命老区项目为例，湖北省水土保持区划方法探讨，以及大型水利工程移民安置点规划新思维等。

编写本书的初衷是总结湖北水院在水利水电工程规划、勘测、设计和施工等方面的实践经验和研究成果，深入剖析水利前沿关键技术研究进展和发展方向。本书既涉及传统的水利水电规划勘测设计方法，又涉及BIM等新兴技术，重点讲解这些技术在水利水电工程中的应用和发展方向。既让读者对水利水电工程技术有一个宏观的把握，又通过各种案例的分析，指导读者将这些技术应用到相关的专业和工程中。

由于作者水平有限，书中难免存在疏漏和不当之处，敬请读者批评指正。

作者

2021年12月

目录

04 水保移民与施工

01

水文分析与规划

长江中游河道崩岸机理及生态防护措施研究

由星莹　余阳　胡雄飞　黄雍　徐峰　卢勇鹏

[摘要] 针对崩岸模拟中存在的河流动力学方法与土力学方法脱节现象，提出将水流对斜坡泥沙颗粒的拖曳力直接作用在岸坡土体受力分析中，同时考虑多重影响因素，采用分层累加的方法，分析岸坡综合稳定系数；基于Fukuoka混合土岸坡稳定计算方法，分析河床演变规律等对断面流速分布的影响，建立近岸流速计算式估算近岸水流切应力；根据实验成果确定黏性土抗拉强度，采用Lane临界切应力法计算下层砂性土冲刷后退距离L，与上层黏性土的临界挂空长度L_c相比，判断岸坡的稳定性并进行崩岸预警，结果表明危险岸段与实际险段位置吻合；同时还对长江中下游河岸的生态防护措施进行了全面系统总结，为其他河道崩岸治理提供借鉴。

[关键词] 长江中下游；崩岸机理；岸坡稳定；生态防护

1 引言

随着社会经济的发展，人类对河道岸线的开发利用程度越来越高，对河岸稳定机制的研究日益增多。崩岸作为全球河流广泛存在的现象，不仅威胁两岸防洪安全、水土资源利用，而且影响到水生态环境及物种多样性。近年来，国内外学者对河岸稳定机理进行了深入研究。假冬冬等采用三维湍流输沙模型模拟了长江中游石首河湾崩岸及河床形态变化。张芳枝发现堤岸边坡稳定受近岸河床累计冲刷的影响明显，黏性土层在崩岸过程中并非直接受水流冲刷变形，而是因下层河床相的中细沙冲失后，岸坡失去稳定而滑入水中。余明辉等认为崩岸与河床演变相互作用，河岸坡脚遭水力侵蚀后，随着下落土块的解体和运输，发生河岸及床体土壤的交换。唐金武发现崩岸速率、模式及稳定坡比受近岸流速和河床冲淤变形的影响很大。

本文基于长江中下游大量的水文地形地质资料，研究不同河型的河床演变规律，分析近岸流速变化对河岸稳定性的影响；根据Fukuoka提出的混合土岸坡崩塌机制，评估长江中游河岸稳定性，并对以往岸坡生态防护措施进行系统总结提炼，从而为国内外其他河流的崩岸治理提供参考。

2 研究区域

长江中游沙市—湖口河段全长约786km。沙市陈家湾以上主要为砂卵石河床，床沙质特征与下游区别较大；大通以下为感潮河段，河势调整影响因素与上游径流河段明显不同。综合各方面因素，本次选取长江中游陈家湾至鄱阳湖湖口的沙质河床作为研究对象，如图 1 所示，该河段具有单一河型与分汊河型交错分布的特点。

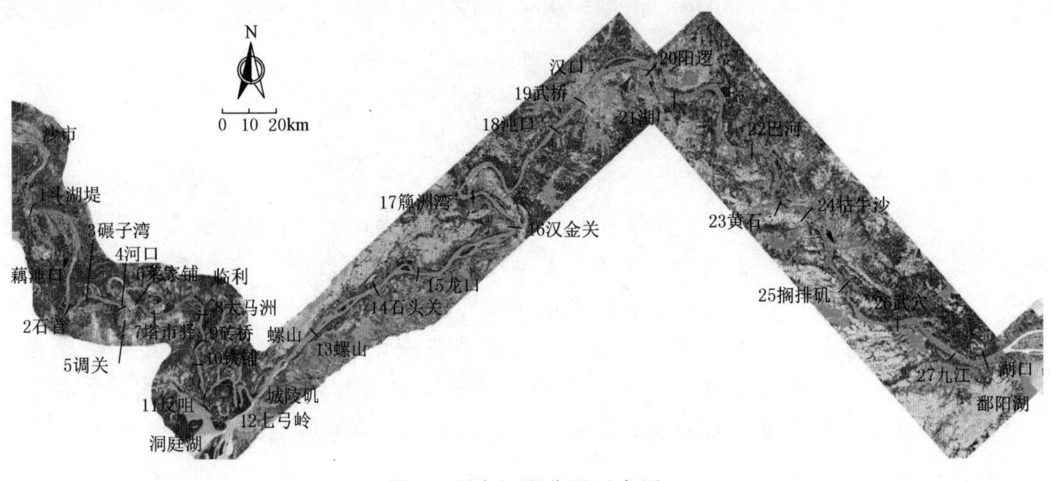

图 1 研究河段位置示意图

3 长江中下游河道崩岸机理研究

3.1 河流动力学方法模拟崩岸

崩岸不仅与岸坡土体结构及特性有关，还与水沙运动及河势变迁有关，属于交叉学科前沿课题。目前崩岸研究普遍存在土力学方法与河流动力学方法脱节的现象，如图 2 所示。美国国家泥沙研究中心提出的 BSTEM 模型，采用拉伸剪切崩塌法计算岸坡稳定问题，对岸坡土体进行分层，并考虑地下水位、孔隙水压力、侧向静水压力等影响，一定程

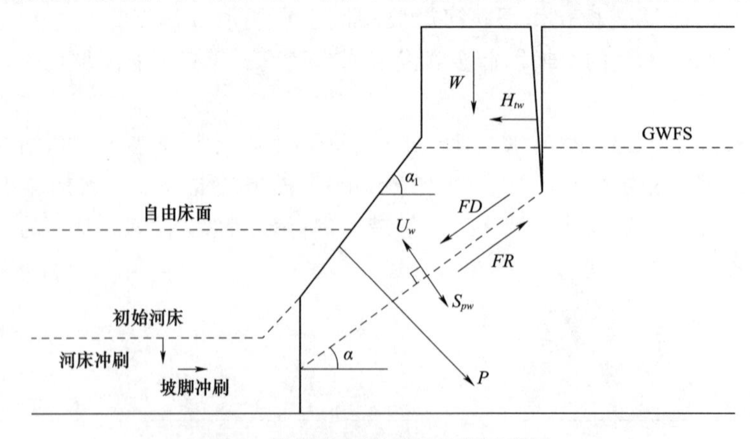

图 2 黏性土河岸崩塌机制示意图

度上弥补了土力学方法存在的不足。但该模型的侧向水压力为静水压力，没有考虑动水对边坡土体的拖曳力。Yong G. Lai 等将岸坡稳定原理与动床模型结合起来，考虑了正负孔隙水压力和渗流的影响，合理模拟了密西西比河的古德温弯道 1996—2001 年的岸坡冲淤变形。对于黏性土河岸，Osman、Thorne 等首先计算河岸横向冲刷距离，然后分析河岸边坡稳定性，该方法对于长江中游上层黏土、下层粉细砂的二元岸坡具有较好适用性，但河床演变对坡脚冲淤的影响仍然独立于土力学方法的岸坡稳定分析之外，脱节现象仍然存在。

河岸剪切力直接决定河岸变形速度。王延贵认为，主流横向摆动对河岸崩塌的作用，河床形态变化后，主流流向也随之变化，使主流与河岸呈一定夹角。水流斜交或正交河岸，一方面导致近岸水流剪切力 τ 增大，可以根据纵向流速的垂向分布，利用对数流速分布公式进行表达：

$$F_i=\tau=\rho\left(\frac{U_{近岸}}{\frac{2.3}{\kappa}\lg\frac{\bar{h}}{k_s}-2.5}\right)^2 \tag{1}$$

另一方面，由于夹角的存在，水流对河岸造成一定横向冲击作用。余文畴等探讨了崩岸机理中的水流泥沙运动条件。认为当主流靠近河岸，以一定角度冲击河岸时，其横向分速度产生弯道环流及竖向回流，使近岸区域形成很大的横向梯度，孕育了主漩涡与凹岸漩涡等垂向漩涡，它们与纵向漩涡共同作用，对河岸产生很大的淘刷作用力。试验表明，近岸时均流速略小于远岸点，但流速脉动值明显大于远岸点，时均流速及脉动值都将影响岸脚淘刷。将 BSTEM 模型中从土力学角度考虑的岸坡稳定影响因素，与本文提出的近岸水流对岸坡作用力结合起来，分析岸坡上泥沙颗粒的受力情况，根据力学平衡原理计算安全系数——阻滑力与滑动力的比率。如图 3 所示。

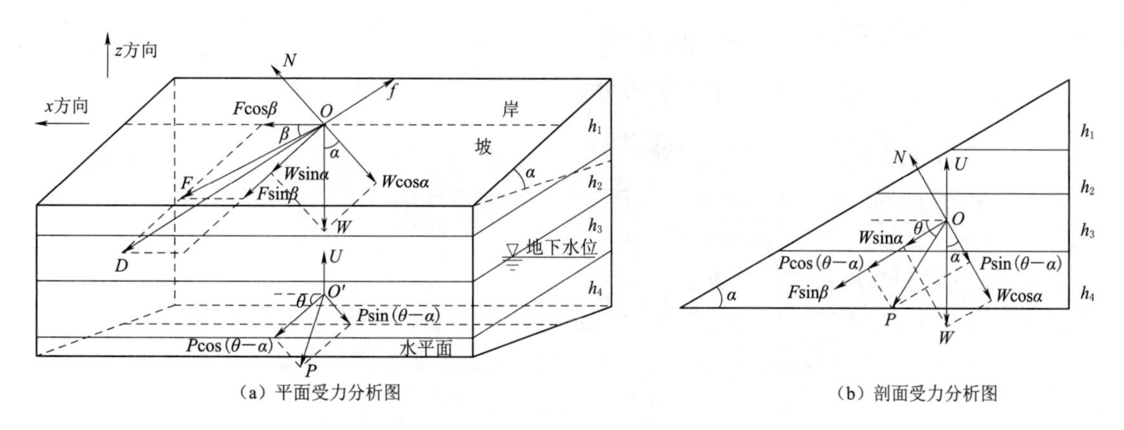

图 3　基于河流动力学方法的岸坡崩体受力分析图

如图 3 中崩塌岸坡受力分析所示，岸坡倾角为 α。根据岸坡土体组成和地下水位情况，将崩体剖面分为 i 层，假定地下水位位于某一恒定高度（$j-1$ 层与 j 层之间），即从第 j 层开始计算土体的浮容重及渗透压力。沿 x 轴方向取 $dx=1$，则各层崩体受到的有效重力为

$$W_i'=\begin{cases}W_i & (i=1,j-1)\\ W_i-U_i & (i=j,l)\end{cases}=\begin{cases}\gamma h_i & (i=1,j-1)\\ (\gamma_{sat}-\gamma_w)h_i & (i=j,l)\end{cases} \tag{2}$$

式中：渗流水动力 P 的方向与渗流方向一致，与斜面水平轴的夹角为 θ。当 $i\leqslant j-1$ 时，$P_i=0$；当 $i\geqslant j-1$ 时，$P_i=\gamma_w h_i J$，J 为渗流梯度的绝对值。水流沿着与斜面水平轴成 β 角度的方向流动，各层岸坡裸露在表面的土体均受到水流沿斜面的拖曳力 F 的作用，泥沙起动拖曳力可近似用河岸剪切力衡量，随着各层水深的不同，平均水深 $\overline{h_i}$ 通过式（1）进行计算。因此崩体剖面所受到的下滑合力 D 为

$$D=\sqrt{[W_i'\sin\alpha+P_i\cos(\theta-\alpha)+F_i\sin\beta]^2+(F_i\cos\beta)^2} \tag{3}$$

令 γ 为边坡土体的内摩擦角，则摩擦力 $f=N\tan\gamma$，若为黏性土，则凝聚力为 c，令 $l_i=h_i/\tan\alpha$。通过受力平衡分析，可求出各层崩体所受的支撑力 N_i 和底部阻滑力 R_i，从而推导出：

$$R_i=N_i\tan\gamma_i+c_i l_i=[W_i'\cos\alpha-P_i\sin(\theta-\alpha)]\tan\gamma_i+c_i h_i/\tan\alpha \tag{4}$$

将崩体的稳定系数定义成崩体阻滑力与下滑力的比值，基于 BSTEM 模型方法，对崩体剖面各土层进行累加求和，得到崩体的整体稳定系数：

$$K=\frac{\sum_{i=1}^{l}[W_i'\cos\alpha-P_i\sin(\theta-\alpha)]\tan\gamma_i+c_i h_i/\tan\alpha}{\sum_{i=1}^{l}\sqrt{[W_i'\sin\alpha+P_i\cos(\theta-\alpha)+F_i\sin\beta]^2+(F_i\cos\beta)^2}} \tag{5}$$

从上式可以看出，水流对河岸的作用力与近岸流速、水流顶冲角有关。事实上，当主流位置越靠近河岸，则近岸流速相对越大，水流对河岸的剪切力越大，从而引起岸坡表面泥沙颗粒的起动和崩岸的发生；水流与河岸的夹角越大，泥沙起动的方式主要受横向环流及竖向回流作用而沿斜坡下滑，反之，冲起的泥沙将主要受纵向水流作用而向下运输。通常情况下，河岸土体受横、纵联合的螺旋流作用发生起动而导致河岸崩塌。

3.2 长江中下游河道二元结构崩岸模拟方法

长江中游河道岸坡组成以上层黏性土、下层非黏性土的二元结构为主，崩岸主要分为三个阶段：①下部非黏性土的淘刷；②挂空的上部黏性土的绕轴崩塌；③崩塌下来的土块被水流冲散并带走。

3.2.1 二元结构岸坡稳定计算方法

采用 Fukuoka 对混合土河岸冲刷及崩塌的计算方法，仅考虑发生绕轴崩塌的情况，主要分两个步骤。首先确定某一时段 Δt 内，河岸下部非黏性土层冲刷后退距离 L：

$$L=f(\tau,\tau_c,\gamma_{bk2},\Delta t) \tag{6}$$

从上式看，非黏性土层的冲刷距离与近岸水流切应力 τ、非黏性土的抗冲力 τ_c，以及容重 γ_{bk2} 等因素有关。然后判断冲刷距离 L 是否大于黏性土层的临界挂空长度 L_c。

假设河岸崩塌时在断裂面上弯曲应力分布，如图 4 所示。当断裂面上缘的应力达到抗拉强度时，则混合土河岸中挂空部分自重 W 产生的外力矩与断裂面上产生的抗拉力矩相平衡，此时河岸中凸出部分的长度即为临界的挂空长度。根据悬壁梁的力学平衡原理，可建立如下关系式：

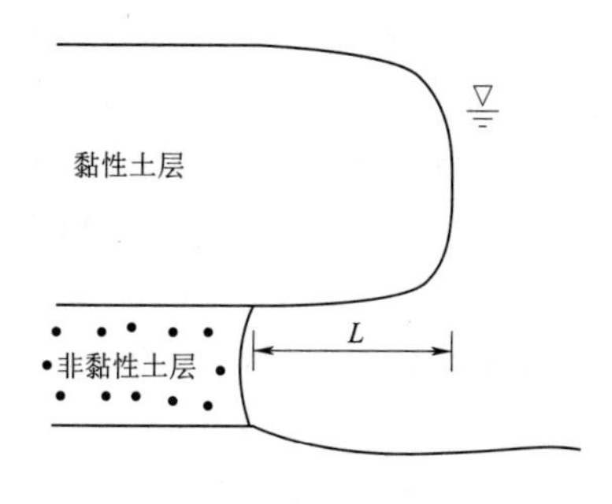

(a) 混合土河岸中非黏性土层的冲刷

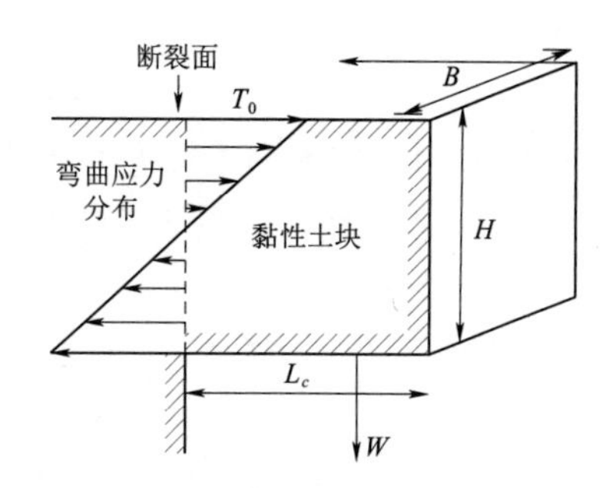

(b) 混合土河岸中黏性土层受拉崩塌

图 4　二元结构河岸冲刷过程的计算示意图

$$(\gamma_{bk1}\times B\times H\times L_c)\times\frac{L_c}{2}=H^2\times\frac{T_0\times B}{6} \tag{7}$$

式中：H、γ_{bk1}、T_0 分别为黏性土层的高度、容重及抗拉强度；B 为黏性土层宽度。

3.2.2　黏性土临界挂空长度

化简式 (7)，可得混合土河岸临界挂空长度的表达式：

$$L_c=\sqrt{\frac{T_0\times H}{3\times\gamma_{bk1}}} \tag{8}$$

根据非黏性土层的冲刷距离 L 以及黏性土层的临界挂空长度 L_c，判断黏性土层是否崩塌：当 $L\geqslant L_c$ 时，河岸上部的黏性土层受拉发生崩塌，即发生绕轴破坏；当 $L<L_c$ 时，河岸上部的黏性土层稳定，水流可以继续冲刷非黏性土层。

以往大量实验成果表明，黏性土的抗拉强度 T_0 主要与干密度 ρ_d 和天然含水率 ω 有关，本文采用南京大学基于实验成果建立的经验关系来推求抗拉强度 T_0：

$$T_0=1153\omega\rho_d-2140.6\omega-366.65\rho_d+674.97 \tag{9}$$

3.2.3　非黏性土最大横向冲刷距离计算方法

以往诸多学者对黏性土河岸的横向冲刷展宽距离进行研究，周建军假设冲刷面为铅直面，根据近岸水流剪切力与剩余剪切力之差计算河岸冲刷速率；Hasegawa 认为河岸冲刷速率与近岸剩余流速呈正比，根据泥沙连续方程推求出河岸冲刷系数。以 Osman 和 Thorne 的横向冲刷距离公式较为通用。显然，上述方法均难以解决非黏性土河岸的横向冲刷问题。张幸农在 Osman 公式基础上，修正了砂质岸坡的水流横向冲刷后退距离公式。许炯心根据对砂卵石河道的野外考察及室内模型试验成果，采用回归分析方法，建立了河道展宽率与河岸土体黏粒含量 M 较近岸水流剪切力的比值的经验关系，这些成果为估算非黏性土冲刷后退距离提供了思路。

事实上，非黏性土的横向冲刷距离由近岸水流切应力与河岸土体抵抗冲刷的临界起动切应力决定，采用 Lane 提出的临界切应力确定河宽的方法，在一定流量、比降及糙率等条件下，结合曼宁公式，可得

$$B_c=\frac{nQJ^{7/6}\gamma_{bk2}^{5/3}}{\tau_c^{5/3}} \tag{10}$$

$$B=\frac{nQJ^{7/6}\gamma_{bk2}^{5/3}}{\tau^{5/3}} \tag{11}$$

当河岸下层砂性土的临界起动切应力τ_c小于水流切应力τ时，即$\tau_c \leqslant \tau$，根据上式有$B_c \geqslant B$，说明非黏性土河岸在该水流条件下难以维持较小河宽，将因水流冲刷而发生横向展宽，横向冲刷后退的最大距离为$L = B_c - B$。余明辉等认为非黏性散体泥沙起动与泥沙粒径、水下休止角等有关，张瑞瑾公式基于散体泥沙的起动临界条件建立动力平衡方程，推导出起动临界拖曳力，但上述公式形式均较为烦琐。本文采用殷成胜通过无散体泥沙颗粒起动受力分析，推导出砂粒临界起动切应力与颗粒平均粒径的关系，来推求砂性土的临界起动切应力：

$$\tau_c = \frac{2C_1(\rho_s - \rho_w)g}{[5.75\lg(10.6\chi)]^2} d_{50} \tag{12}$$

式中：χ为矫正参变数，位于粗糙区时，$\chi = 1$；根据整理实测资料得到的成果，$C_1 = 1.34$，τ_c正比于颗粒平均粒径。近岸水流切应力通常用$\tau = \gamma hJ$来表示，但钱宁等研究认为该方法不一定适用于非均匀流的弯道水流，应根据纵向流速垂向分布，利用对数流速分布公式导出近岸水流切应力：

$$\tau = \rho_w \left(\frac{U_{近岸}}{\frac{2.3}{\kappa}\lg\frac{h}{k_s} - 2.5} \right)^2 \tag{13}$$

式中：κ为卡门常数；$U_{近岸}$为近岸垂线平均流速；k_s为床面粗糙度，当河床组成为非均匀沙时，$k_s \approx d_{50}$；h为水深。本项研究中上层黏性土层的临界挂空长度在1～12m之间，平均为4.5m左右。宗全利等室内模型实验表明，对于岸坡垂高为40cm的下荆江断面而言，低水位时上部黏性土层的最大挂空宽度达到2.0～8.5cm，不会发生崩塌；高水位时黏性土最大挂空宽度达14cm以上时发生崩岸。可见本文计算成果与宗全利的实验成果较为接近，成果较为合理。

3.2.4 长江中下游河道不同河型的近岸流速分布规律

上文分析表明，下层非黏性土横向冲刷强度与近岸水流切应力关系密切。如何确定近岸流速的大小及方向是长期困扰学者的难题。由于获取各河段长期实测资料难度极大，且随着水文条件及河床地形不断变化，某一时期实测流速的代表性不强，本节基于水动力学及河床演变原理，考虑流速分布的各方面影响因素，建立断面流速分布计算式。

以曼宁公式$v = h^{2/3}J^{1/2}/n$为基础，将断面中某点流速v与断面平均流速$\overline{U}$进行比较：

$$\frac{v}{\overline{U}} = \frac{\overline{N}}{n}\left(\frac{h}{\overline{H}}\right)^{2/3}\left(\frac{j}{\overline{J}}\right)^{1/2} \tag{14}$$

对上式右边各项分解，推求横断面流速分布关键是分析地形项、糙率项和比降项的底数及指数形式。对于静平整床面，水流阻力仅为沙粒阻力；对沙波存在的动平整床面，还会产生沙波阻力或泥沙运动附加阻力。爱因斯坦认为完整的动床阻力计算方法，应考虑河床形态发展的各个阶段和影响阻力的众多因素，从而基于分割水力半径推求动床阻力的方法，通过积分Keulegan对数流速分布公式，求得粗糙床面的阻力公式为

$$\frac{U}{U_*} = 5.75\lg\frac{R}{k_s} + 6.25 \tag{15}$$

式中：U 为垂线平均流速；U_* 为摩阻流速，$U_*=\sqrt{gRJ}$；R 为水力半径。可见，动床阻力与水力半径 R 和床面粗糙度 k_s 比值的对数形式 $\log(R/k_s)$ 呈反比关系，因此采用断面平均与断面某处的 $\log(R/k_s)$ 的比值作为阻力项底数，床面粗糙度 k_s 用床沙中值粒径 d_{50} 表示。考虑到特定河床地形及流量级条件下，主流通常处于特定平面位置。通常枯水期主流集中在深槽内，当实际流量（$Q_{实际}$）超过临界归槽流量（$Q_{归槽}$）后，主流漫滩，此时水流惯性对流速分布起主要作用；而当 $Q_{实际}<Q_{归槽}$ 后，主流集中在槽内，此时槽内地形阻力对流速分布起主要作用。无论哪种情况，$Q_{实际}$ 与 $Q_{归槽}$ 的差异加剧了滩、槽的阻力差异，因此取 $Q_{归槽}/Q_{实际}$ 作为阻力项指数。

水深大小是地形高程的直接反映，对断面流速分布有着至关重要的作用。另外，钱宁、麦乔威、李昌华等整理实测资料发现，大型成型淤积体等主要河床地貌形态将引起附加糙率，尤其在河床发生严重冲淤时，成型淤积体的冲淤调整对断面流速分布也有重要影响。考虑到主流所在区域，水流单宽功率 $P=\gamma QJ$ 最大，往往发生冲刷，水深将随之增大，将曼宁公式和平衡纵剖面的比降公式 $J=\frac{1}{A}\left(\frac{S^{11/15}d^{13/15}}{Q^{1/5}}\right)$ 代入水流功率公式中，结合实测资料试算成果，采用其对数形式 $\log d^{13/10}h^{5/3}$ 作为指数来表征河床冲淤对水深项的影响。

研究表明，对于单一河道，边滩挤压使主槽流路有不同程度的弯曲，漫滩水流和主槽水流的流速不同，存在动量交换；边滩纵比降自头部沿程增加，中部达到最大值，以后又沿程减小；深槽部分则恰好相反，且边滩水深越小处纵比降越陡，深槽水深越大处纵比降越缓，因此本文采用滩（或槽）的平均水深与某处水深的比值 $\overline{h_{滩/槽}}/h$ 作为比降项的底数。对于存在一定曲率的河道，受向心力的影响产生弯道环流，水面超高对滩、槽纵比降的分配产生附加作用，借鉴 Розовский 的横向环流强度公式 $u_z \propto U\frac{h}{R_*}$，说明弯道横向附加作用可通过河湾曲率半径反映出来，因此将河湾曲率半径 R_* 与水流动力轴线弯曲半径 R_{**} 的比值也作为比降项的底数。对于分汊河道，由于汊道进口流路弯曲且各汊内通畅程度不同，河长较短的主汊泄流更顺畅，进口纵比降加陡；而受出口壅水及沿程泥沙冲刷影响，主汊出口纵比降变缓。因此，可将各汊道的分汊系数也作为比降项底数。

再者，上游河势调整也将引起本河段进口主流平面位置变化，进而对断面流速分布产生影响。由于主流所在区域单宽流速及水流功率较大，水流纵向侵蚀能力较强，导致河床下切和纵比降增大，可见上游河势调整主要通过改变下游断面中不同流路的纵比降分配上体现出来。上游河势调整强度可用进口主流摆动距离与平滩河宽的比值 $\delta_{进口摆动}/B_{平滩}$ 表示。进口调整强度越大，对下游河道滩、槽纵比降分配的改变幅度越大，因此可作为比降项的指数。

另外，主流摆动受到进口节点挑流影响较为明显。当流量超过节点挑流临界流量后，主流线可能从原深槽迅速摆向边滩一侧。挑流作用强弱与实际流量（$Q_{实际}$）超过挑流临界流量（$Q_{挑流}$）的程度有关，当 $Q_{实际}<Q_{挑流}$ 时，滩、槽纵比降分配没有显著变化；$Q_{实际}>Q_{挑流}$，引起的主流摆动将改变原有滩、槽纵比降的分配模式，因此取 $Q_{挑流}/Q_{实际}$ 作为比降项指数之一。节点挑流能力还与节点突出于岸线的长度有关，点绘长江中游 35 个节点突出

岸线相对长度 L/B（L 表示节点突出岸线的长度，B 表示节点所在断面的平滩河宽）与节点附近冲刷坑相对深度 $h_{\max}/\overline{H}$（$h_{\max}$ 表示节点形成的冲刷坑最大水深，$\overline{H}$ 表示节点所在断面的深槽平均水深）的相关关系，如图 5 所示，可见，节点越是突出于河岸，附近冲刷坑深度越大，对来流的挑流作用越强，可采用节点附近冲刷坑相对深度 $h_{\max}/\overline{H}$ 作为比降项的另一个指数。

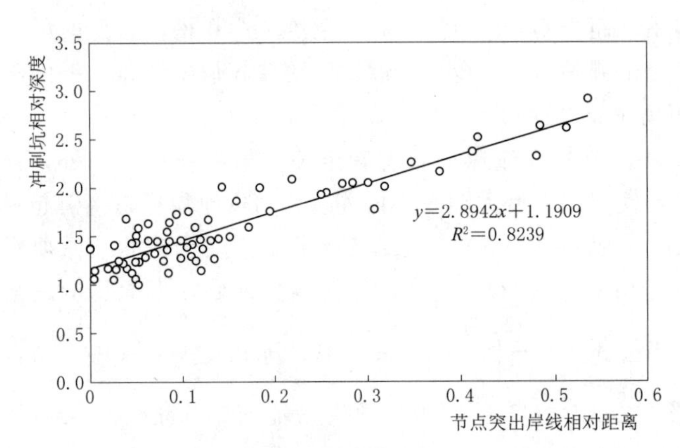

图 5　节点突出岸线相对距离与冲刷坑相对深度的关系

更进一步，水流方向与河岸方向的夹角 θ 越大，则对河岸的顶冲作用越强，有利于崩岸发生。考虑到主流区至近岸区的流速是逐渐变化的，近岸流速与河岸的夹角不会超过主流线与河岸的夹角，可初步分析相邻河道地形断面的主流平面位置，绘制主流连接线，量取其与岸线的夹角，作为近岸流速与河岸的夹角的外包值。本文中用 $1/\cos\theta$ 作为系数，来表征水流与河岸的夹角对崩岸的影响。将上述分析的阻力项、水深项、比降项的底数和指数均代入式（14），得到单一型及分汊型的断面流速分布计算式，如式（16）和式（17）所示。

$$v=\frac{\overline{U}}{\cos\theta}\cdot\left(\frac{\log h/d}{\log\overline{\overline{H}}/\overline{\overline{D}}}\right)^{\left(\frac{Q_{归槽}}{Q_{实际}}\right)^{0.5}}\cdot\left(\frac{h}{\overline{\overline{H}}}\right)^{\frac{1}{6}\cdot\log\left(d^{\frac{13}{10}}h^{\frac{5}{3}}\right)}$$

$$\cdot\left[\frac{\overline{h_{滩/槽}}}{h}\cdot\left(\frac{R_{*}}{R_{**}}\right)^{0.2}\right]^{0.5\cdot\frac{\delta_{进口摆动}}{B_{平滩}}\cdot\left(\frac{h_{\max}}{\overline{H}}\right)_{节点}\cdot\left(\frac{Q_{挑流}}{Q_{实际}}\right)^{0.3}} \tag{16}$$

$$v=\frac{\overline{U}}{\cos\theta}\cdot\left(\frac{\log h/d}{\log\overline{\overline{H}}/\overline{\overline{D}}}\right)^{\left(\frac{Q_{归槽}}{Q_{实际}}\right)^{0.5}}\cdot\left(\frac{h}{\overline{\overline{H}}}\right)^{\frac{1}{6}\cdot\log\left(d^{\frac{13}{10}}h^{\frac{5}{3}}\right)}$$

$$\cdot\left(\frac{\overline{h_{滩/槽}}}{h}\cdot\left(\frac{R_{*}}{R_{**}}\right)^{0.2}\cdot\frac{\frac{1}{n}\sum l_i}{l_i}\right)^{0.5\cdot\frac{\delta_{进口摆动}}{B_{平滩}}\cdot\left(\frac{h_{\max}}{\overline{H}}\right)_{节点}\cdot\left(\frac{Q_{挑流}}{Q_{实际}}\right)^{0.3}} \tag{17}$$

根据初步计算结果，绘制相邻断面的主流位置连线并量取其与河岸夹角 θ，再次代入上式进行调整计算，直到计算初值中的夹角与计算结果中的夹角值基本一致为止，从而估算近岸流速。

3.3　河岸稳定性评估

河道崩岸后是否会引发河势剧烈调整，取决于崩岸后河道宽度是否仍大于维持河势稳定的临界河宽。根据实验成果确定黏性土抗拉强度及砂性土临界切应力，根据估算的近岸流速确定近岸水流切应力，采用 Lane 临界切应力推求河宽的方法获得砂性土冲刷后退距离，将其与上层黏性土的临界挂空长度相比较，判断河岸是否发生崩坍并估算河岸崩退距离。

考虑到某河段内个别断面单侧河岸的小幅度崩塌，不足以导致河道大幅度展宽，而左、右岸的总体崩退距离共同决定了河岸崩塌及河势剧烈调整的可能性，因此统计长江中游27个河段沿程左、右岸的多个断面的平均上层黏性土临界挂空长度、下层砂性土冲刷后退距离（“+”表示冲刷后退），来计算各河段左、右侧河岸的总体崩退距离（“-”表示河岸总体崩退），如图6所示。

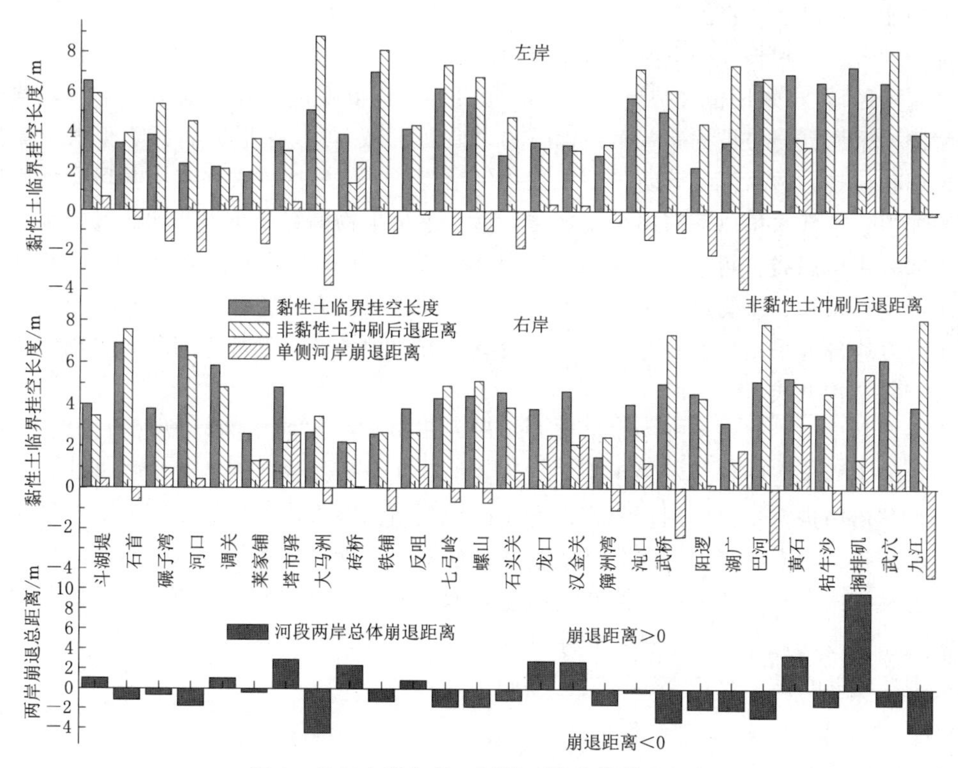

图6 长江中游各单一河段两岸总体崩退距离

斗湖堤、调关、塔市驿、砖桥、反咀、龙口、汉金关、黄石、搁排矶共9个河段的两岸总体上层黏性土临界挂空长度大于下层砂性土的冲刷后退距离，即两岸总体崩退距离大于0，说明两岸没有发生崩岸，或者有单侧发生微弱崩岸，但另一侧河岸保持稳定，从而能够维持河势稳定需要的临界河宽，崩岸预警级别较低。反之，剩余的18个单一河段的两岸总体上层黏性土临界挂空长度小于下层砂性土的冲刷后退距离，即两岸总体崩岸距离小于0，说明两岸均有崩岸发生，或者一侧岸线稳定，而另一侧发生严重崩岸使河道发生大幅度展宽，难以维持河势稳定需要的临界河宽，崩岸预警级别较高。

4 河道岸坡生态防护措施实例

目前，长江中下游护岸形式以散抛块石、土工织物砂枕、抛柴枕、铰链混凝土板沉排、模袋混凝土、铺排预制混凝土块、散抛钢筋石笼、吊抛钢丝网石笼等，这些护岸形式具有一定防护性、耐久性，但难以适应河床形态的动态变化，也阻断了水生生态系统和陆地生态系统之间的联系，造成河岸湿地功能丧失。长江科学院河流研究所提出，结合 3S 和 GIS 技术，在水位变动区及滩涂带辅以植物措施，形成能够调蓄洪水、滞留积物、净化水质、为动植物提供栖息场所等的生态岸坡结构：①在水下隐蔽工程处，以适应岸坡变形的生态格网结构为主；②在水上部分，采取根系发达能成林的植物措施，可削减风浪及船行波的能量，打造“水上森林”景观。

部分学者考虑到长江中下游河道岸坡上的植物生长呈现梯度分布的特征，提出青线以上为“宜植区域”，采用植被护岸，青黄带范围为“宜植则植，宜防则防”区域，若原生植物耐淹，采用复合植被护岸；黄线以下为“宜防区域”，以保护坡面、防止水土流失为主，选用软体排、透水框架等防护型工程护岸结构。三峡库区古夫河兴山县段岸坡生境修复方案如下：①常水位以下采用生态鱼砖，适合水生生物栖息及鱼类产卵。②常水位至马道间之间采用生态袋，可供各类滨水植物生长。③马道采用透水砖铺设，既可做景观道路，也可生长植物。④马道以上分两种情况：一是已有六方块护坡段，从马道至堤顶坡面混凝土六方块部为采用棕榈石置换；二是没有六方块护坡的自然坡面河段，采用雷诺护垫或生态袋等结构型式。

在国内其他中小河流治理中，诸多专家研发了较多生态实用的岸坡防护方法。例如，金字塔边坡柔性生态防护技术采用生态袋堆叠加固法及长袋锚固法两种结构型式，在中小河道岸坡整治中进行示范应用；北京市房山区大石河治理采用的生态土石笼袋护坡是一种集节能、减排、生态、环保、绿化功能为一体的新型柔性边坡防护技术，具有较好的应用效果；吉林省水利科学研究院以绿化混凝土技术为依托，总结四季气温变化与绿化混凝土板块表面温度变化规律，研究植物选用的广谱性，并研制出适用的轻便型板块制作机具，为绿化混凝土防护技术推广奠定了良好基础。

5 结论与讨论

（1）针对以往岸坡稳定分析中存在的河流动力学方法与土力学方法脱节的现象，提出将水流对岸坡泥沙的拖曳力直接作用在岸坡土体受力分析中，同时考虑了渗透压力、土体黏结力、地下水位等影响，采用分层累加的方法，求得岸坡稳定系数。

（2）基于 Fukuoka 混合土岸坡稳定计算方法，结合河床演变基本原理，以及上游河势调整和节点挑流的影响，建立近岸流速计算式，计算近岸水流剪切力；从左、右两岸的总体情况入手，分析河岸上层平均黏性土临界挂空长度L_c与下层平均砂性土冲刷后退距离L的对比关系，来衡量长河段岸线稳定性并进行崩岸预警，结果与实测崩岸位置基本吻合。

（3）河道岸坡是水生生态系统与陆地生态系统之间的过渡带，是动态的生态系统，稳定河岸对修复岸坡生态系统具有重要意义。下一步研究热点集中在，基于岸坡崩塌机理选择更为适用的生态防护技术，结合生态岸坡防护和景观建设，不断修复滨岸带生境。

参 考 文 献

[1] Dongdong JIA, et al. Three - dimensional modeling of bank erosion and morphological changes in the Shishou bend of the middle Yangtze River [J]. Advances in Water Resources, 2010 (33): 348 - 360.

[2] 张芳枝，陈晓平. 河流冲刷作用下堤岸稳定性研究进展 [J]. 水利水电科技进展，2009，29 (4): 84 - 88.

[3] Minghui YU, Hongyan WEI, Songbai WU. Experimental study on the bank erosion and interaction with near - bank bed evolution due to fluvial hydraulic force [J]. International Journal of Sediment Research, Vol. 30, No. 1, 2015: 81 - 89.

[4] 唐金武，邓金运，由星莹，等. 长江中下游河道崩岸预测方法 [J]. 工程科学与技术，2012，44 (1): 75 - 81.

[5] Ikeda S, Parker G, Kimura Y. Stable width and depth of straight gravel rivers with heterogeneous bed materials [J]. Water Resource Research, 1988, 24 (9): 713 - 722.

[6] Yong G. Lai, Robert E. Thomas, Yavuz Ozeren, Andrew Simon, Blair P. Greimann, Kuowei Wu Modeling of multilayer cohesive bank erosion with a coupled bank stability and mobile - bed model [J]. Geomorphology, 2015, 143: 116 - 129.

[7] Osman A M, THORNE C R. Riverbank stability analysis Ⅰ: Theory [J]. Journal of Hydraulic Engineering, ASCE, 1988, 114 (2): 134 - 150.

[8] Thorne C R, Osman A M. Riverbank stability analysis Ⅱ: Application [J]. Journal of Hydraulic Engineering, 1988, 114 (2): 151 - 172.

[9] 王延贵. 冲积河流岸滩崩塌机理的理论分析及试验研究 [D]. 北京：中国水利水电科学研究院，2003.

[10] 钱宁，张仁，周志德. 河床演变学 [M]. 北京：科学出版社，1987.

[11] 余文畴，岳红艳. 长江中下游崩岸机理中的水流泥沙运动条件 [J]. 人民长江，2008，39 (3): 64 - 66.

[12] 王延贵，匡尚富. 河岸临界崩塌高度的研究 [J]. 水利学报，2007，38 (10): 1158 - 1165.

[13] 王延贵，匡尚富. 河岸崩塌类型与崩塌模式的研究 [J]. 泥沙研究，2014 (1): 13 - 20.

[14] Shoji Fukuoka. 自然堤岸冲蚀过程的机理 [J]. 水利水电快报 (EWRHI), 1996 (2): 29 - 33.

[15] 王诘昭，张元禧，等，译. 美国陆军工程兵团水力设计准则 [M]. 北京：水利出版社，1982.

[16] 饶庆元. 黏性土抗冲特性研究 [J]. 长江科学院院报，1987 (4): 73 - 84.

[17] 鄢丽芬. 黏性土拉伸特性试验研究 [D]. 南京：南京大学研究生毕业论文，2013 (5): 26 - 33.

[18] 周建军，林秉南，王连祥. 平面二维泥沙数学模型研究及其应用 [J]. 水利学报，1993 (11): 10 - 19.

[19] Hasegawa K. Bank - erosion discharge based on a non - equilibrium theory [J]. Proc. Japanese Society of Civil Engineering, 1981, 316: 37 - 50.

[20] 沈婷，李国英，张幸农. 水流冲刷过程中河岸崩塌问题研究 [J]. 岩土力学，2005 (0S1): 260 - 263.

[21] 许炯心. 水库下游河道复杂响应的试验研究 [J]. 泥沙研究，1986，12 (4): 50 - 57.

[22] 夏军强，王光谦. 考虑河岸冲刷的弯曲河道水流及河床变形的数值模拟 [J]. 水利学报，2002 (6): 60 - 66.

[23] Lane E W. Design of stable channels [N]. Transaction of American Society of Civil Engineers, 1955, 1234 - 1260.

[24] 张瑞瑾. 河流泥沙动力学 [M]. 2 版. 北京：中国水利水电出版社，2009 (4)：68-70.
[25] 殷成胜，殷如阳，卢佩霞. 无黏性土的冲刷机理 [J]. 盐城工学院学报（自然科学版），2016，29 (1)：66-19.
[26] 宗全利，夏军强，邓珊珊，张翼，许全喜. 荆江段二元结构河岸崩塌机理试验研究 [J]. 应用基础与工程科学学报，2016，24 (5)：955-959.
[27] 陈小秦，黄才安. 动床沙粒阻力计算的研究 [J]. 苏州大学学报（工科版），2007，27 (6)：53-57.
[28] 唐金武. 长江中下游河道演变及航道整治方法 [D]. 武汉：武汉大学博士学位论文，2012，4.
[29] 中国科学院地理研究所，长江水利水电科学研究院，长江航道局规划设计研究所. 长江中下游河道特性及其演变 [M]. 北京：科学出版社，1985.
[30] 余文畴. 长江下游分汊河道节点在河床演变中的作用 [J]. 泥沙研究，1987，12 (4)：14-23.
[31] 王越，范北林，丁艳荣，等. 长江中下游护岸生态修复现状与探讨 [J]. 水利科技与经济，2011，17 (10)：25-28.
[32] 闵凤阳，李凌云. 河流生态护岸的工程实践 [J]. 水利水电快报，2017 (11)：72-77.
[33] 张玮，张妍. 青黄带现象及其在长江中下游河段生态护岸中的应用 [J]. 中国港湾建设，2018，38 (4).
[34] 游文荪，邹晨阳. 金字塔边坡柔性生态防护技术在河道中的应用 [J]. 江西水利科技，2018 (1).
[35] 葛坤，张俊杰，许金鹏. 生态土石笼袋在河道岸坡防护中的应用探讨 [J]. 中国水利，2017 (10)：24-25.
[36] 李志安. 基于绿化混凝土的水岸生态防护技术研究 [D]. 大连：大连理工大学，2014.

低影响开发措施对城市内涝的控制研究进展

陈萌　余阳　雷新华　翁朝晖　彭习渊　胡雄飞

[摘要] 为了有效解决城市内涝问题，亟须建设以低影响开发技术（LID）为核心的海绵城市。本文主要综述了绿色屋顶、透水铺装、下凹式绿地、生物滞留设施、植被浅沟（植草沟）、雨水调蓄池六种单一LID措施及其复合措施对产流时间、峰现时间、径流削减率、径流系数、洪峰流量削减率、积水时间、积水深度等指标的影响，进而评估对城市内涝的控制效果。具体阐述了屋顶坡度、降雨条件、覆土厚度、季节天气、绿色屋顶运行时间等因素对绿色屋顶措施的影响；分析了铺装类型、降雨条件、储水底基层有无排水措施、运行时间等条件对透水铺装的作用效果；总结了降雨条件、下凹绿地类型、下凹深度等因子对下凹式绿地发挥效果的影响；论述了有效调蓄容积、降雨条件、填料层种类和厚度等因素对生物滞留设施削减径流的影响；综述了降雨条件、植被浅沟有无排水设施等方面对植被浅沟的作用效果；分析了设置容积、降雨条件、入渗特征等因素对雨水调蓄池效果的影响。在此基础上，介绍了低影响开发措施的若干应用实例。最后，针对目前研究存在的问题，指出了未来的研究方向，以期为海绵城市的建设和城市内涝的控制提供理论依据。

[关键词] 低影响开发；径流；绿色屋顶；透水铺装；下凹式绿地；生物滞留设施；植被浅沟；雨水调蓄池

1 引言

近年来，不合理的开发建设导致湖泊萎缩，水面面积减少。与此同时，城市路面硬化，地下管网陈旧、设计重现期偏低，排水能力不足，导致内涝频繁发生。住建部2010年对国内351个城市进行的专项调研显示，2008—2010年，62%的城市发生过不同程度的内涝灾害，其中内涝灾害超过3次以上的城市有137个。2016年，长江流域发生了“1998特大洪水”，武汉、九江、南京等城市均发生了内涝，造成了严重的灾害损失。为了科学有效地解决城市内涝问题，亟须建设“自然积存、自然渗透、自然净化”的海绵城市。海绵城市是以低影响开发技术为核心，使城市具有更强的抵御灾害和适应环境的能力。低影响开发（Low Impact Development，LID）是通过一系列分布在整个区域的措施从源头对径流进行控制，是一种基于经济和生态环境可持续发展的暴雨径流管理和面源污染处理设计理念。本文综述了绿色屋顶、透水铺装、下凹式绿地、生物滞留设施、植被浅沟（植草沟）、雨水调蓄池六种单一的LID措施及复合措施对内涝控制的影响，并在此基础上，介绍了低影响开发措施的应用实例。最后，针对目前研究存在的问题，指出了未来的发展方向，以期为海绵城市的建设和城市内涝的控制提供依据。

2 LID 措施对内涝控制的影响

低影响开发措施采用源头削减、过程控制、末端处理的方法进行渗透、过滤、蓄存和滞留，防治内涝灾害。低影响开发措施按技术种类可分为渗透技术措施、储存技术措施、调节技术措施、转输技术措施和截污净化技术措施。渗透技术措施主要包括绿色屋顶、透水铺装、下凹式绿地、生物滞留设施、渗透塘、渗井等；储存技术措施主要包括湿塘、雨水湿地、蓄水池和雨水罐等；调节技术措施主要包括调节塘、调节池等措施；转输技术主要有植草沟、渗管、渗渠等；截污净化技术措施主要包括植被缓冲带、初期雨水弃流设施以及人工土壤渗滤措施等。常用的低影响开发措施主要包括绿色屋顶、透水铺装、下凹式绿地、生物滞留设施、植被浅沟、雨水湿地、调蓄池等。本文主要综述绿色屋顶、透水铺装、下凹式绿地、生物滞留设施、植被浅沟（植草沟）、雨水调蓄池六种单一 LID 措施及其复合措施对内涝的控制效果，各类措施对内涝的控制效果可通过产流时间、峰现时间、径流削减率、径流系数、洪峰流量削减率、积水时间、积水深度等指标进行评估。

2.1 单一 LID 措施

2.1.1 绿色屋顶

随着城市化进程的加快，城市房屋在建筑用地中的比重逐渐增大，城市屋面占城市不透水下垫面的面积高达 40%～50%。绿色屋顶技术是利用植被对传统屋面进行改造，在建筑物顶部打造绿色景观，也是低影响开发的主要措施之一。绿色屋顶技术在不占用城市土地面积的前提下，对增加城市绿地面积、减缓热岛效应、削减雨水径流有着重要意义。绿色屋顶一般由植被层、基质层、过滤层、排水层和防水层组成，示意图详见图 1。

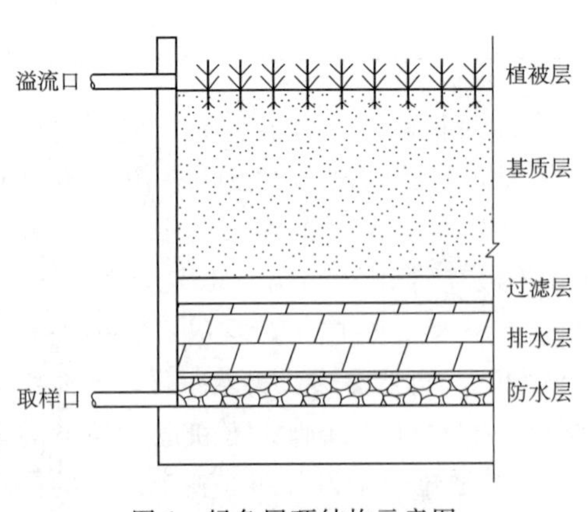

图 1　绿色屋顶结构示意图

一些学者研究了绿色屋顶对城市径流和暴雨洪水削减效果的影响。王书敏等以重庆大学虎溪校区为研究对象，建立 SWMM 模型研究了绿色屋顶对径流的削减作用，结果显示，屋顶占研究面积比例为 25%时，将区域屋顶全部绿化后，径流峰值降低 5.3%，降雨径流总量降低 31%。孙挺等通过实验分析了北京某大学办公楼绿色屋顶对不同强度降雨下洪峰流量和洪峰到达时间的影响，他指出，绿色屋顶能有效地削减洪峰流量，削减率为 37.5%～100%；能延迟洪峰到达时间，洪峰滞后时间为 5 ～ 55min。刘志峰等采用 SWMM 模型分析了不同重现期下，南京市某高校科技园大型地下停车库的绿色屋顶应用效果，结果显示：随着绿色屋顶率的增加，暴雨洪峰径流量显著降低；应对短期、中短期和中长期的暴雨对应的绿色屋顶率分别不低于40%、50%和60%。

降雨条件、屋顶坡度、覆土厚度、季节天气、绿色屋顶运行时间等因素都会影响绿色屋顶调蓄雨洪的效果。葛德等以北京林业大学林业楼楼顶为实验对象，研究了不同降雨条件下，绿色屋顶对径流的影响，他指出绿色屋顶对径流的削减率随降雨量的增加而减小，具体表现为降雨量小于10mm时，削减率达100%；降雨量超过30mm时，径流削减率为70%；降雨量达到81.4mm时，削减率低于55%。Getter等分析了小雨、中雨和大雨三种降雨条件下，屋顶坡度（2%、7%、15%和25%）对绿色屋顶雨水截流效果的影响，结果显示，屋顶坡度越小，降雨持续率越大，径流削减效果越明显。与Getter学者观点不同，Villarreal等研究了绿色屋顶的坡度（2°、5°、8°和14°）与洪峰流量、径流量之间的关系，他认为，坡度对洪峰流量、径流量的影响不大。

一些学者认为基质土壤层深度对径流的影响较大。Mentens等研究了5—9月绿色屋顶基质土壤层厚度对径流的影响，结果表明，随着厚度的增加，径流削减率呈增大趋势，厚度＜50mm、50～150mm、＞150mm下的削减率分别为62%、70%和80%。龚克娜等的研究表明，绿色屋顶基质层厚度越大，洪峰的延迟时间越长，洪峰削减率越大，降雨持续率越大；基质层土壤厚度与降雨持续率呈指数函数关系；与洪峰削减率呈非线性关系，基质层厚度为10～20cm时削减率增长最快。Bengtsson等学者发现绿色屋顶对径流的削减程度与季节有关，具体表现为：9月至次年2月径流削减率平均值为34%，3—8月为67%；径流削减率最大值发生在6月（88%），最低值发生在2月（19%）。Mentens等将一年分为三个季节，温暖（5月1日至9月30日）、寒冷（11月16日至次年3月15日）和凉爽（其余时段），当基质土壤层厚度为50～150mm时，温暖、凉爽和寒冷天气下绿色屋顶的径流削减率分别为70%、49%和33%。此外，随着绿色屋顶运行时间的延长，基质土壤孔隙率增大、基质土壤逐渐流失，这些因素在一定程度上可能也会影响绿色屋顶的效果。

2.1.2 透水铺装

透水铺装被誉为“会呼吸”的地面铺装，指采用透水性好的多孔材料铺设道路，增大城市透水面积，对城市雨水径流进行调控的低影响开发措施。透水铺装是一种从源头控制的低影响开发措施，广泛应用于城市道路、广场和停车场中。透水铺装一般由透水面层、找平层、储水底基层组成，有时还包括透水土工布和排水管，结构示意图如图2所示。透水铺装常见的面层有透水沥青、透水混凝土、透水砖等。

一些学者指出，透水铺装可通过以下方式调节地表径流，即透水铺装结构中的孔隙可暂时容纳部分降雨；降雨可通过孔隙渗入到地下土壤或排到雨水管道中；部分雨水暂时存储在基层中，可通过蒸散发过程返回到大气中。Dreelin等探讨了透水铺装路面对雨水径流的影响，他比较了同一低强度降雨下，美国佐治亚州某普通沥青停车场和多孔植草砖停车场的径流量，结果显示，多孔植草砖停车场的径流量比普通沥青停车场减少了93%。赵沛等选取河北农业大学内2.02hm^2

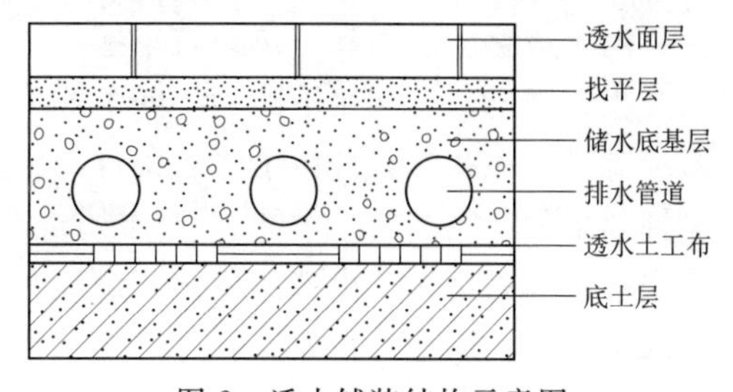

图2 透水铺装结构示意图

区域为研究对象，建立SWMM模型定量分析了现状和采用透水铺装后研究区域的产汇流情况，结果表明：采用透水铺装后，产流时间推迟1～15min，径流总量削减23%～51%，洪峰流量削减28%～56%，峰值时间滞后1～10min。王俊岭等研究了塑料网格砂基透水砖铺装对径流的控制效果，他指出，不同降雨重现期下，与普通道路相比，塑料网格砂基透水砖道路的产流时间延长10～45min，峰现时间延长14～20min，洪峰流量削减23.6%～32.9%。

降雨条件、铺装类型、储水底基层有无排水措施、运行时间等因素都会影响透水铺装的效果。秦余朝通过实验和SWMM模型研究了不同降雨条件下，植草砖、现浇透水混凝土、透水砖3种透水铺装地面对径流的减控效果，结果表明，随着降雨强度的增大，3种透水铺装地面的径流系数均增大，3种透水铺装的径流削减率随雨强的增大而减小；洪峰流量削减率随重现期的增大呈减小趋势；径流系数随重现期的增大而增大，即透水铺装对重现期较小的降雨效果更显著。王俊岭等通过实验研究了极端降雨条件下，透水水泥混凝土路面对洪峰流量的削减效果，结果显示，降雨历时60min，降雨量为110mm、135mm和163mm时，与普通混凝土路面相比，透水水泥混凝土路面对径流总量的削减率分别为68.8%、60.1%和54.6%，削减率随降雨量的增大呈下降趋势；洪峰流量削减率分别为54.9%、57.8%和62.6%，削减率随降雨量的增大而增大。

一些学者研究了铺装种类对降雨径流的控制作用。李阳通过室内试验探讨了植草砖、透水混凝土、自身透水型砖和自身不透水型砖4种透水对管网洪峰到达时间和洪峰流量的影响，他指出，自身透水型砖的效果最好，植草砖次之，自身不透水型砖第三，透水混凝土的效果最差。秦余朝通过实验比较了3种透水铺装地面对径流的减控效果，结果表明，当降雨强度相同时，3种铺装的入渗能力和径流减控作用表现为：植草砖铺装＞现浇透水混凝土铺装＞透水砖铺装。Collins等通过实验探究了几种透水铺装对径流的削减效果，结果显示，透水铺装对径流的削减效果均优于沥青路面，其中透水混凝土路面的效果最好，其次是连锁混凝土透水铺装，混凝土网格透水铺装最差。

一些学者认为储水底基层中是否设置排水管道对透水铺装有一定的影响。赵飞等通过室内实验研究了有无排水管对径流的影响，他指出，无排水措施时，透水铺装的洪峰削减率为7%～70%，径流削减率为30%～80%；采取排水措施后，洪峰削减率和径流削减率比无排水条件下提高10%。此外，一些学者认为随着运行时间的延长，可能存在孔隙堵塞问题，导致渗透性降低，对透水铺装的效果也有一定的影响。

2.1.3 下凹式绿地

下凹式绿地是指高程低于周边路面的一类特殊结构绿地。它作为一种雨水调蓄措施，广泛应用于道路、广场和城市建筑小区中。一般来说，内置的雨水口高于绿地高程但低于路面高程，因此，可利用下凹的空间汇流并储存雨水径流，从而延长雨水滞蓄时间，削减城市径流量。一些学者分析了降雨条件、下凹式绿地的类型、下凹深度等因子对下凹式绿地发挥效果的影响。

朱永杰等采用人工模拟的下凹式绿地，分析不同暴雨强度下产流和径流变化规律，结果显示：下凹式绿地对径流有较好的削减作用，3年一遇和5年一遇暴雨下径流削减率达40%以上；随着下凹式绿地比例的增大，径流的削减效果增强；同一汇水面积下产流速率

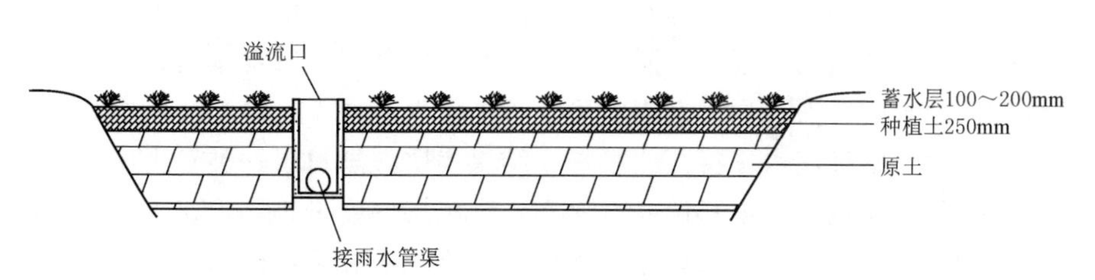

图 3　下凹式绿地典型构造示意图

的峰值随暴雨强度的增大而增大。赵庆俊等探究了普通式、水平高渗透、垂直高渗透和组合高渗透 4 种不同类型的下凹式绿地，在不同降雨重现期和降雨历时下，对径流总量和径流峰值的削减作用，结果显示：4 种类型的下凹式绿地对径流均有削减作用，削减能力由强到弱依次为：组合高渗透＞水平高渗透＞垂直高渗透＞普通式；径流峰值削减率随降雨历时和重现期的增加而减小，也就是说 4 种下凹式绿地在高强度、长历时降雨条件下的径流削减能力减弱。此外，下凹深度也是影响绿地蓄渗的因素之一，下凹深度是指下凹式绿地与溢流口或者路面之间的高差。张金龙等发现绿地的下凹深度越大，蓄水效果越明显，并能减缓径流洪峰，起到了调蓄雨水的作用；同时，绿地土壤的土质、孔隙度、植被等因素改变了渗透系数，在一定程度上也会影响下凹式绿地对径流的削减效果。

2.1.4　生物滞留设施

生物滞留设施指在地势较低的区域，通过植物、土壤和微生物系统蓄渗、净化径流雨水的设施。生物滞留设施按应用位置不同又称作雨水花园、生物滞留带、高位花坛、生态树池等，典型生物滞留设施构造如图 4 所示。一些学者研究了降雨条件、植物类型、填料层种类和厚度、有效调蓄容积等因素对生物滞留设施发挥径流控制效果的影响。

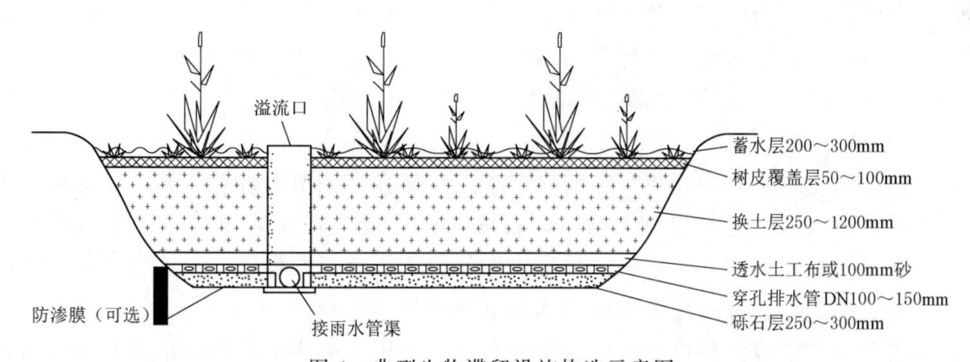

图 4　典型生物滞留设施构造示意图

潘国艳等通过模拟试验研究了不同流量和池内植物对生物滞留池滞留雨水径流的作用，结果表明各条件下生物滞留池对径流总量的削减率为 12.83%～48.12%，对洪峰的削减率平均为 70.85%，延迟峰现时间 22.7～31.7min；滞留池对大、中、小流量洪峰的削减率分别为 77.65%、67.37%、67.54%；池内植物对洪峰的削减效果与流量有关，草皮对小流量的洪峰削减效果较好，而小叶黄杨对大流量的洪峰削减效果较好。唐双成等以西安市某高校校园的雨水花园为研究对象，监测了 14 场降雨下的入流和出流过程，分析了降雨特征和填充介质（砂、土分层填料和均质黄土填料）对雨水花园径流削减效果的影响，结果表明，分层填料的雨水花园对径流峰值和径流总量的削减均优于均质黄土填料雨水花园；随着降雨量的增大，雨水花园对径流的削减率降低，二者呈负相关关系。臧洋飞等根据上海地区的水文特点，通过室内实验分析了填料层种类、填料层厚度和排水层厚度不同的雨水花园对降雨径流水文特征的影响，结果表明，填料层种类对出流洪峰延迟时间和径流总削减率的影响最大，填料层厚度次之，排水层厚度最小。田妍等以南宁市海绵化改造项目的生物滞留带为研究对象，建立水文学模型，研究了不同强度降雨下生物滞留带的效果，并分析种植土层渗透系数、有效调蓄容积、道路终端径流系数等参数对设施效能的影响，结果表明：较小降雨时，生物滞留设施的效果较好，随着降雨强度的增加，效果下降；在考察的参数范围内，有效调蓄容积对径流控制效果的影响最大。田妍等学者关于降雨强度对生物滞留设施效果影响的观点与唐双成等学者一致。

2.1.5 植被浅沟（植草沟）

植被浅沟是指景观性植被覆盖的地表沟渠。当雨水随径流汇入植草沟后，降雨径流首先保留在土壤和洼地的植被层中，经渗透、过滤和植物截留后，通过地下管道收集渗入的雨水，并储存在设置的排水沟渠中。一些学者分析了降雨条件、植被浅沟有无排水设施等方面对植被浅沟（植草沟）的作用效果。

谭金强等通过建立植草沟坡面入渗数学模型，探讨了植草沟坡面流的运动规律，并结合实例分析了植草沟对区域径流的影响，结果表明：与未建设植草沟的现状条件相比，植草沟作用下峰现时间推迟 44.2%，洪峰流量降低 23.8%。Muhammad 等以韩国首都某停车场为研究对象，分析了植草沟对径流削减的实际效果，他指出，降雨强度为 30mm/h 时，植草沟能显著降低降雨径流总量和洪峰流量；不同强度降雨下，植草沟的平均降雨径流滞蓄量为 40%～75%，这表明，植草沟能够在一定程度上减缓城市径流压力。黄俊杰等以合肥市滨湖新区为研究对象，探究了植草沟有无排水设施对路面径流的影响，研究表明普通植草沟和设置排水的改良植草沟均能削减道路径流量和洪峰流量，径流平均削减率分别为 31.1%和 35.5%，即设置排水的植草沟效果更显著。

2.1.6 雨水调蓄池

雨水调蓄池是具有一定容积且能够对雨水进行储存和调节的设施。调蓄池既可以人工修建，也可以是天然洼地、池塘。雨水调蓄池不仅可以设置在地面上，也可以修建在公园、广场、停车场等区域下方，是一种适应性强的低影响开发措施。一些学者研究了降雨条件、设置容积、入渗特征等因素对雨水调蓄池效果的影响。

王金鑫选取武汉市保利拉菲小区为研究对象，利用 SWMM 软件研究了不同降雨重现期下、不同容积的微型调蓄池对排放口管道峰值流量的削减作用，研究结果表明：随着微型调蓄池设置标准的提高，峰值流量的削减率基本呈不断增加的趋势，当重现期为 1 年时，设置标准由每万平方米硬化面积设置容积 $30m^3$ 的微型调蓄池提升至 $45m^3$ 时，削减率的增长较为明显，继续增大容积时削减率的增长较小，可将 $45m^3/10000m^2$ 硬化面积的设计标准作为经济合理的选择；他还指出随着重现期的增加，微型调蓄池的效果减弱，当重现期为 10 年时，其削减效果可以忽略不计。李孟钒以西安市大环河排水分区的育才中学地下调蓄池（有效调节水深 9m，有效调节容积 9 万 m^3）为研究对象，运用 SWMM 模型研究不同强度暴雨条件下蓄水池的调蓄效果，结果显示：调蓄池对周围管网的调蓄效果好于远处位置，对大重现期暴雨的调蓄作用效果优于小重现期暴雨。王金鑫学者的研究认为重现期较大时，微型调蓄池的效果微弱；李孟钒学者认为调蓄池对大重现期的暴雨调蓄效果更好；两位学者的结论不同，其原因可能与调蓄池尺寸不同有关。左伟以北京城区某居住区域的调蓄池（调蓄池容积 2000m³）为对象，建立了考虑调蓄池入渗特征的洪峰调节模型，对调蓄池洪峰流量和峰现时间的影响因素进行研究分析，结果表明：与普通调蓄池相比，考虑雨水入渗的调蓄池效果更好；土壤导水系数越大，调蓄池对洪峰流量的削减越明显；调蓄池出水口高度越高，对洪峰流量的控制效果越好，与出水口高度 0m 相比，当出水口高度为 0.6m 时，洪峰流量削减 19%左右，峰现时间延迟 8min 左右。

2.2 复合措施

2.2.1 两种措施复合

马姗姗等为探究绿色屋顶与下凹式绿地两种低影响开发措施串联后的雨洪控制效果，选取天津某大学生活区作为研究对象，采用 InfoWorks CS 软件模拟产汇流，设置不透水平屋顶、绿色屋顶、平式绿地、下凹式绿地几种措施进行对比，模拟结果显示：绿色屋顶和下凹式绿地显著降低研究区域的洪峰流量和径流系数，使得区域的综合径流系数降至 0.3 以下；绿色屋顶与下凹式绿地串联使用比单独使用具有更明显的径流削减效果，且随着降雨频率增大，串联效果越明显。蔡家珍等以漳州市某居民区为研究对象，基于 SWMM 模型模拟了不同重现期降雨下，绿色屋顶与下凹式绿地单独使用与串联使用对居民区的径流削减效果，研究结果表明：历时 2h，重现期为 2 年一遇、5 年一遇、10 年一遇、20 年一遇的降雨条件下，绿色屋顶和下凹式绿地单独使用时径流总量削减率为 37.3%～38.5%，峰值削减率为 37.5%～43.2%；两者串联使用时较单独使用的径流削减效果更显著，其原因是将绿色屋顶的雨水径流介入下凹式绿地，延长了径流路径，因此能够有效削减径流总量和洪峰流量。张超等选取南京某小区面积为 5.2hm² 的区域作为研究对象，基于 SWMM 模型分析了下凹式绿地和透水路面对地面径流的影响，结果表明：采用下凹式绿地和透水路面可以削减地面总径流量和峰值流量，减小径流系数；下凹式绿地面积占比为 30%时不仅能有效削减径流，而且工程量相对较小，而透水路面面积占比为 20%时也可达到同样效果；两种 LID 措施串联使用时，径流削减效果更显著。

2.2.2 多种措施复合

潘文斌等针对不同降雨重现期、降雨历时和雨峰系数的降雨情景，以福州市晋安区某居民区面积 75.84hm² 范围为研究对象，探究了几种不同 LID 措施（透水铺装、植被浅沟、雨水花园和绿色屋顶）组合的用地布局情景，分析了不同措施对内涝节点雨洪的控制效果，结果显示：在不同降雨情景下，布设 LID 措施后节点的洪峰流量明显减小、积水时间减少、积水深度变小；各 LID 组合措施中，四种措施结合方案的径流削减效果最好；单个 LID 措施中，渗透铺装的控制效果最佳，绿色屋顶的控制效果最差。李阳等以沈阳市满融经济开发区为例，运用 SWMM 模型计算了绿色屋顶、透水铺装、下沉式绿地三种措施对径流的削减效果，结果显示：不同重现期下绿色屋顶、透水铺装、下沉式绿地三种措施的建设规模与径流系数呈负相关线性关系；同等降雨条件下三种措施对径流的削减作用为透水铺装＞绿色屋顶＞下沉式绿地，且组合措施效果更好。侯精明等采用 SWMM 模型，模拟了不同重现期降雨下 LID 措施自然状态、半饱和和饱和状态下的径流控制及洪峰削减效果，设置了雨水花园、透水铺装、绿地三种 LID 措施，模拟结果显示：不同降雨重现期下，LID 措施在半饱和与饱和状态下径流控制率均有所减少，且饱和状态对径流控制率的影响大于半饱和状态；饱和状态在重现期较小时对径流峰值削减作用显著，但在 20 年重现期降雨下峰值反而升高，这表明饱和状态的 LID 措施在暴雨情况下会对管网下游造成压力。

3 应用实例

3.1 武汉市青山示范区海绵城市建设项目

武汉市是海绵城市建设试点城市之一。武汉市青山示范区为旧城，位于武汉市东北部，示范区面积 23km^2，区内建成区约占 80%以上，旧城旧厂约占 50%以上，综合了老工业区、棚户区、老住宅区、水敏感区和循环经济区等多种需求形态。武汉市青山示范区海绵城市建设包括市政道路、小区公建、公园绿地、城市管渠及城市水系五大类工程，共 330 个项目。

针对示范区道路地下管线错综复杂，现状绿化带高程已形成的特点，在现有树池间的空隙设置下沉式绿地，设置立式雨水口，弃流井和溢流井，同时结合人行道透水改造，并根据需要设置调蓄模块。针对示范区老旧社区居多，建筑密度大，绿化品质不高等特点，结合地面景观提升，设置下沉式绿地、雨水花园、透水铺装等；同时设置盲渗系统有组织地将雨水收集至调蓄模块，并将收集雨水处理后用于小区绿化、道路灌溉等。青山示范区改造前公园的园路及铺装多为硬化材质，且部分区域地势低洼。针对这些问题，设置与周边景观融合的植被缓冲带、下凹式绿地、雨水花园等转输及储存 LID 设施；同时对园路进行透水改造，铺设盲渗收集系统有组织地收集下渗雨水。此外，示范区还对低影响开发雨水系统与城市雨水管渠系统、超标径流雨水排放系统进行了有效衔接，充分发挥绿色和灰色基础设施的协调作用，提升区域防洪排涝能力。针对青山示范区现状港渠排涝能力不足、水生态系统被破坏等问题，在截污和种植水生植物修复水生态的同时，建设生态驳岸、雨水花园等低影响开发设施，有效渗透、滞留雨水。

3.2 武汉市东湖港综合整治工程

东湖港位于武汉市长江南岸，属东沙湖水系。东湖港综合整治工程贯彻自然积存、自然渗透、自然净化的理念对港渠进行整治，主要通过引水连通工程、雨水控制工程、景观改造升级工程布置和建设相关低影响开发措施。工程建设采用的标准为：排水防涝标准 50 年一遇，雨水设计重现期为 3 年，年径流总量控制率为 85%。

东湖港综合整治工程低影响开发措施设计主要包括四部分。第一部分布置自行车道、人行步道等绿道措施，采用彩色强固透水混凝土和陶瓷透水砖等透水材质铺装，该措施可保证区域外汇流通过绿道、步道有效下渗，缓解汇流速度。第二部分为雨水控制工程，主要包括下凹式绿地、雨水花园、渗透型植草沟、转输型植草沟等措施。其中，沿绿道、园路一侧布置渗透型植草沟或转输型植草沟，在附属建筑附近及广场花坛内布置14处下凹式绿地，面积共计5330m^2，在场地开阔地势较平坦地块布置6处雨水花园，面积为2540m^2，这些措施能起到“渗”“滞”“净”的作用。第三部分为植被缓冲带，包括上层乔木、中层乔灌搭配、下层灌木地被，经植被拦截及土壤下渗作用，减缓地表径流流速。第四部分为沿两侧渠底布置的生态挡土墙，主要为格宾挡墙和阶梯式生态挡墙，挡墙内结构填充料之间的缝隙可实现土体与水体之间的自然交换，也有利于植物的生长，实现了水土保持和自然生态环境的统一。以上四部分中，前两部分能够有效削减径流；第三部分侧重于减缓地表径流流速，同时去除径流中的部分污染物。该工程充分贯彻低影响开发的建设理念，结合区域内的特点，因地制宜布置相关设施，项目建成后，透水铺装率达到70%，径流总量控制率达到86%。

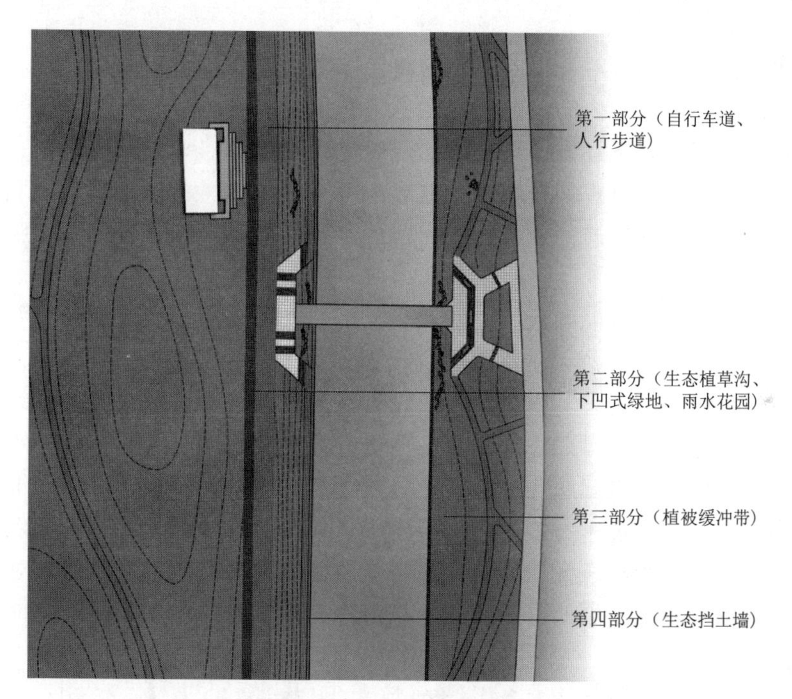

图5　东湖港标准段主要海绵措施布置示意图

3.3　深圳市光明新区低影响开发项目

深圳市光明新区位于深圳市西北部，面积156km^2。区域年均降雨量1935mm，汛期暴雨集中，一方面极易产生城市内涝，全区有26个易涝点；另一方面缺水严重，70%以上的用水依靠境外调水。为此，光明新区从2008年开始，通过低影响开发设施的建设构建海绵城市，现已成为全国低影响开发的示范区。

该区先后启动了18个政府投资的示范项目，主要包括公共建筑、市政道路、公园绿地、水系湿地等项目。公共建筑示范项目主要采用绿色屋顶、雨水花园、透水铺装等工程措施，如光明新区群众体育中心透水面积超过总用地面积90%，同时配建500m^{3}地下蓄水池，收集经绿色屋顶等设施净化后的雨水用于绿色浇洒，累计年雨水利用量超过 1 万 m^3，综合径流系数由 0.7～0.8 下降至 0.4 以下。市政道路示范项目主要采用下凹式绿地、透水道路等措施。公园绿地示范项目主要采用植草沟、滞留塘、地下模块蓄水池等措施，如面积超过 $50hm^2$ 的新城公园，经植草沟和滞留塘处理后，达到了削减洪峰的效果，在此基础上，还配建了 $900m^3$ 的地下蓄水池收集利用雨水，减轻了下游市政雨水管道排水压力。城市水系示范项目主要采用建设调蓄池、人工湿地和植被缓冲带等措施，发挥自然调蓄和净化功能。到 2020 年，光明新区将基本建成“自然积存、自然渗透、自然净化”的海绵城市，不仅提升了城市排水防涝能力，还缓解了水资源短缺压力。

4 结论与展望

综上所述，国内外学者对低影响措施的内涝削减效果展开了一系列研究，取得了许多有价值的研究成果，为城市内涝的控制提供了理论依据。然而目前研究存在以下几方面问题，笔者认为今后可从以下几方面进一步展开研究。

（1）降雨强度较低、重现期较小时，低影响开发措施的效果显著，而当降雨强度高、重现期大时，低影响开发措施的效果减弱。因此，有待进一步研究适用高雨强、大重现期降雨的低影响开发措施。

（2）现有研究的空间尺度和范围一般较小，研究成果在大尺度下是否适用有待进一步研究。

（3）随着运行时间的延长，低影响开发设施对雨洪的削减作用减弱。因此，需加强对低影响开发设施的监测，同时研究如何提高低影响开发设施的耐久性和持续效果。

（4）低影响开发措施实际应用时，应充分考虑研究区域的降水、地形、土地利用、土壤条件等因素，通过经济技术方案比选，拟定最优的 LID 措施组合方式，达到最佳效果。

（5）本文综述了低影响开发措施对降雨径流的削减效果，但未涉及措施对径流水质的影响。因此，需同时考虑措施对降雨径流和径流水质两方面的作用，使其发挥综合效益。

参 考 文 献

[1] 吕宗恕，赵盼盼. 首份中国城市内涝报告：170 城市不设防，340 城市不达标 [J]. 中州建设，2013，(15)：56-57.

[2] 孙艳伟，魏晓妹，POMEROY C A. 低影响发展的雨洪资源调控措施研究现状与展望 [J]. 水科学进展，2011，22 (2)：287-293.

[3] 张建云，王银堂，胡庆芳，等. 海绵城市建设有关问题讨论 [J]. 水科学进展，2016，27 (6)：793-799.

[4] 住房城乡建设部. 海绵城市建设技术指南：低影响开发雨水系统构建 [S]. 北京：中国标准出版社，2014.

[5] A. Palla，I. Gnecco，L. G. Lanza. Unsaturated 2D modelling of subsurface water flow in the coarse-grained porous matrix of a green roof [J]. Journal of Hydrology，2009，379：193-204.

[6] Bengtsson J C. Green roof performance towards management of runoff water quantity and quality: a review [J]. Ecological Engineering, 2010, 36 (4): 351 - 360.
[7] Mentens, J., Raes, D., Hermy, M.. Green roofs as a tool for solving the rainwater runoff problem in the urbanized 21st century? [J]. Landscape and Urban Planning, 2006, 77 (3): 217 - 226.
[8] 龚克娜，王江海，赵新华．不同绿化屋面对雨水调蓄能力的影响 [J]．水土保持通报，2015，35 (1)：356 - 360.
[9] 王书敏，李兴扬，张峻华，等．城市区域绿色屋顶普及对水量水质的影响 [J]．应用生态学报，2014，25 (7)：2026 - 2032.
[10] 孙挺，倪广恒，唐莉华，等．绿化屋顶雨水滞蓄能力试验研究 [J]．水力发电学报，2012，31 (3)：44 - 48.
[11] 刘志峰，陈晨．基于 SWMM 的大型地下建筑绿色屋顶低影响开发应用研究 [J]．南京林业大学学报（自然科学版），2018，42 (6)：165 - 173.
[12] 葛德，张守红．不同降雨条件下植被对绿色屋顶径流调控效益影响 [J]．环境科学，2018，39 (11)：5015 - 5023.
[13] Getter K L, Rowe D B, Andresen J A. Quantifying the effect of slope on extensive green roof stormwater retention [J]. Ecological Engineering, 2007, 31 (4): 225 - 231.
[14] Villarreal, E. L., Bengtsson, L.. Response of a sedum green - roof to individual rain events [J]. Ecological Engineering, 2005, 25, 1 - 7.
[15] Bengtsson, L., Grahn, L., Olsson, J.. Hydrological function of a thin extensive green roof in southern Sweden. Nordic Hydrology [J]. 2005, 36 (3), 259 - 268.
[16] 李美玉，张守红，王玉杰，等．透水铺装径流调控效益研究进展 [J]．环境科学与技术，2018，41 (12)：105 - 112，130.
[17] Collins K A, Hunt W F, Hathaway J M. Hydrologic comparison of four types of permeable pavement and standard asphalt in eastern north Carolina [J]. Journal of Hydrologic Engineering, 2008, 13 (12): 1146 - 1157.
[18] Rankin J E B K. The hydrological performance of a permeable pavement [J]. Urban Water, 2010, 7 (2): 79 - 90.
[19] Fassman E A, Blackbourn S. Urban runoff mitigation by a permeable pavement system over impermeable soils [J]. Journal of Hydrologic Engineering, 2010, 15 (6): 475 - 485.
[20] Dreelin E A, Fowler L, Carroll C R. A test of porous pavement effectiveness on clay soils during natural storm events [J]. Water Research, 2006, 40 (4): 799 - 805.
[21] 赵沛，程伍群，庞立军，等．基于 SWMM 的透水铺装系统的水文效应研究 [J]．水电能源科学，2019，37 (1)：29 - 31.
[22] 王俊岭，秦全城，张玉玉，等．塑料网格砂基透水砖铺装系统的径流控制试验研究 [J]．新型建筑材料，2015，42 (12)：13 - 16.
[23] 秦余朝．城市典型透水铺装地面径流减控与污染物削减效果研究 [D]．西安：西安理工大学，2017.
[24] 王俊岭，张海艳，魏胜，等．极端降雨条件下透水水泥混凝土路面削流除污试验研究 [J]．环境工程，2017，35 (2)：28 - 32.
[25] 李阳．透水路面对城市道路径流控制研究 [D]．北京：清华大学，2016.
[26] 赵飞，张书函，陈建刚，等．透水铺装雨水入渗收集与径流削减技术研究 [J]．给水排水，2011，37 (S1)：254 - 258.
[27] 许浩浩，吕伟娅．海绵城市建设典型低影响开发技术研究进展 [J]．市政技术，2018，36 (5)：135 - 138.

[28] 朱永杰，毕华兴，常译方，等. 北京地区不同设计暴雨强度下凹式绿地的减流效果 [J]. 水土保持通报，2015，35 (2)：121-124.
[29] 赵庆俊，丛海兵，汪智霞，等. 高渗透下凹绿地对城市降雨径流的削减作用研究 [J]. 水利水电技术，2018，49 (9)：41-48.
[30] 张金龙，张志政. 下凹式绿地蓄渗能力及其影响因素分析 [J]. 节水灌溉，2012 (1)：44-47.
[31] 潘国艳，夏军，张翔，等. 生物滞留池水文效应的模拟试验研究 [J]. 水电能源科学，2012，30 (5)：13-15.
[32] 唐双成，罗纨，贾忠华，等. 填料及降雨特征对雨水花园削减径流及实现海绵城市建设目标的影响 [J]. 水土保持学报，2016，30 (1)：73-78，102.
[33] 臧洋飞，陈舒，车生泉. 上海地区雨水花园结构对降雨径流水文特征的影响 [J]. 中国园林，2016，32 (4)：79-84.
[34] 田妍，张倩文，李达，等. 基于模型评估的生物滞留带效能及参数评价 [J]. 环境工程，2019，37 (7)：52-56.
[35] Muhammad S，Reeho K，Kwon K H. Evaluating the Capability of Grass Swale for the Rainfall Runoff Reduction from an Urban Parking Lot，Seoul，Korea [J]. International Journal of Environmental Research and Public Health，2018，15 (3)：537.
[36] 谭金强，李明曦，宋洪庆，等. 坡面植草沟入渗模拟及对海绵城市建设影响分析 [J]. 环境工程，2018，36 (10)：150-155.
[37] 黄俊杰，沈庆然，李田. 植草沟对道路径流的水文控制效果研究 [J]. 中国给水排水，2016，32 (3)：118-122.
[38] 王佼. 控制面源污染的分流制雨水调蓄池优化研究 [D]. 太原：太原理工大学，2015.
[39] 王金鑫. 基于 SWMM 住宅小区 LID 措施降雨径流削峰及控污功效研究 [D]. 武汉：武汉理工大学，2015.
[40] 李孟钒. 海绵城市背景下调蓄池水量调控规则研究 [D]. 西安：西安理工大学，2019.
[41] 左伟. 考虑调蓄池入渗特征的洪峰调节模型及其对海绵城市建设的影响研究 [J]. 重庆建筑，2018，17 (7)：5-9.
[42] 马姗姗，庄宝玉，张新波，等. 绿色屋顶与下凹式绿地串联对洪峰的削减效应分析 [J]. 中国给水排水，2014，30 (3)：101-105.
[43] 蔡家珍，陈虹，燕一波，等. 绿色屋顶与下凹绿地串联对居住区径流削减效果分析 [J]. 内蒙古农业大学学报（自然科学版），2018，39 (2)：83-87.
[44] 张超，丁志斌. 基于暴雨洪水管理模型的下凹绿地和透水路面模拟研究 [J]. 水资源与水工程学报，2014，25 (5)：185-189.
[45] 潘文斌，柯锦燕，郑鹏，等. 低影响开发对城市内涝节点雨洪控制效果研究——不同降雨特性下的情景模拟 [J]. 中国环境科学，2018，38 (7)：2555-2563.
[46] 李阳，何俊仕，董克宝，等. 低影响开发雨水系统在满融经济开发区径流削减效应分析中的应用 [J].水电能源科学，2017，35 (8)：23-26.
[47] 侯精明，李东来，王小军，等. 建筑小区尺度下 LID 措施前期条件对径流调控效果影响模拟 [J].水科学进展，2019，30 (1)：45-55.
[48] 郭亚琼，颜二茧，吴丽梅，等. “海绵城市” 建设设计工作的几点思考——以武汉市青山示范区海绵城市建设为例 [J]. 智能建筑与智慧城市，2016 (10)：27-32.
[49] 李敏. 武汉市青山区海绵城市建设 [J]. 中国防汛抗旱，2018，28 (2)：27.
[50] 崔鸣，乔冠淇. 海绵城市建设相关措施在武汉市东湖港综合整治工程中的应用 [J]. 现代园艺，2018 (6)：111-112.
[51] 中国深圳光明新区：低影响开发，实现雨水综合利用 [J]. 中国建设信息，2014 (23)：14-15.

ArcGIS 在水文计算及水资源规划上的应用综述

袁嘉晨　彭习渊　曹国良　谢文俊

［摘要］ 随着地理信息系统（GIS 技术）的快速发展及地理和遥感大数据的不断积累，其在水文水资源领域的应用也越来越广泛——地理及遥感大数据为水文计算及水资源规划提供了丰富的数据基础，GIS 技术为水利数据的存储、计算、空间建模分析提供了可靠的平台支撑。本文以此为背景，重点以 ArcGIS 软件为例，综述其在水文计算及水资源规划上的应用情况，为相关水利设计提供技术支撑和参考。

［关键词］ GIS 技术；ArcGIS 软件；水文计算；水资源规划

1 引言

地理信息系统（GIS）是以计算机硬件为基础，结合专业软件，对地理空间数据进行获取、编辑、存储、查询、计算、管理、制图显示、应用分析等处理的综合性技术。从 20 世纪 80 年代初步引入水科学领域开始，GIS 技术在水文水资源领域得到了快速和广泛应用，特别是近年来随着地理及遥感大数据不断积累，其应用的技术和深度也不断更新深入。GIS 技术在水文水资源领域的应用主要有以下几点：①GIS 与水文模型的有机结合；②水资源的开发规划和运行管理；③利用 GIS 进行相关理论研究。

目前，世界范围内地理信息系统（GIS）软件多达几十种，其中较为流行和常用的有：①ArcGIS，由 Esri 公司开发维护，涉及 GIS 相关的全面信息处理系统，优点是功能齐全、数据处理及管理方便；②QGIS，由开源地理空间基金会（Open Source Geospatial Foundation）负责维护，并且集成了地理资源分析支持系统 GRASS GIS，其功能和扩展仅次于 ArcGIS 软件，但其作为开源 GIS 软件，社区及贡献更为活跃；③ERDAS（遥感图像处理系统 ERDAS Imagine System），由美国 ERDAS 公司开发，功能偏重遥感图像处理技术，包含不同层次模型开发工具及高度 RS/GIS 集成功能，代表了遥感图像处理系统未来发展趋势；④MapInfo，由美国 MapInfo 公司开发，是极具实用价值的大众化小型软件系统；⑤MapGIS，由中国地质大学开发，包含了 MapCAD 全部基本制图功能，主要在国内测绘、矿业、制图行业应用广泛。另外，还有美国 Clarke 大学研究开发的 IDRISI、荷兰国际大气观测和地球科学研究所开发的 ILWIS（Integrated Land and Water Information System）、由加拿大国家水问题研究所和 Guelph 大学联合开发的 RAISON、由 Autodesk 公司开发的 AutoCAD Map 3D，以及开源跨平台的 GeoDa、uDig、MapWindow

GIS，等等。

ArcGIS作为地理信息系统应用的主流软件，功能最为强大和可靠，在各行各业应用最为广泛，本文以ArcGIS软件为切入点，深入归纳概括GIS技术在水文水资源领域的应用，以求全面和前沿，为水利行业设计提供参考。

2 ArcGIS软件简述

ArcGIS是由ESRI公司出品的一个地理信息系统系列软件的总称，可以依不同的应用平台分为桌面版本（ArcGIS Desktop）、服务器版本（ArcGIS Server）及移动版本（ArcGIS Mobile）。在ArcGIS套件问世之前，ESRI公司就已经专注于命令行Arc/Info工作站及数个图形界面产品研发，从1997年开始，ESRI决定重构GIS软件平台，从ArcGIS 8.x、ArcGIS 9.x逐步发展到当前的ArcGIS 10.x和ArcGIS Pro，功能越来越完善，越来越强大。常用的ArcGIS桌面版主要包括以下几个组件。

表1　ArcGIS桌面版本主要组件

序号	名称	主要作用
1	ArcMap	最基本的应用程序组件，进行制图、编辑、地图空间分析，主要处理2D空间地图
2	ArcCatalog	管理空间资料，进行数据库的简易设计，并且用来记录、展示属性资料
3	ArcToolbox	地理资料处理工具的主要集合
4	ArcGlobe	以3D立体地球仪的方式来展示、编辑、分析3D空间地图
5	ArcScene	展示、编辑、分析3D空间地图

值得一提的是ArcGIS软件的下一代版本ArcGIS Pro是ESRI与Autodesk公司深度合作开发的，新的版本增强了3D工具（包括插值及测量工具）、新增对BIM的支持、增加人工智能及大数据分析工具、增加FMV全动态视频、增强物理网等主要功能，并对原始工具箱进行了迁移重构及扩展。

表2　ArcGIS Pro新增功能

序号	功能特性	简要说明
1	3D工具增强	新增三维插值工具、新升级的3D测量工具
2	BIM支持	对BIM数据进行了更深度支持，可以基于Revit文件生成全新的Building类型的Scene Layer Package（.slpk）文件
3	人工智能及大数据分析	允许高级分类器和机器学习算法创建派生产品支持、使用流行的深度学习框架进行土地覆盖等分类及分析
4	FMV全动态视频	可实现对嵌入地理空间元数据的视频的管理和交互式工具
5	物联网	物联网实时流服务的支持，支持静态事物，如各类智能仪表类的传感器数据的实时展示（如气象站各类传感器采集的实时气象信息）。对于动态目标对象，不仅可显示其实时位置，还支持绘制行动的轨迹线

3 理论及方法

ArcGIS 在水文水资源领域的应用从水科学研究层面来说涉及水文模拟计算、水质监测分析、防洪减灾抗旱、水资源规划管理等诸多方面，但整体来说基本上可分为水文分析计算及水资源规划管理两大类。

3.1 水文分析计算

3.1.1 基本原理

ArcGIS 中进行水文分析计算的原理主要是以数字地形模型（DTM）和数字高程模型（DEM）存储的地形信息为基础，借助相关内置或可扩展计算程序集提取水文特征参数信息（如坡度、坡向、汇流网格、流域边界等）、流域及区域降雨、蒸发、径流计算等，水文计算基本原理流程如图 1 所示。

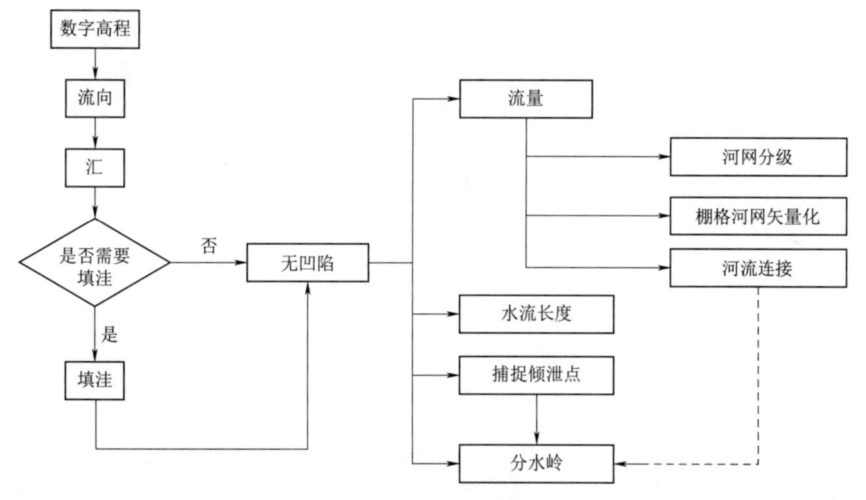

图 1　水文计算基本原理流程图

3.1.2 计算工具

常用在 ArcGIS 中进行水文分析计算的工具不完全归纳包含以下几种：①Hydrology 工具；②ArcHydro 工具；③HEC－GeoHMS 工具；④HEC－GeoRAS 工具；⑤ArcSWAT 工具。这 5 个工具箱的特点及主要作用见表 3。

表 3　ArcGIS 常用水文分析计算工具箱基本情况表

序号	名　称	特　点	主 要 作 用
1	Hydrology	ArcGIS 软件内置工具箱	主要包含分水岭、填洼、捕捉倾泄点、水流长度、河流连接、河网分级、盆域分析等功能
2	ArcHydro	第三方工具箱	在 Hydrology 工具箱的基础上进行了适当扩展，主要包括流域提取、汇流关系设计、时序数据集成及水文模型集成等

续表

序号	名　称	特　点	主 要 作 用
3	HEC-GeoHMS	第三方工具箱	主要为 HEC-HMS 模型（a）提供基础地理信息数据准备、生成 HMS 文件，以及成果后处理
4	HEC-GeoRAS	第三方工具箱	主要为 HEC-RAS 模型（b）提供前处理所需水系、断面等数据文件，后处理分析淹没情况等
5	ArcSWAT	第三方工具箱	主要为 SWAT 分布式水文模型在 ArcGIS 平台上的图形化计算模块，主要进行流域水文、水质等模拟

注　HEC-HMS 模型（a）与 HEC-RAS 模型（b）分别为美国陆军工程兵团水文工程中心开发的流域性洪水模拟系统和河川水动力学模型。

3.2　水资源规划管理

水资源评价和规划中涉及大量的空间信息，如行政区划、河流水系、地形地貌、水利工程分布、水文站控制断面及人口、实测水文数据等属性，ArcGIS 可以借助空间分析、数据管理、数据计算及批处理等工具支持这些具有时空特性的数据的获取、管理、分析、模拟及显示。除此之外，多利用 GIS 的数据存储和管理能力进行二次开发以实现与所需业务切合的功能，如图 2 所示。

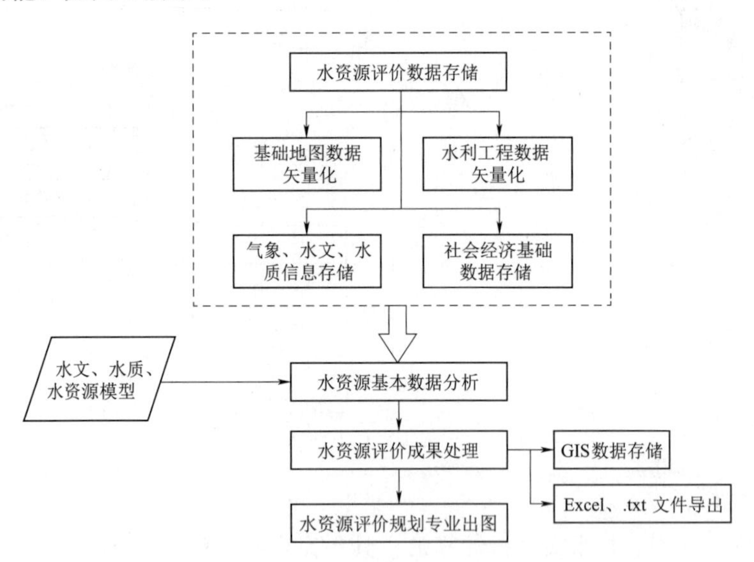

图 2　水资源规划应用基本框架

4　应用实例

4.1　水文分析计算

马振刚等基于 DEM 利用 ArcGIS 的 Hydrology 工具箱以张家口洋河流域为例，进行了洋河流域的提取及水文分析；陈杨利用泰森多边形法完成了丹江口流域平均降水量的计算，并与网格法的计算结果进行了对比，分析了计算结果的准确性，并利用 ArcSWAT 模块分析了丹江口水库的入库径流情况，模拟精度较高；黄硕利用 ArcHydro 工具箱进行了某工程流域的地形处理、水文分析、水电站各取水坝集水区面积分析及径流分析计算；林杰等基于 DEM 和水文分析模块 HEC-GeoHMS 进行流域特征的分析，通过洼地填充、水流方向计算、水流累积量计算、水网提取，划分流域界线，生成了数字小流域；贺娟通过 GIS 中镶嵌的 HEC-GeoRAS 工具，对研究区域的 DEM 数据进行处理获得前处理文件，再将 HEC-RAS 所生成的文件导入到 HEC-GeoRAS 中进行后处理，得到淹没范围图及流速分布图。

4.2 水资源规划管理

应用上基本上包括 ArcGIS 的基础应用及基于 ArcGIS 平台的二次开发。

（1）许保海等以贵阳市为例，阐明用 ArcGIS 构建地下水资源管理信息系统过程的信息收集、存储、分析、维护、查询、评价的方法和过程，分析两者结合应用的优越性；王浩等从数据采集输入与管理、分析与计算、制图与输出三方面探讨了 ArcGIS 在淮河流域水资源综合规划中的应用；吕孙云等简述了 ArcGIS 在水资源评价上的应用，包括量算水文分区降水量、水资源量及蒸发量等；戚琳琳等简述了基于 ArcGIS 的水资源管理和规划扩展工具 MIKE BASIN 在长吉经济圈水资源合理配置上的应用，应用方案满足研究区经济社会可持续发展长期用水需求。

（2）国家层面，我国基于 ArcGIS 建立了全国水资源综合规划信息管理系统、全国防洪规划信息管理系统、全国山洪灾害监测预警系统、全国洪水风险图绘制系统及国家防汛抗旱指挥系统；流域层面，基于 ArcGIS 建立了“数字黄河”系统、淮河流域水资源系统、清河流域水资源综合管理和决策系统、松花江流域水环境管理系统、长江防洪决策支持系统，等等。

5 结论及展望

地理信息系统（GIS）作为近年来飞速发展的技术，正在深刻影响着水文水资源领域的研究探索及技术变革。ArcGIS 作为 GIS 应用的主流软件，其强大而全面的水文分析、水资源规划及管理功能、可扩展及二次开发特性为水利设计业务提供了更多可能的解决方案，未来在水利设计行业具有广阔的应用前景。

随着 ArcGIS 在水文水资源领域的应用逐渐深入，以数据为驱动的水文计算及水资源规划管理业务急需规范化及程序化，以求在业务处理上更高效更便捷。其应用发展趋势大致有以下几点：

（1）建立水文水资源地理空间数据库。水文水资源空间数据库是业务分析的核心及决策的基础，全面及完善的数据库信息对相关业务开展具有重要作用。水文水资源信息数据库主要包括基础地理信息数据库、水利工程基础信息数据库、雨水情数据库、水旱灾害数据库及社会经济数据库等，在建立数据库的基础上也需要不断地更新修正，保持数据准确。

（2）ArcGIS建模工具及命令行的有效使用。随着数据信息及水文水资源相关业务数据处理量的增多，如何有效地利用ArcGIS的建模工具及Python命令行自建批处理工具，成为提升工作效率的关键。

（3）整合ArcGIS与水文水资源专业模型的决策支持系统。针对指定流域或者区域的水文分析、水资源规划及管理，单独基于ArcGIS技术的决策支持系统非常必要，同时，如何整合GIS技术与气象模型、水文模型及水资源管理模型形成标准化软件为区域或工程水资源综合管理提供参考也是未来需要不断发展的方向。

（4）利用物联网及FMV全动态视频实现水文信息实时展示及水资源调度应用。ArcGIS Pro新增的物联网及全动态视频功能为水文水资源数据的实时展示和播放提供了可能，利用好这些技术可以为水文监测、水资源调度及工程运行提供支撑。

参考文献

[1] 钱程，武雄，穆文平，等. GIS技术在水文地质领域的应用进展［J］. 南水北调与水利科技，2016，14（3）：115－122.

[2] 张建云，A. Dowley，M. bruen，等. 地理信息系统及其在水文水资源中的应用［J］. 水科学进展，1995（4）：290－296.

[3] 王小兵，孙久运. 地理信息系统综述［J］. 地理空间信息，2012，10（1）：25－28，1.

[4] Law，Michael，and Amy Collins. Getting to know ArcGIS PRO［J］. Esri Press，2019.

[5] 刘佳，于福亮，李传哲，尹吉国. GIS在水文水资源领域中的应用进展［J］. 水电能源科学，2007（2）：20－24.

[6] Maidment D R，Morehouse S. Arc Hydro：GIS for water resources［M］. ESRI，Inc.，2002.

[7] Ramly S，Tahir W. Application of HEC－GeoHMS and HEC－HMS as rainfall－runoff model for flood simulation［M］//ISFRAM 2015. Springer，Singapore，2016：181－192.

[8] Merwade V. Tutorial on using HEC－GeoRAS with ArcGIS 9.3［J］. School of Civil Engineering，Purdue University，2010.

[9] Winchell M，Srinivasan R，Di Luzio M，et al. ArcSWAT interface for SWAT 2005［J］. User's Guide，Blackland Research Center，Texas Agricultural Experiment Station，Temple，2007.

[10] Baumann C A，Halaseh A A. Utilizing Interfacing Tools for GIS，HEC－GeoHMS，HEC－GeoRAS，and ArcHydro［C］//World Environmental and Water Resources Congress 2011：Bearing Knowledge for Sustainability. 2011：1953－1962.

[11] 马振刚，李黎黎. 基于GIS和DEM的洋河流域水文特征提取方法研究［J］. 河北北方学院学报（自然科学版），2008（1）：69－72.

[12] 陈杨. 基于ArcGIS Desktop的丹江口入库径流分析［D］. 武汉：华中科技大学，2010.

[13] 黄硕. 水电规划中基于ASTER GDEM和ArcHydro的地形提取及水文分析实用方法研究［D］. 昆明：昆明理工大学，2011.

[14] 林杰，张波，李海东，等. 基于HEC－GeoHMS和DEM的数字小流域划分［J］. 南京林业大学学报（自然科学版），2009，33（5）：65－68.

[15] 贺娟. 基于HEC－RAS及GIS的洪水灾害损失评估［D］. 北京：中国水利水电科学研究院，2016.

[16] 许保海，李燕，李敏. 基于 GIS 的水资源管理信息系统——以贵阳市地下水资源规划利用管理为例 [J]. 科技创新导报，2008 (4)：12-13.
[17] 王浩，沈宏. GIS 技术在淮河流域片水资源综合规划中的应用研究 [J]. 水文，2005 (1)：42-45.
[18] 吕孙云，陈金凤，王政祥. 基于 ARCGIS 量算法在水资源评价中的应用 [J]. 人民长江，2008 (17)：27-29，52.
[19] 戚琳琳，张博，赖乔枫，等. 基于 MIKE BASIN 的水资源合理配置方案对比分析——以长吉经济圈为例 [J]. 水利水电技术，2018 (5)：16-24.
[20] 谢超颖，王晓蕾，郭恒亮，等. 清河流域水资源综合管理和决策系统 [J]. 人民黄河，2018，40 (6)：87-90.
[21] 于敏. 松花江流域水环境管理系统 [D]. 上海：同济大学，2008.
[22] 胡四一，宋德敦，吴永祥，等. 长江防洪决策支持系统总体设计 [J]. 水科学进展，1996，7 (4).

平原区跨流域城乡联动水资源调控技术研究

李娜　黎南关　万伟　尹耀锋

［摘要］　随着经济社会发展，平原城市区河湖的承载力已严重不足，依靠自身水资源条件已不能从根本上解决城市河湖面临的内涝频发、水环境恶化等各种水问题，相较而言，农村区水资源质、量均要优于城市区。本文从城乡水系优势互补，统筹水资源调配角度出发，研究论述跨流域城乡联动水资源调控技术，并将其应用于武汉市汤逊湖与梁子湖水系治理中。分别构建城市内涝模型、河湖蓄泄演算模型和二维水动力水质模型模拟分析了跨流域城乡联动水资源调控技术在汤逊湖与梁子湖流域治理中对防洪排涝和水环境改善的作用，为平原区城乡河湖治理提供参考与支撑。

［关键词］　跨流域；水资源调控；防洪排涝；水环境改善

1　引言

近年来，我国城镇化进程越来越快，截至2017年我国的城镇化率已达60%，预计到2030年我国城镇化率将达到70%。随着大规模的开发建设，平原区城市面临内涝频发、水环境恶化等越来越多的水问题。21世纪初期相关研究与工程治理多从单一问题出发，通过加大城区外排泵站建设、开展截污控污、生态修复等单项措施研究解决城市河湖水问题。2010年以后河湖治理研究开始从解决单一问题逐步向河湖系统治理转变，采用综合措施开展河湖治理。但随着经济社会发展，城市区河湖的承载力已严重不足，依靠自身水资源条件已不能从根本上解决城市河湖面临的各种水问题，相较而言，农村区水资源质、量均要优于城市区。本文从城乡水系优势互补，统筹水资源调配角度出发，研究论述跨流域城乡联动水资源调控技术，并将其应用于工程实例，为平原区城乡河湖治理提供参考与支撑。

2　跨流域城乡联动水资源调控技术

城乡联动水资源调控技术是以实现水资源可持续利用、人水和谐为目标，以提高水资源统筹调配能力、改善水生态环境状况和提升水旱灾害防御能力为重点，通过工程措施跨流域连通城市区和农村区的河湖水系，采取联合调度等非工程措施，跨流域对水资源进行合理调控和分配的技术。

城乡联动水资源调控技术的基础为水系连通，技术体系包括水系连通通道建设、可控建筑物构建、湖泊库塘等蓄水调控空间设施管控、水质水量联合模拟调度等几个方面，是工程措施与非工程的完美结合，两者相辅相成缺一不可。

3 跨流域城乡联动水资源调控技术功能分析

城乡联动水资源调控技术的功能体现在可有效利用水资源，跨流域综合解决城乡防洪排涝、供水、水环境、水生态等多方面问题。跨流域水资源调控过程中，城市区与农村区可取长补短，取得最大的综合效益，两者间的相互关系见表1。

表1　跨流域城乡联动水资源调控技术功能与相互关系分析表

功能	城　市　区		农　村　区	
	受　益	受　损	受　益	受　损
防洪排涝	遭遇超标准洪水向农排区分洪，充分发挥利用农村区水系调蓄能力	农村区排水能力不足时接纳农村区洪水，帮助其排水	农村区排水能力不足时充分利用城市区外排泵站	遭遇超标准洪水接纳城市区洪水，充分发挥农村区水系调蓄能力
供水安全	增加城市区供水保障率	—	—	向城市区输出优质水资源，对本流域农村用水户可能产生影响
水环境改善	增加城市区河湖水体水环境容量	—	—	向城市区输出优质水资源，本流域农村用水户可能受影响；接纳城市超标洪水存在水污染风险
水生态修复	加强连通，形成水生态廊道，改善水生态系统	—	加强连通，形成水生态廊道，受到城市区辐射	—

3.1 防洪排涝

平原区城市与农村的防洪排涝系统各自特点鲜明。城市区防洪排水标准高，通常为20～50年。城市排水系统汇流速度快，调蓄能力低，洪水历时短，通常利用大规模外排泵站应对短历时强降雨。农村区防洪排水标准较低且排水速度慢，通常为5～10年一遇三日暴雨五日排完，排水系统汇流速度慢，洪水历时长，外排能力较小，通常利用河湖调蓄应对暴雨洪水。

城乡联动水资源调控技术可充分利用城市区及农村区排水系统特点，充分发挥各自优势。遭遇超标准降雨时，城市区可向农村区分流，充分利用农村区河湖调蓄能力；短历时暴雨后，农村区调蓄的自身产水量及城市分洪水量通过连通调度均可由城市泵站排出，提高了城市泵站的利用率。

3.2 供水安全

平原区城市通常以外江为主要供水水源，供水结构单一，水污染突发事件可导致部分城市备用水源地不能发挥作用，增加了城市供水风险；农村区通常水系发达，水资源量质齐优，但用水方式粗犷，节水意识不强。

城乡联动水资源调控技术可通过水系连通工程，将农村区优质水资源输送到城市区，提高城市区供水保证率，降低供水风险。同时可通过节水措施强化农村区节水，降低连通调水对农村区原供水户的影响。

3.3 水环境改善

随着经济社会的快速发展，城市废污水排放量日益增大，加上水体流动性差，导致平原区城市河湖水体污染不断加剧，水生态环境状况严重恶化；农村区较大河湖水体由于周边人类活动较小，入湖污染物较少，尚有纳污能力富余，河湖水环境较好。

城乡联动水资源调控技术可实现农村区水环境质量较好河湖与城市区水系间的连通。在保证防洪排水安全的前提下，农村区排水可优先利用城市区排水通道，将农村区优质水资源输送到城市区，提高雨洪资源利用率，增强平原区河湖水体流动性，增加城市区河湖水环境容量。

3.4 水生态修复

平原区河湖遭遇特枯年份均存在生态水位破坏风险。通过城乡联动水资源调控技术可形成流域间水资源互补，提高生态环境需水保证率，降低水生态破坏风险。同时通过构建区域水网、城市水网，建设自然—人工相结合的水生态廊道，增加水域水生生物多样性，促进水生态系统健康，美化人居环境，形成城市向农村辐射廊道，实现人水和谐。

4 实例研究

4.1 概况介绍

本文以湖北省武汉市汤逊湖与梁子湖跨流域水系连通工程为实例，阐述城乡联动水资源调控技术功能与作用。

汤逊湖位于武汉市长江南岸，为长江中下游典型的平原水网地区，是国内最大的城中湖，横跨江夏、洪山和东湖高新科技开发区 3 个行政区，水面面积为 52.19km^2，调蓄容积为 3285 万 m^3，流域汇水面积为 248.80km^2，现有泵站外排能力总计 292m^3/s，是武汉市的备用水源地。

汤逊湖流域随着大规模的开发建设逐步发展成为城市建成区，区域内涝、水环境问题逐步凸显。一方面由于围湖造田、建设征地等历史原因导致湖泊水面、调蓄容积逐步缩小，加上外排能力限制，造成洪涝灾害频现，特别是 2016 年内涝灾害导致中心城区受淹数日，生产生活瘫痪；另一方面由于人口产业集聚，入湖污染负荷逐步增加，导致湖泊水生态环境逐渐恶化，富营养化日趋严重，湖泊生态健康受到严重威胁。2011—2013 年汤逊湖整体水质为Ⅳ类，2014 年以后汤逊湖整体水质已降至Ⅴ类，至今仍呈现恶化趋势，备用水源地功能消息殆尽。

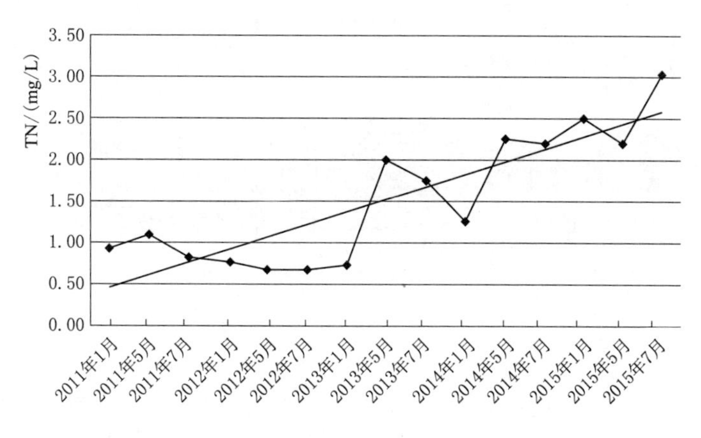

(a) 汤逊湖总氮变化趋势图

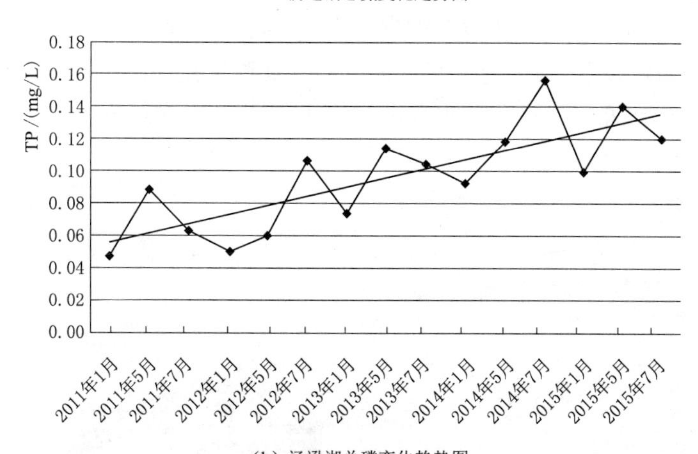

(b) 汤逊湖总磷变化趋势图

图 1 汤逊湖总氮、总磷变化趋势图

梁子湖是湖北省湖面最大的湖泊，流域面积 3265km²，湖泊容积 6.1 亿 m³。跨武汉、鄂州、咸宁、黄石四市。牛山湖为梁子湖的子湖，位于江夏区五里界镇，周边均为农村区，水面面积 46.512km²，现有泵站外排能力 214m³/s，现状水质为Ⅱ类，河湖水体现状多以养殖功能为主，其他社会服务功能缺乏。

汤逊湖东南角湖汊与牛山湖之间有一条建于 20 世纪 60 年代末期港渠—东坝港，全长约 3km，由于历史原因尚未贯通。为综合解决汤逊湖流域、牛山湖流域的防洪排水、供水、水环境、水生态多种问题，规划采用跨流域城乡联动水资源调控技术，连通东坝港，并建设集排水闸、引水泵站、船闸为一体的控制性枢纽工程，实现跨流域灵活调度水资源，技术示意见图 2。

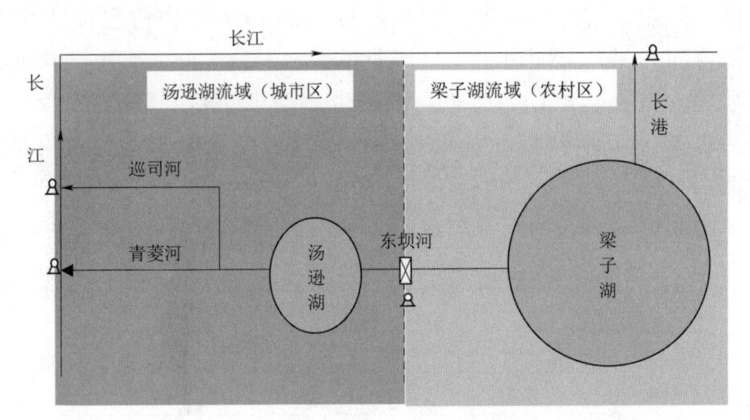

图 2　汤逊湖、梁子湖跨流域城乡联动水资源调控技术示意图

4.2　功能分析

4.2.1　防洪排水

为研究汤逊湖与梁子湖流域间水资源调控的功能作用，本文以汤逊湖最高控制水位19.3m，安全水位18.65m为控制条件，构建城市内涝模型和河湖蓄泄演算模型。拟定跨流域城乡联动水资源调控与不调控两种方案，分析遭遇100年一遇超标准洪水时，汤逊湖与梁子湖的水位变化过程，说明跨流域城乡联动水资源调控的防洪排水功能作用。

模型模拟时间30天，不同方案汤逊湖与梁子湖水位变化过程见图3。汤逊湖向梁子湖最大分排水流量$85m^3/s$，总排水量为2550万m^3，水位消落达0.7m，而梁子湖接纳汤逊湖排水后水位累积上涨0.07m，分排洪水入梁子湖并不会对梁子湖的防洪产生影响。如不采取跨流域调控，遭遇同等标准降雨汤逊湖水位将在最高控制水位基础上涨0.7m，沿湖建成区将一片泽国，经济损失约2500万元。

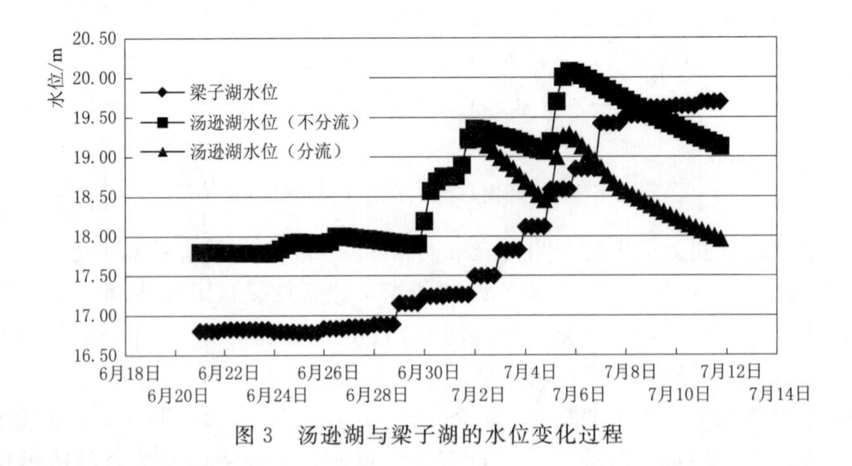

图 3　汤逊湖与梁子湖的水位变化过程

当汤逊湖度过最高水位进入消落期后5～6天，梁子湖出现最高水位，此时汤逊湖消退到安全水位下，可以全力帮梁子湖排水。汤逊湖外排泵站一天可以帮梁子湖排水972万m^3，3天即可将分排到梁子湖的洪水反抽出江，汤逊湖流域外排泵站总计可帮梁子湖流域排洪

水 12636 万 m^3。因此跨流域城乡联动水资源调控技术对有效减轻两个湖泊流域的防洪压力均有利。

4.2.2 水环境改善与供水

根据汤逊湖入湖污染负荷分析和纳污能力计算成果，汤逊湖需跨流域调入水资源量 15012 万 m^3，增加水体流动性，增加湖泊水环境承载力。本文采用 MIKE21 水动力水质模块模拟分析了跨流域城乡联动水资源调控与不调控两种方案下汤逊湖水质的变化过程。

(1) 水动力学模型采用二维水流运动方程，模型基本方程为

$$
\begin{aligned}
&\frac{\partial \zeta}{\partial t}+\frac{\partial (uh)}{\partial x}+\frac{\partial (vh)}{\partial y}=q \\
&\frac{\partial (uh)}{\partial t}+\frac{\partial (u^2 h)}{\partial x}+\frac{\partial (uvh)}{\partial y}+gh\frac{\partial \zeta}{\partial x}-fvh=\frac{\tau_{wx}}{\rho}-\frac{\tau_{bx}}{\rho} \\
&\frac{\partial (vh)}{\partial t}+\frac{\partial (uvh)}{\partial x}+\frac{\partial (v^2 h)}{\partial y}+gh\frac{\partial z}{\partial y}+fuh=\frac{\tau_{wy}}{\rho}-\frac{\tau_{by}}{\rho}
\end{aligned}
\tag{1}
$$

式中：h 为实际水深；ζ 为平均湖面起算的水位；q 为单位面积上进出湖泊的流量；u，v 分别为沿 x，y 方向的流速分量；g 为重力加速度；ρ 为水密度；f 为柯氏力系数；τ_{bx}，τ_{by} 为湖底摩擦力分量；τ_{wx}，τ_{wy} 为湖面风应力分量。

(2) 水质模型采用水深平均的平面二维数学模型，模型基本方程为

$$
\frac{\partial (hC)}{\partial t}+\frac{\partial (MC)}{\partial x}+\frac{\partial (NC)}{\partial y}=\frac{\partial}{\partial x}\left(E_x h\frac{\partial C}{\partial x}\right)+\frac{\partial}{\partial y}\left(E_y h\frac{\partial C}{\partial y}\right)+S+F(C) \tag{2}
$$

式中：h 为水深，m；C 为污染物指标的浓度，mg/L；M 为横向单宽流量，m^2/s；N 为纵向单宽流量，m^2/s；E_x 为横向扩散系数，m^2/s；E_y 为纵向扩散系数，m^2/s；S 为源（汇）项，$g/(m^2 \cdot s)$；$F(C)$ 为生化项。

根据汤逊湖近年来水质变化规律，本文共拟定了 3 月 25 日—4 月 24 日，7 月 1—31 日，11 月 1—30 日三个引水时段，湖泊水质达标率见表 2。

表 2 汤逊湖水质指标达标率表

月份	不调控		调控	
	TN	TP	TN	TP
1	92.4%	93.2%	99.7%	99.2%
2	92.9%	93.2%	92.9%	93.2%
3	98.2%	94.7%	98.2%	94.7%
4	62.7%	58.7%	76.7%	70.4%
5	27.9%	55.2%	61.4%	62.2%
6	41.3%	51.2%	51.1%	66.1%
7	46.0%	66.3%	80.3%	68.9%

续表

月份	不调控		调控	
	TN	TP	TN	TP
8	44.2%	38.3%	91.1%	93.2%
9	79.9%	69.3%	83.3%	91.7%
10	40.4%	66.6%	79.0%	87.3%
11	10.7%	30.0%	72.8%	78.0%
12	81.5%	87.6%	97.5%	96.9%

由模拟分析结果可知汤逊湖水质2月、3月较好，4月水质开始变差，跨流域调控水资源后全湖水质达标率可以提升至TN 76.7%，TP 70.4%，8月水质情况最差，不引水的情况下全湖水质达标率仅为TN 44%、TP 38.3%，采用跨流域城乡联动水资源调控技术可以大幅度提升至91.1%、TP 93.2%，湖泊水质可以得到大幅改善，结合截污控污及生态修复工程措施可使汤逊湖水质持续向好，为武昌地区提供备用水源保障。跨流域水资源调控前后TN、TP浓度场变化见图4。

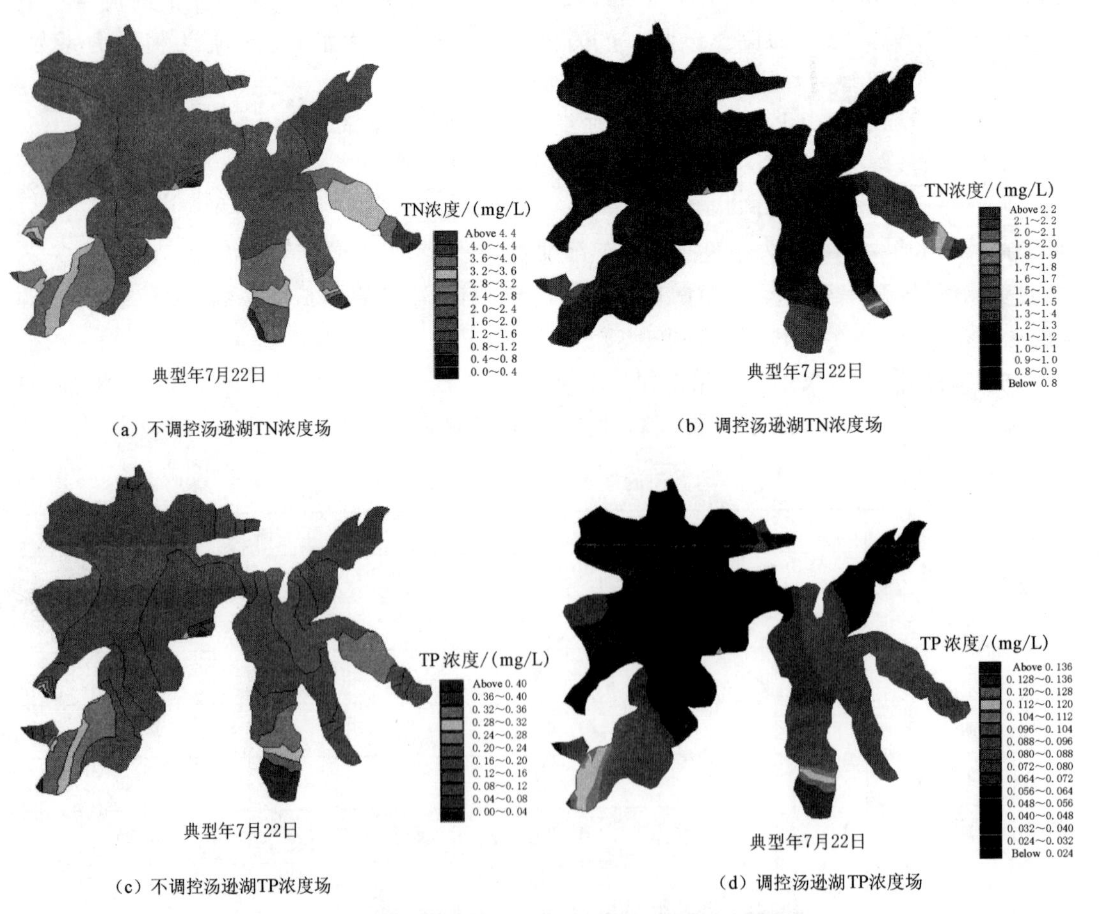

图4 跨流域水资源调控前后TN、TP浓度场变化

5 结论

跨流域城乡联动水资源调控技术通过适当的水系沟通、引排、调度等措施，可统筹城乡防洪排涝、水环境、水生态等多方面需求，是河湖系统治理理念的体现与提升。该技术应用于平原区将有效缓解重要城市区因水资源承载力、水环境承载力不足给城市发展带来的瓶颈问题，同时可提高城市区外排泵站的利用率，增加农村区排水通道，破解农村区排水标准偏低的难题。

参考文献

[1] 慕林青，刘培斌，高晓薇，等．永定河北京段生态系统健康评价及修复模式研究 [J]. 北京水务，2018 (4)：16-20.
[2] 胡嘉东，李贵义. 深圳河湾水系污染治理的可持续性策略和方案 [J]. 人民珠江，2008 (2)：60-62.
[3] 陈雄志. 武汉市汤逊湖、南湖地区系统性内涝的成因分析 [J]. 中国给水排水，2017 (4)：7-10.
[4] 袁勇，赵钟楠，等. 系统治理视角下河湖生态修复的总体框架与措施初探 [J]. 中国水利，2018 (8)：1-3.
[5] 夏军，高扬，左其亭，等. 河湖水系连通特征及其利弊 [J]. 地理科学进展，2012，31 (1)：26-31.
[6] 庞博，徐宗学. 河湖水系连通战略研究：理论基础 [J]. 长江流域资源与环境，2015，24 (1)：138-143.
[7] 李宗礼，刘晓洁，田英，等. 南方水网地区河湖水系连通的实践与思考 [J]. 资源科学，2011，33 (12)：2221-2225.
[8] 黎育红，贺石磊. 浅水湖泊群连通与调水的二维水动力-水质耦合模型研究 [J]. 长江科学院院报，2015，32 (1)：21-27，38.

河湖沉积物吸附和解吸磷的特性研究进展

陈萌　徐峰　雷新华　彭习渊　翁朝晖　胡雄飞

［摘要］ 河湖沉积物对水体磷的吸附和解吸，在一定程度上影响河湖水体的水质。沉积物吸附解吸磷的影响因素众多，本文主要综述了泥沙特性（粒径、有机物、含沙量）、水流条件、初始磷浓度、环境条件（pH 值、温度、盐度、溶解氧）等因素对泥沙吸附解吸磷的影响。各学者关于有机物、含沙量、水流条件对沉积物吸附解吸磷的影响观点较为一致，而粒径、pH 值、温度、盐度、溶解氧等因素对沉积物吸附解吸磷的影响尚存在不同看法。根据目前研究存在的问题，笔者认为可从各因素影响的显著性程度、多种因素的复合作用、吸附解吸磷与各影响因素间的定量关系、长期动态的现场实验以及吸附解吸机理等方面进一步展开研究，以期为河湖水环境的治理提供依据。

［关键词］ 沉积物；磷吸附；解吸；泥沙特性；水流条件；初始磷浓度；环境条件

1 引言

近年来，河流湖泊水环境问题日益突出。总磷已成为长江经济带水体首要污染指标，总磷超Ⅲ类的断面比例达到 18.3%。一般来说，河湖泥沙由多种矿物组成，具有较大的比表面积，且存在双电层结构，因此对水体中的污染物有一定的吸附作用。泥沙吸附污染物后，水相污染物的浓度暂时降低。与此同时，泥沙在随水流运动过程中，泥沙吸附的污染物也随之迁移，且当 pH 值、温度、盐度、溶解氧、水动力条件等因素改变时，污染物会解吸重新释放到上覆水体中，对水质造成不利影响。相对于其他污染物来说，磷较易吸附到泥沙颗粒表面，泥沙吸附的磷远大于水体中溶解态的磷。因此，研究泥沙吸附解吸磷的规律是分析水体中磷的分布和迁移转化的基础，对河湖水环境的治理有着重要意义。国内外学者对此展开了一系列研究，取得了许多有价值的成果。本文主要综述了泥沙吸附解吸磷的主要影响因素和各因素影响下的吸附解吸规律，并在此基础上，针对目前研究存在的问题，指出了未来的发展方向。

2 沉积物吸附解吸磷的影响研究

影响沉积物吸附解吸磷的主要因素有泥沙特性、水流条件、初始磷浓度和环境条件等。其中，泥沙特性主要包括粒径、有机物、含沙量等方面；水流条件主要与流速、紊动强度等因素有关；环境条件主要包括 pH 值、温度、盐度和溶解氧等方面。

2.1 泥沙特性的影响

2.1.1 粒径

郭长城等通过室内实验研究了不同粒径下（44～55μm、88～97μm、105～125μm、125～150μm），长江南京段江心洲泥沙对磷的吸附效果。实验结果显示，泥沙粒径越小，比表面积越大，对磷的吸附效果越好。肖洋等探讨了不同粒径下，去除有机物和氧化物的长江干净泥沙对磷的吸附能力，结果表明：泥沙由较大粒径的砂粒、较粗粉沙减小到粒径较小的黏粒或细粉沙时，比表面积显著增大；在各水相初始磷浓度下，泥沙对磷的平衡吸附量随泥沙粒径的增大而减小。肖洋等学者的研究成果与郭长城等得出的规律相似。崔双超等以北京大兴南海子湖表层沉积物为材料，将其制成 0.147～0.246mm（细砂）、0.074～0.147mm（极细砂）、0.0385～0.074mm（粉粒）和小于 0.0385mm（粉粒、黏粒混合物）四种粒径的泥沙，分析了不同粒径泥沙对磷的吸附作用，结果显示，粒径对单位质量泥沙吸附磷量影响显著，具体表现为粉粒黏粒混合物＞粉粒＞细砂＞极细砂。崔双超等学者认为细砂对磷的吸附能力较极细砂强，这个观点和郭长城、肖洋等学者的结论不同，其原因可能是实验用的细砂所含的有机质、Fe、Al、Ca 和 Mn 比极细砂高。储柱全以三峡库区悬浮态泥沙为研究对象，进行了磷酸盐的室内解吸试验，试验结果表明，泥沙解吸量随着粒径的增大呈递减趋势，泥沙粒径越大，解吸达到平衡的时间也越短。

2.1.2 有机物

刘花以山东聊城东昌湖沉积物和中国海洋大学地质学院实验土为研究对象，探讨了溶解性有机质对泥沙吸附解吸磷的影响，研究结果表明，沉积物对磷的吸附量随溶解性有机质的增加呈增大趋势；有机物对沉积物解吸磷的影响与磷的形态有关，有机质含量为 1.2%的沉积物磷酸盐的解吸量小于有机质含量 0.8%的沉积物，但有机磷的解吸规律则相反。王圣瑞等通过吸附实验，研究了水溶性有机质（DOM）对不同营养水平的五里湖和东太湖沉积物吸附磷酸盐的作用，他认为溶解性有机质对沉积物吸附磷的促进作用较明显，不仅增大了吸附量，还提高了沉积物吸附磷的速度；此外，溶解性有机质对有机质含量较高、污染更严重的五里湖沉积物吸附磷的影响更显著。以上两位学者关于溶解性有机质对磷的吸附特性研究成果较为一致，分析其原因可能是有机物中的腐殖质与泥沙颗粒中的铁、铝形成有机矿质复合体，从而提供了更多的无机磷吸附位点，进而增强了沉积物对磷的吸附。刘雪芳在研究太湖沉积物有机质吸附磷的基础上，进一步研究了不同组分有机质的影响，结果显示，去除部分有机质的太湖沉积物对磷的吸附量低于原沉积物；轻组、重组、高活性腐植酸（MHA）和钙腐植酸（CaHA）四种组分中，重组对磷的吸附能力最大。易文利研究了有机物含量和有机物组分对长江中下游浅水湖沉积物吸附解吸磷的影响，结果表明随着有机质含量的减少，溶解性磷酸盐（SRP）、可溶性总磷（DTP）的释放速率和释放量增加，而溶解性有机磷（DOP）的释放则降低；沉积物轻组有机质的去除减弱了沉积物对磷的吸附，提高了各沉积物磷的释放量和释放速率，加剧了沉积物向上覆水体释放磷的趋势。以上学者中，刘花和易文利关于有机质含量对磷酸盐和有机磷解吸特性的影响较为一致，其原因主要有两方面：一方面，有机物去除后，削弱了沉积物表面无机胶体与有机质形成的胶结物对磷的吸附，导致磷酸盐的释放增强；另一方面，部分有机磷在过氧化氢去除有机质的处理过程中转化成了无机磷，从而使有机磷含量降低，有机磷的解吸量也降低。

2.1.3 含沙量

韩超通过循环流明渠模型，模拟了泥沙随水体运动时，泥沙浓度对嘉陵江泥沙吸附水体磷的影响，结果显示：水相磷浓度一定时，随着含沙量的增大，泥沙对磷的吸附容量增大，而单位质量的泥沙吸附磷的能力降低。分析其原因，可能是由于含沙量较大，提供了较多的吸附点位，而过多的含沙量导致泥沙颗粒间碰撞加剧，造成一部分磷解吸。黄敏以三峡库区泥沙和长江原水为研究对象，进行吸附实验，得到的成果与韩超学者相似。吕平毓等采集了长江朱沱、寸滩、清溪场等 7 个断面泥沙，研究了悬移质泥沙吸附磷的特性，亦得出了相同的结论。Brian 等探讨了丹麦 Gelbæk 河的悬浮泥沙浓度、总磷、颗粒态磷、总溶解磷之间的关系，指出吸附于泥沙表面的颗粒态磷浓度和悬浮泥沙浓度之间有着显著的线性关系。

2.2 水流条件的影响

House 等通过室内实验研究了流速对水槽中的床砂吸附磷的影响，结果表明随着流速的增大，上覆水体和泥沙交界面边界层变薄，床砂对磷的吸附量增大。夏波通过调整格栅紊流的振动参数来模拟不同强度的紊动水体，探讨了东洞庭湖泥沙在不同紊动水体中吸附解吸磷的特性，结果显示，紊动水体中磷的水相浓度不仅受紊动扩散的影响，还受泥沙吸附和解吸作用，具体表现为紊动强度越高，水体中悬浮泥沙的浓度越高，泥沙吸附磷的量也越多，达到平衡的时间越短，解吸实验有相同的规律。张潆元借助室内实验，通过调节恒温振荡器的转动速率来模拟不同强度的扰动，研究其对三峡库区泥沙吸附解吸磷的影响，实验结果表明，水体扰动强度越大，泥沙对磷的吸附量越大，振荡速率为 100～200r/min 时较为明显，继续增大振荡速率，吸附量的增长率明显减小；扰动强度越大，单位质量泥沙对磷的解吸量越大，随着扰动强度由 0 增加至 250r/min，单位泥沙的解吸量从 0.074mg/L 增加至 0.106mg/L。李一平、彭进平等通过环形水槽实验研究了太湖底泥作用下，水体流速与上覆水体中总磷浓度的关系，结果表明，当流速低于 12.5cm/s 时，上覆水体中总磷浓度有某种程度的下降，说明低流速下太湖底泥充当了“汇”的作用，吸附了水体中的磷，这对改善水质有促进作用；当流速超过 12.5cm/s 后，随着流速的增大，上覆水体中的总磷浓度不断增大；当流速达到 50cm/s 后，上覆水体中总磷浓度随流速的增大显著增大，说明此时受扰动引起的磷的释放强度超过了底泥对磷的吸附力，底泥充当了“源”的作用。实际水体是一个复杂的系统，流速对泥沙吸附解吸磷的影响受上覆水体与床沙接触时间的影响，当水体流速较大时，有利于磷在水体中的传输，减小了上覆水体与床沙的接触时间，导致床沙对磷的吸附量减小；流速较小时，有利于增加水体与床沙的接触时间和接触范围，有助于增大固着生物的生长速率，进而增大颗粒态磷的沉降和沉积物对磷的吸附。

2.3 初始磷浓度的影响

受降雨蒸发等因素的影响，水体中的磷浓度常常处于变动状态。水体中的磷浓度不同，泥沙对磷的吸附解吸特性也不同。韩超采用循环流明渠模型研究了泥沙随水体运动时，初始磷浓度对泥沙吸附水体磷的影响，研究结果表明，随着初始磷浓度的增大，泥沙对磷的吸附量呈增大趋势，但是吸附量占初始磷的比值越来越小。黄利东等以太湖梅梁湾和浙江大学人工湖泊华家池 2 个湖泊沉积物为研究对象，通过室内实验探讨了不同初始磷浓度下沉积物吸附解吸磷的规律，结果显示，两种沉积物均存在临界磷浓度，当初始磷浓度大于临界初始磷浓度时，沉积物吸附磷，反之则解吸磷；随着初始磷浓度的增大，沉积物对磷的吸附量增大，吸附速率加快，吸附效率（被泥沙吸附的磷浓度/初始磷浓度）则因沉积物不同而异，表现为梅梁湾沉积物的吸附效率降低，华家池沉积物升高。姜霞等通过 90 组吸附解吸实验研究了太湖沉积物吸附解吸磷的规律，结果表明，当初始磷浓度较低时，沉积物表现为解吸磷，随着溶液浓度的增加，沉积物逐渐吸附上覆水体中的磷，此外，初始磷浓度与吸附量之间存在良好的线性关系。

2.4 环境条件的影响

2.4.1 pH 值

pH 值能改变泥沙颗粒的物理化学性质和磷的存在形态，因此对沉积物吸附解吸磷的特性有一定影响。

刘敏等采集了 9 组长江口滨岸潮滩表层沉积物，研究了 pH 值（5～10）对沉积物吸附上覆水体磷酸盐的影响，结果表明，沉积物对磷的吸附量与 pH 值呈 U 形关系，具体表现为：pH 值在 7～8 时，吸附量较小；偏酸性环境下，随着 pH 值的升高，泥沙对磷的吸附量减小；偏碱性环境下，随着 pH 值的增大，泥沙对磷的吸附量增大。安敏等探讨了大范围 pH 值（2～12）下，海河干流表层沉积物吸附磷的规律，她指出，沉积物对磷的吸附随 pH 值的增大呈 U 形趋势，pH 值为 9 左右时，沉积物对磷的吸附量最小，pH 值小于或大于 9 时，沉积物对磷的吸附量均增大。崔双超等以北京大兴南海子湖表层沉积物为研究对象，研究了 pH 值对不同粒径沉积物吸附磷的影响，研究结果显示，pH 值对极细砂、粉粒、粉粒黏粒混合物 3 种不同粒径泥沙的影响较为相似，具体表现为：pH 值在 4～10 之间，吸附量变化不大，pH 值大于 10 时，吸附量随着 pH 值的增大而降低，pH 值小于 4～5 时，吸附量随着 pH 值的减小而升高；pH 值对细砂吸附磷的影响略有不同，具体表现为：细砂对磷的吸附量随 pH 值的升高基本呈 U 形，即 pH 值为 4 时，吸附量最低，大于或小于 4 时，吸附量升高。上述学者大多认为，pH 值对沉积物吸附磷的影响较大，且吸附量与 pH 值之间呈 U 形关系，但是各学者关于最低吸附量对应的临界 pH 值存在不同看法。

鉴于 pH 值对沉积物吸附磷特性的影响较为复杂，另外一些学者展开了一系列研究。Zhou 等以太湖沉积物为研究对象，探讨了 pH 值对沉积物吸附磷的影响，研究结果显示，沉积物对磷的吸附量随着 pH 值的增大呈倒 U 形，pH 值低于 2～3 和高于 6～8 时，吸附量减小。王圣瑞等研究了酸性、中性和碱性（pH 值分别为 6、7、9）条件下，东太湖、贡湖、五里湖沉积物吸附磷的效果，他指出，中性条件下，各沉积物对磷的吸附最大；酸性条件 pH 为 6 时，次之；碱性条件 pH 为 9 时，各沉积物对磷的吸附最小。刘培怡等采集了 10 个黄河上游表层沉积物，通过室内实验研究了不同 pH 值（6、7、9）下，沉积物吸附磷酸盐的规律，结果表明，不同沉积物在不同 pH 值下对磷的等温吸附有着相同的线性变换趋势，但吸附容量因沉积物不同而异，具体表现为：其中 8 个沉积物在水体接近中性时对磷的吸附量最大，pH 值减小或增大时吸附量均下降，且变化幅度因沉积物不同而异；其他 2 个沉积物在 pH 值为 9 时对磷酸盐的吸附量最大，pH 为 6 时吸附量最小。以上学者认为吸附量与 pH 值之间呈倒 U 形关系，与刘敏、安敏、崔双超等学者的研究成果不同，其可能的原因是各学者实验条件不同。

还有一些学者重点研究了沉积物解吸释放磷的规律。王颖等以三峡水库主要支流寸滩、小江、大宁和香溪表层沉积物为研究对象，探讨了上覆水体 pH 值对四种沉积物磷释放的影响，研究结果表明，中性条件下磷的释放量最低，酸性和碱性条件均有利于磷的释放，且酸性条件下磷的释放量大于碱性条件，她指出，水体酸化增加了三峡主要支流磷释放的风险。安敏等研究了 pH 值对海河干流表层沉积物解吸磷的影响，结果显示，pH 值超过 6 时，随着 pH 值的增大，磷的释放量增大。王新建等选取了湖北省东湖、汤逊湖和梁子湖三个富营养化程度不同的湖泊，研究 pH 值对湖泊沉积物磷释放的影响，结果显示，当 pH 值为 2.0～7.0 时，三个湖泊沉积物中溶解性活性磷的释放量呈现先增大后减小的趋势，当 pH 值为 7.0～12.0 时，溶解性活性磷的释放量呈增加趋势；此外，不同 pH 值条件下，溶解性活性磷的释放量与沉积物总磷质量分数显著正相关。李兵等研究了 pH 值对太湖沉积物磷释放的影响，指出 pH 值对沉积物磷释放的影响与水体富营养化程度有关，富营养化程度高的河道，沉积物中的磷在碱性条件下释放量大；富营养化程度低的河道，沉积物中的磷在酸性条件下释放量大，因此要考虑碱化或酸化引起的磷释放风险。以上学者的研究成果有所差别，可能与沉积物磷的组成形态、河道富营养化程度等因素有关。

2.4.2　温度

温度不仅影响植物、动物的生长，微生物的活性，还影响各种反应的速率，因此能够影响泥沙对磷的吸附和解吸。刘花研究了东昌湖不同有机质含量的沉积物在试验温度 10℃、20℃、30℃下吸附磷的效果，结果表明，磷吸附量随温度的升高而增加。张潆元探讨了温度对三峡库区泥沙吸附解吸磷的影响，研究显示，当温度由 8℃升高至 35℃时，泥沙对磷的最大吸附量由 0.142mg/g 增加至 0.207mg/g，增大了 45.8%；温度升高更大的促进了泥沙对磷的解吸，当温度从 8℃升高至 35℃时，最大解吸量由 0.128mg/g 增加至 0.198mg/g，增大了 54.7%。Sugiyama 等研究了不同温度（5℃、15℃、25℃、35℃）下，农业排水渠泥沙吸附磷的规律，指出随着温度的升高，泥沙对磷的吸附量增加。以上各学者关于温度对沉积物吸附磷的影响研究成果较为一致。李敏等以 6 组长江口水域悬浮沉积物为例，探讨了温度对沉积物吸附磷酸盐的影响，结果显示，随着温度的升高，5 组沉积物对磷酸盐的吸附量呈增大趋势，1 组沉积物对磷酸盐的吸附量呈减小趋势，呈减小趋势的原因可能是随着温度升高，沉积物释放磷的量增大，超过了沉积物对磷的吸附，导致净吸附量减小。

2.4.3　盐度

安敏等以海河表层沉积物为研究对象，探讨了不同盐度（2～32）下沉积物吸附解吸磷的规律，结果表明，随着盐度的增大，沉积物对磷的吸附总体上呈下降趋势，但在10～15 之间有反复；盐度对沉积物解吸磷的影响表现为，随着盐度的增高，阴离子浓度增大，PO_4^{3-} 的竞争能力减弱，致使沉积物中的磷发生解吸。吸附量出现反复的原因可能是 10～15 盐度范围内，沉积物的活性铝、铁易于和磷发生聚合，而当盐度进一步增大，导致絮凝体表面的吸附电位达到饱和，因而吸附量下降。李敏等研究了盐度（0～35）对长江口水域悬浮沉积物吸附磷酸盐的影响，她指出，各沉积物均存在临界盐度，使沉积物对磷的吸附量最大，临界盐度范围为5～7；低于此盐度时，吸附量随盐度的增加而增大；高于此盐度时，吸附量随盐度的增加而减小。高丽等以山东省荣成天鹅湖湿地沉积物为研究对象，开展不同盐度（0.1～9）下沉积物吸附磷的实验，实验结果表明，随着盐度的增大，沉积物对磷的吸附量呈现先增大后减小的趋势，吸附量最大时对应的盐度为6～8。李敏和高丽两位学者的观点较为一致，认为吸附量随溶液中离子强度的增加而增大，同时阴离子会与磷酸盐竞争吸附点位，随着盐度的增大，阴离子竞争吸附点位发挥的作用更大，因此吸附量减小。

2.4.4 溶解氧

溶解氧能够影响生物的生长、有机物的矿化以及泥沙表面的特性，因此能够影响沉积物吸附和释放磷。冯海艳等研究了上覆水体中的溶解氧水平对苏州城市河道底泥吸附和释放磷的影响，研究结果显示，溶解氧大于5mg/L的好氧条件有利于沉积物吸附磷；溶解氧小于0.5mg/L的厌氧条件加速了底泥磷的释放。金相灿等以东太湖沉积物为研究对象，通过室内实验探讨了富氧和缺氧条件下沉积物吸收磷酸盐的规律，结果表明，富氧环境沉积物中总磷的增加量高于缺氧环境，溶解氧对沉积物中铁结合态磷和钙结合态磷含量的影响较大，对有机磷含量的影响不大。胡秀芳研究了东昌湖沉积物对磷的吸附和释放特征，她指出溶解氧含量是影响磷释放的关键因素，厌氧条件下总磷和可溶性磷酸盐的释放量明显大于好氧和缺氧条件。张学杨等指出氧化环境有利于泥沙表面的铁、铝以三价态形式存在，三价铁铝离子与磷以磷酸盐的形式结合到沉积物中，在一定程度上促进了磷的沉积。与其他学者不同，韩沙沙等认为沉积物中有机质含量较高时，有机物在好氧条件下的矿化速率较厌氧条件快，从而导致沉积物释放大量的磷。

3 结语

综上所述，国内外学者对沉积物吸附解吸磷的特性展开了一系列研究，取得了许多有价值的研究成果，为分析水体中磷的分布和迁移转化奠定了基础，进而为河湖水环境的治理提供支撑。然而目前研究存在以下几方面问题，笔者认为今后可进一步展开研究。

（1）鉴于沉积物吸附解吸磷的影响因素众多，各因素的显著性程度或比重有待进一步研究。

（2）目前，关于粒径、pH值、温度、盐度、溶解氧等因素对沉积物吸附解吸磷的影响尚存在不同看法，可能是沉积物性质、环境条件和实验条件不同造成的。因此，需研究多种因素复合作用下，沉积物对磷吸附解吸的影响，研究出一套系统的统一的理论。

（3）目前大多数研究局限于室内静态实验，已有的动态实验大多在振荡瓶或水槽中进行，不能完全反映真实情况。因此，需进行长期动态的室外实验。

(4) 多数研究局限于现象和规律的描述，或仅对可能的原因进行简单阐述，而没有进行深层次的分析。因此，需采取多种手段，研究沉积物对磷的吸附解吸与各因素之间的定量关系，并对机理进行深入剖析。

参 考 文 献

[1] 续衍雪，吴熙，路瑞，等. 长江经济带总磷污染状况与对策建议 [J]. 中国环境管理，2018，10 (1)：70-74.

[2] 郭长城，王国祥，喻国华. 天然泥沙对富营养化水体中磷的吸附特性研究 [J]. 中国给水排水，2006，22 (9)：10-13.

[3] 肖洋，陆奇，成浩科，等. 泥沙表面特性及其对磷吸附的影响 [J]. 泥沙研究，2001，(6)：64-68.

[4] 崔双超，丁爱中，潘成忠，等. 不同粒径泥沙理化特性对磷吸附过程的影响 [J]. 环境工程学报，2013，7 (3)：863-868.

[5] 储柱全. 三峡库区悬浮态泥沙吸附解吸磷酸盐特性研究 [D]. 重庆：重庆大学，2006.

[6] 刘花. 东昌湖沉积物有机质对磷吸附解吸行为的影响研究 [D]. 青岛：中国海洋大学，2013.

[7] 王圣瑞，金相灿，赵海超，等. 湖泊沉积物中水溶性有机质对吸附磷的影响 [J]. 土壤学报，2005，42 (5)：805-811.

[8] 王而力，王嗣淇，江明选. 沉积物不同有机矿质复合体对磷的吸附特征影响 [J]. 中国环境科学，2013，33 (2)：270-277.

[9] 刘雪芳. 太湖沉积物有机质组成特征及其对磷吸附的影响 [D]. 郑州：河南大学，2017.

[10] 易文利. 有机质对磷素在沉积物-水-沉水植物间迁移转化的影响 [D]. 咸阳：西北农林科技大学，2008.

[11] 韩超. 流动水体中泥沙特性对磷分布的影响 [D]. 重庆：重庆交通大学，2015.

[12] 黄敏. 泥沙对总磷的吸附与释放研究及总磷含量预测 [D]. 重庆：重庆交通大学，2009.

[13] 吕平毓，王晓青. 长江三峡库区悬移质泥沙对磷污染物的吸附机理研究 [C]. 北京：中国水利学会2006学术年会暨2006年水文学术研讨会论文集（水文水资源新技术应用），2006，120-124.

[14] Kronvang Brian，Laubel Anker，Grant Ruth. Suspended Sediment and Particulate Phosphorus Transport and Delivery Pathways in an Arable Catchment，Gelbæk Stream，Denmark [J]. Hydrological Processes，1997，11 (6)：627-642.

[15] House W A，Denison F H，Smith J T，et al. An investigation of the effects of water velocity on inorganic phosphorus influx to a sediment [J]. Environmental Pollution，1995，89 (3)：263-271.

[16] 夏波. 水体紊动对泥沙吸附解吸磷的影响研究 [D]. 天津：天津大学，2012.

[17] 张潆元. 三峡库区泥沙对磷的吸附解吸特性研究 [D]. 北京：中央民族大学，2017.

[18] 李一平，逄勇，陈克森，等. 水动力作用下太湖底泥起动规律研究 [J]. 水科学进展，2004 (6)：770-774.

[19] 彭进平，逄勇，李一平，等. 水动力条件对湖泊水体磷素质量浓度的影响 [J]. 生态环境，2003 (4)：388-392.

[20] WITHERS P，JARVIE H P. Delivery and cycling of phosphorus in rivers：a review [J]. Science of the Total Environment，2008，400 (1)：379-395.

[21] 肖洋，成浩科，唐洪武，等. 水动力作用对污染物在河流水沙两相中分配的影响研究进展 [J]. 河海大学学报（自然科学版），2015，43 (5)：480-488.

[22] 黄利东，柴如山，宗晓波，等. 不同初始磷浓度下湖泊沉积物对磷吸附的动力学特征 [J]. 浙江

大学学报（农业与生命科学版），2012，38（1）：81-90.
[23] 姜霞，王秋娟，王书航，等. 太湖沉积物氮磷吸附/解吸特征分析 [J]. 环境科学，2011，32（5）：1285-1291.
[24] 刘敏，侯立军，许世远，等. 长江河口潮滩表层沉积物对磷酸盐的吸附特征 [J]. 地理学报，2002，57（4）：397-406.
[25] 安敏，文威，孙淑娟，等. pH和盐度对海河干流表层沉积物吸附解吸磷（P）的影响 [J]. 环境科学学报，2009，29（12）：2616-2622.
[26] 崔双超，丁爱中，潘成忠，等. 泥沙质量浓度和pH对不同粒径泥沙吸附磷影响研究 [J]. 北京师范大学学报（自然科学版），2012，48（5）：582-586.
[27] Aimin Zhou，Hongxiao Tang，Dongsheng Wang. Phosphorus adsorption on natural sediments：Modeling and effects of pH and sediment composition [J]. Water Research，2005，39（7）：1245-1254.
[28] 王圣瑞，金相灿，庞燕. 不同营养水平沉积物在不同pH下对磷酸盐的等温吸附特征 [J]. 环境科学研究，2005，18（1）：53-57.
[29] 刘培怡，马钦，李北罡. 黄河上游沉积物在不同pH值下对磷酸盐的吸附特征 [J]. 内蒙古石油化工，2011，37（14）：1-4.
[30] 王颖，沈珍瑶，呼丽娟，等. 三峡水库主要支流沉积物的磷吸附/释放特性 [J]. 环境科学学报，2008，28（8）：1654-1661.
[31] 王新建，王松波，耿红. 东湖、汤逊湖和梁子湖沉积物磷形态及pH对磷释放的影响 [J]. 生态环境学报，2013，22（5）：810-814.
[32] 李兵，袁旭音，邓旭. 不同pH条件下太湖入湖河道沉积物磷的释放 [J]. 生态与农村环境学报，2008（4）：57-62.
[33] Sugiyama Sho，Hama Takehide. Effects of water temperature on phosphate adsorption onto sediments in an agricultural drainage canal in a paddy-field district [J]. Ecological Engineering，2013，61：94-99.
[34] 李敏，倪晋仁，王光谦，等. 环境因素对长江口水域沉积物吸附磷酸盐的影响研究 [J]. 应用基础与工程科学学报，2005，13（1）：19-25.
[35] 安敏. 海河干流沉积物磷的形态及吸附解吸特性 [D]. 天津：南开大学，2007.
[36] Forsgren G，Jansson M，Nilsson P. Aggregation and sedimentation of iron，phosphorus and organic carbon in experimental mixtures of freshwater and estuarine water [J]. Estuarine Coastal and Shelf Science，1996，43（2）：259-268.
[37] 高丽，史衍玺，孙卫明，等. 荣成天鹅湖湿地沉积物对磷的吸附特征及影响因子分析 [J]. 水土保持学报，2009，23（5）：162-166，204.
[38] 冯海艳，李文霞，杨忠芳，等. 上覆水溶解氧水平对苏州城市河道底泥吸附/释放磷影响的研究 [J]. 地学前缘，2008，15（5）：227-234.
[39] 金相灿，姜霞，姚扬，等. 溶解氧对水质变化和沉积物吸磷过程的影响 [J]. 环境科学研究，2004，17（增）：34-39.
[40] 胡秀芳. 东昌湖沉积物磷形态及吸附释放特征研究 [D]. 青岛：中国海洋大学，2013.
[41] 张学杨，张志斌，李梅，等. 影响湖泊内源磷释放及形态转化的主要因子 [J]. 山东建筑大学学报，2008，23（5）：456-459.
[42] 韩沙沙，温琰茂. 富营养化水体沉积物中磷的释放及其影响因素 [J]. 生态学杂志，2004，23（2）：98-101.

流速法生态需水计算——以汉北河为例

闫少锋　吴建学

[摘要] 基于汉北河2个典型断面（天门断面、汉北河民乐闸断面）的鱼类调查资料与长时间序列实测数据（水深、流量、断面等），运用流速法（最小、平均、最大）进行生态需水量计算。基于生径比概念，对流速法计算的生态需水计算结果进行评价，结果表明，汉北河流域目前水流量可较好地满足最小生态需水的需求，对于适宜生态需水只能部分月份满足。

[关键词] 流速法；最小生态需水；适宜生态需水；生径比

1 引言

水资源是人类社会生存和发展的物质基础，而水资源短缺和水污染问题制约着全球经济和社会发展，并对人类的生存环境产生深刻的影响。刘昌明院士曾指出，21世纪的水文水资源问题正面临着巨大的挑战，主要包括如何满足社会与经济发展对水资源日益增长的需要，维持生态需水和控制因发展而带来的水污染，不断改善水生态环境。近年来，面对严峻的水环境与生态问题，为实现我国经济社会又好又快的发展，调整经济结构，转变经济增长方式，缓解我国能源、资源和环境的瓶颈制约，国家多次强调水资源、水环境问题的重要性。随着我国国民经济的快速发展，对河流的干扰程度大大超过了世界上同类自然条件的国家和地区，水资源供需矛盾日益尖锐，水污染、水生态环境恶化等河流生态环境问题愈加凸显，水资源合理利用与生态保护日渐成为突出的水问题，人们开始对生态需水有了更多的重视，生态需水需求在河流生态系统中愈加重要。

关于生态需水的研究始于20世纪40年代，此后相继研究并提出了各种生态需水量计算方法。多年来，各国学者提出了众多的各不相同的河道内生态需水量计算方法，主要有水文学方法、水力学方法、生态学方法和综合法。吉利娜借鉴水力半径法与R2-CROSS法提出来流速法，该方法选取影响鱼类生存的重要水力要素——流速作为指标来确定河道内生态需水量。流速法即以流速作为反应生物栖息地指标，来确定河道内生态需水量，该法认为满足水生生物相应的流速要求也就满足了水生生物对栖息地的相应要求，对于河流生态需水量的计算有重要的指示作用。

湖北省水资源量以及分布特征，决定了区域性缺水时有发生，加之水污染日益严重，在一些地区已经成为社会经济发展的制约因素。由于长期以来生态用水被大量挤占，汉北河流域水环境压力巨大，工业排放导致河流污染严重，甚至由于缺水还出现了断流甚至部分河段干涸等严重情况。研究汉北河生态需水量有助于流域水资源合理科学分配，可以为生态环境的保护提供重要依据，以及为流域生态系统可持续发展提供具体可行的措施和方法，为水资源管理提出科学合理的建议，保证其不断流具有极为重要的现实意义。

2 研究区域与数据资料

2.1 研究区域

本文以汉北平原的汉北河流域为研究对象。汉北河始于天门市，终于新沟闸入汉江河口（图 1）。汉北河濒临汉江、天门河、府澴河，水土资源丰富，自然条件优越，农业生产十分发达。本流域范围内，多年平均降水量 950～1200mm，降水年际变化大，年内分配不均，汛期 5—9 月降水量占全年的 70%左右。

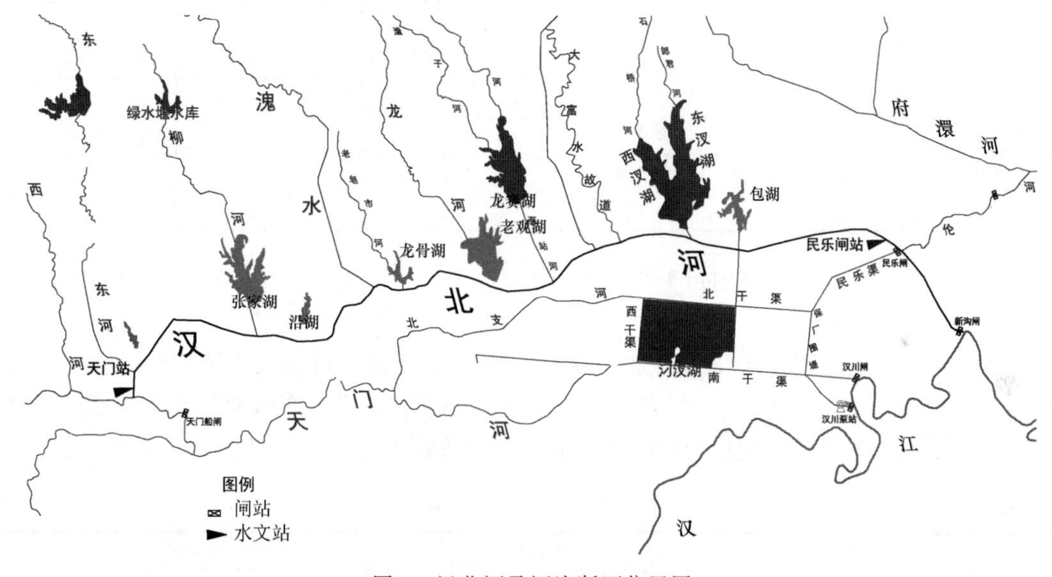

图 1　汉北河及河流断面位置图

2.2 数据资料

依据稳定性、代表性、可靠性和连续性原则，在汉北河上选取天门和汉北河民乐闸 2 个断面。收集 2 个断面 1997—2015 年的实测数据（水深、流量、断面等），并根据研究文献查询本河流的典型鱼类信息。

3 研究方法

河道内基本生态需水是指为了维持大多数水生生物的正常生长发育、维持水生生态系统的基本动态平衡的水资源量。一般情况下，鱼类是水生态系统中的顶级群落，鱼类种群的稳定性是水生态系统稳定的标志，因此鱼类可作为河流生态系统稳定的指示物。鱼类需要在具有一定流速等生态条件的水域中繁殖，并且河道流速处在水生物适宜的范围时，也能保证水量和水深处于良好的范围。其原理是根据断面关键指示性物种确定生态流速，再依据断面（$v-Q$）关系得到断面生态流量。

$$Q=v\times A \tag{1}$$

式中：Q 为河流断面径流量，m^3/s；v 为河流流速，m/s；A 为河流断面面积，m^2。据式（1）可知，流速和流量为正相关关系，流量随着流速的增大而增大。所以从理论上来讲，适宜的流速就能保证流量处在较好范围。

基于文献以及我院的调查，汉北河流域主要鱼类有鲤鱼、鲫鱼、青鱼、草鱼、鲢鱼、鳙鱼等鱼类。以上鱼类的喜爱流速与极限流速如表 1 所示。

表 1　汉北河鱼类的喜爱流速与极限流速

种类	产卵期/m	卵类型	感觉流速/(m/s)	喜爱流速/(m/s)	极限流速/(m/s)
鲤鱼	2～5	黏性	0.2	0.3～0.8	1.1
鲫鱼	4～7	黏性	0.2	0.3～0.6	0.8
青鱼	4～7	漂流性	0.2	0.3～0.6	0.8
草鱼	3～6	漂流性	0.2	0.3～0.6	0.8
鲢鱼	4～7	漂流性	0.2	0.3～0.6	0.9
鳙鱼	4～7	漂流性	0.2	0.3～0.6	0.8

综上所述，汉北河流域的鱼类产卵期大致为 2—7 月，各种鱼类的感觉流速为 0.2m/s，喜欢流速范围为 0.3～0.8m/s。

研究发现，由于当非产卵期流速为 0.1m/s 时，鱼类游动缓慢仅在特定区域作小幅运动，故本文取 0.1m/s 为非产卵期最小生态流速，以感觉流速为产卵期最小生态流速。喜爱流速的上限和下限则分别作为产卵期和非产卵期适宜生态流速，如表 2 所示。

表 2　鱼类生态流速

流速等级	产卵期	非产卵期
最小生态流速	感觉流速	0.1m/s
适宜生态流速	喜爱流速上限	喜爱流速下限

4 结果与分析

根据图 2 径流统计资料分析发现，汉北河径流年内分布不均衡，4—8 月流量最大，9—10 月次之，1—3 月和 11—12 月最小。这反映出鱼类从产卵期（4—8 月）、育幼期（9—10 月）到成长期（1—3 月和 11—12 月）对流速的喜爱程度具有不同的偏爱。

4.1 流量与流速关系建立

利用天门、汉北河民乐闸断面流量、流速与断面数据，根据公式（1）对断面多年日

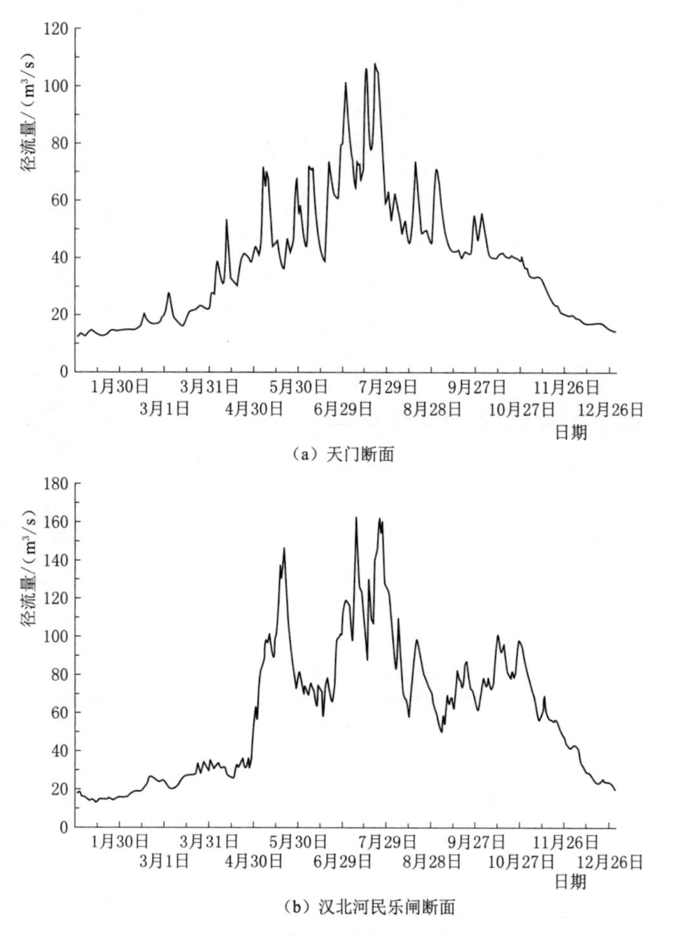

(a) 天门断面

(b) 汉北河民乐闸断面

图 2　汉北河河流断面多年年内平均流量

径流量与流速数据进行拟合，得到流量与流速的关系，从而根据鱼类所需的生态流速来确定对应的流量，最终确定生态需水量。汉北河 2 个断面流量与流速关系如图 3 所示。

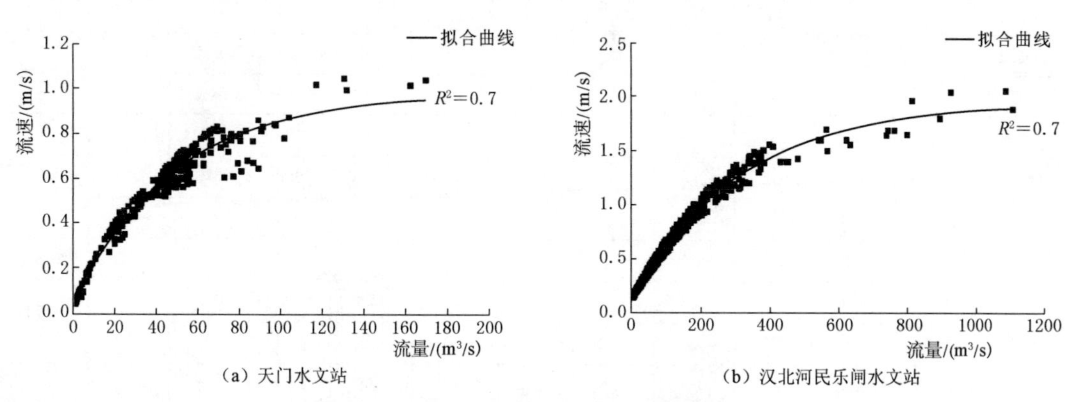

(a) 天门水文站

(b) 汉北河民乐闸水文站

图 3　汉北河河流断面流量与流速关系

构建模型计算汉北河生态流速的最小值、平均值以及最大值，三个模型分别如下：

$$v_{ei}=\min(v_{ei,j}) \tag{2}$$

$$v_{ei}=\frac{1}{n}\sum_{j=1}^{n}v_{ei,j} \tag{3}$$

$$v_{ei}=\max(v_{ei,j}) \tag{4}$$

式中：v_{ei} 为第 i 月生态流速；$v_{ei,j}$ 为第 j 种鱼类第 i 月的生态流速；$i=1\sim12$；$j=1\sim n$；n 为该断面鱼的总类数。

综合最小和适宜生态流速及上述三种模型，得出生态需水等级，如表 3 所示。

表 3　　生态需水等级

等级		方案一（小）	方案二（中）	方案三（大）
最小生态需水	最小生态流速	Ⅰ	Ⅱ	Ⅲ
适宜生态需水	适宜生态流速	Ⅳ	Ⅴ	Ⅵ

4.2 生态流量

本文以汉北河调查鱼类为保护性物种，并依据上文鱼类生态流速的确定方法确定最小和适宜生态流速，见表 4。根据流速-流量关系得年内各月满足鱼类流速要求的最小生态需水与适宜生态需水，见表 5。

表 4　　鱼类最小与适宜生态流速计算结果　　单位：m/s

生态流速	最小生态流速											
月份	1	2	3	4	5	6	7	8	9	10	11	12
鲤鱼	0.1	0.2	0.2	0.2	0.2	0.1	0.1	0.1	0.1	0.1	0.1	0.1
鲫鱼	0.1	0.1	0.1	0.2	0.2	0.2	0.2	0.1	0.1	0.1	0.1	0.1
青鱼	0.1	0.1	0.1	0.2	0.2	0.2	0.2	0.1	0.1	0.1	0.1	0.1
草鱼	0.1	0.1	0.2	0.2	0.2	0.2	0.1	0.1	0.1	0.1	0.1	0.1
鲢鱼	0.1	0.1	0.1	0.2	0.2	0.2	0.2	0.1	0.1	0.1	0.1	0.1
鳙鱼	0.1	0.1	0.1	0.2	0.2	0.2	0.2	0.1	0.1	0.1	0.1	0.1
方案一	0.1	0.1	0.1	0.2	0.2	0.1	0.1	0.1	0.1	0.1	0.1	0.1
方案二	0.1	0.12	0.13	0.2	0.2	0.18	0.17	0.1	0.1	0.1	0.1	0.1
方案三	0.1	0.2	0.2	0.2	0.2	0.2	0.2	0.1	0.1	0.1	0.1	0.1
生态流速	适宜生态流速											
月份	1	2	3	4	5	6	7	8	9	10	11	12
鲤鱼	0.3	0.8	0.8	0.8	0.8	0.3	0.3	0.3	0.3	0.3	0.3	0.3
鲫鱼	0.3	0.3	0.3	0.6	0.6	0.6	0.6	0.3	0.3	0.3	0.3	0.3
青鱼	0.3	0.3	0.3	0.6	0.6	0.6	0.6	0.3	0.3	0.3	0.3	0.3
草鱼	0.3	0.3	0.6	0.6	0.6	0.6	0.3	0.3	0.3	0.3	0.3	0.3
鲢鱼	0.3	0.3	0.3	0.6	0.6	0.6	0.6	0.3	0.3	0.3	0.3	0.3
鳙鱼	0.3	0.3	0.3	0.6	0.6	0.6	0.6	0.3	0.3	0.3	0.3	0.3
方案一	0.3	0.3	0.3	0.6	0.6	0.3	0.3	0.3	0.3	0.3	0.3	0.3
方案二	0.3	0.38	0.43	0.63	0.63	0.55	0.5	0.3	0.3	0.3	0.3	0.3
方案三	0.3	0.8	0.8	0.8	0.8	0.6	0.6	0.3	0.3	0.3	0.3	0.3

表 5　　鱼类最小与适宜生态需水计算结果　　单位：m^3/s

生态需水		最小生态需水											
横断面	方案	1	2	3	4	5	6	7	8	9	10	11	12
天门	一	2.5	2.5	2.5	17.1	17.1	2.5	2.5	2.5	2.5	2.5	2.5	2.5
	二	2.5	5.2	6.5	17.1	17.1	13.9	12.3	2.5	2.5	2.5	2.5	2.5
	三	2.5	17.1	17.1	17.1	17.1	17.1	17.1	2.5	2.5	2.5	2.5	2.5
汉北河民乐闸	一	15.6	15.6	15.6	27.0	27.0	15.6	15.6	15.6	15.6	15.6	15.6	15.6
	二	15.6	17.8	18.9	27.0	27.0	24.6	23.5	15.6	15.6	15.6	15.6	15.6
	三	15.6	27.0	27.0	27.0	27.0	27.0	27.0	15.6	15.6	15.6	15.6	15.6
生态需水		适宜生态需水											
横断面	方案	1	2	3	4	5	6	7	8	9	10	11	12
天门	一	35.5	35.5	35.5	125.2	125.2	35.5	35.5	35.5	35.5	35.5	35.5	35.5
	二	35.5	53.6	66.8	138.1	138.1	105.6	88.1	35.5	35.5	35.5	35.5	35.5
	三	35.5	231.3	231.3	231.3	231.3	125.2	125.2	35.5	35.5	35.5	35.5	35.5
汉北河民乐闸	一	39.5	39.5	39.5	84.9	84.9	39.5	39.5	39.5	39.5	39.5	39.5	39.5
	二	39.5	50.4	57.7	90.2	90.2	76.4	68.4	39.5	39.5	39.5	39.5	39.5
	三	39.5	123.0	123.0	123.0	123.0	84.9	84.9	39.5	39.5	39.5	39.5	39.5

4.3　生态需水生径比评价

生径比指一定时空范围内生态系统为维持某一生态目标状态所需的生态需水量和其天然径流量之比。生径比可以反映生态需水量的动态变化特征及与天然径流之间的吻合情况。利用生径比对流速法求得的汉北河生态需水进行评价。

图 4（a）所示为天门断面最小生态需水条件下的生径比比值，图中可见 2 月、3 月方案三的生径比比值较高，且 2 月生径比比值略大于 1（生态需水量计算值超过实际径流量的值），其余月份三个方案的生径比比值均低于 0.5，平均值为 0.17，属于正常可满足范围。图 4（b）为天门断面适宜生态需水条件下的生径比比值，图中可见，7—9 月三个方案、5 月、6 月的方案一的生径比比值均在 0～1 范围内，平均比值为 0.63，河流实际径流量可满足生态需水量；而其他月份的计算结果均大于 1，河流径流量不足以支撑适宜生态需水量。图 4（c）为民乐闸断面最小生态需水条件下的生径比比值，1 月三个方案以及 2 月、3 月的方案三的生径比比值大于 1，其余月份生径比比值均小于 1，平均比值为 0.52，处于实际径流可以满足生态需水量的范围。图 4（d）为民乐闸断面适宜生态需水条件下的生径比比值，7—11 月三个方案、5 月、6 月的方案一、方案二的生径比比值均在 0～1 范围内，平均值为 0.69，河流实际径流量可满足生态需水量；而其他月份的计算结果均大于 1，河流径流量不足以支撑适宜生态需水量。

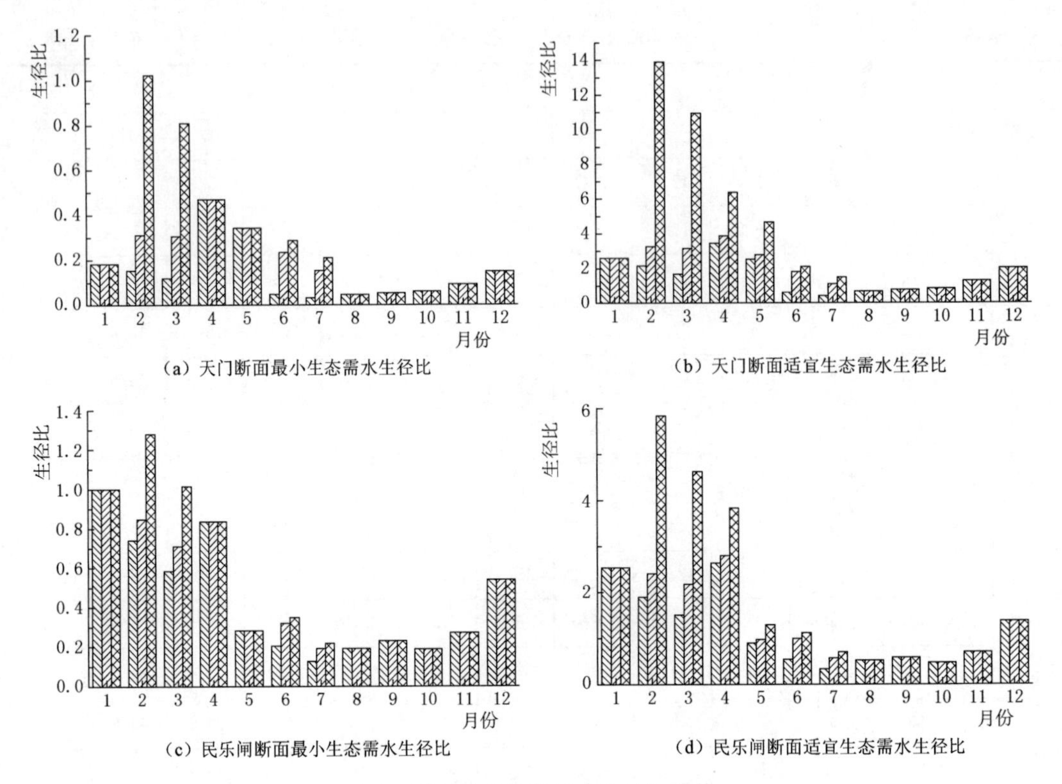

(a) 天门断面最小生态需水生径比

(b) 天门断面适宜生态需水生径比

(c) 民乐闸断面最小生态需水生径比

(d) 民乐闸断面适宜生态需水生径比

图4 不同月份生态需水生径比计算

5 结论

基于汉北河天门和民乐闸断面，利用流速法计算河流生态需水，结果发现：①受断面的影响，天门与民乐闸断面的生态需水量差别较大，天门断面三个方案的最小生态需水量均小于民乐闸断面；对于适宜生态需水量，两断面在不同月份有不同表现。②通过生径比计算发现，除个别月份外（1月、2月、3月），天门和民乐闸断面径流量均能满足其最小生态需水；而对于适宜生态需水来说，只有径流量较大的月份（5—9月）才可以满足生态需水量，但是这些月份的生径比比值较高，如要完全满足生态需水的要求，则容易影响其他方面的用水需求。

综上所述，汉北河现有条件下的径流量可以满足鱼类基本生存、产卵等的需求，而如果要达到鱼类的喜爱流速，还需要补充流量。

参考文献

[1] 刘昌明，王红瑞. 浅析水资源与人口、经济和社会环境的关系 [J]. 自然资源学报，2003，18 (5)：635-644.

[2] 刘昌明. 关于生态需水量的概念和重要性 [J]. 科学对社会的影响，2002 (2)：25-29.

[3] 李瑞清. 江汉平原水安全战略研究 [J]. 中国水利，2016 (5)：12－14，18.
[4] 万东辉，夏军，刘苏峡，等. 南水北调西线工程雅砻江生态需水与可调水量研究：第三届黄河国际论坛 [C]. 山东东营，2007.
[5] 吉利娜. 水力学方法估算河道内基本生态需水量研究 [D]. 咸阳：西北农林科技大学 西北农林科技大学，2006.
[6] 陈敏. 湖北省水功能区划暨水资源保护规划研究 [D]. 武汉：武汉大学，2004.
[7] 陈朋成. 黄河上游干流生态需水量研究 [D]. 西安：西安理工大学，2008.
[8] 王俊钗，张翔，吴绍飞，等. 基于生径比的淮河流域中上游典型断面生态流量研究 [J]. 南水北调与水利科技，2016，14 (5)：71－77.
[9] 赵长森，刘昌明，夏军，等. 闸坝河流河道内生态需水研究——以淮河为例 [J]. 自然资源学报，2008，23 (3)：400－411.
[10] 李修峰，黄道明，谢文星，等. 汉江中游产漂流性卵鱼类产卵场的现状 [J]. 大连：大连水产学院学报，2006，21 (2)：105－111.
[11] 刘建康. 高级水生生物学 [M]. 北京：科学出版社，1999.
[12] 李梅，黄强，张洪波，等. 基于生态水深-流速法的河段生态需水量计算方法 [J]. 水利学报，2007，38 (6)：738－742.
[13] 朱才荣，张翔，穆宏强. 汉江中下游河道基本生态需水与生径比分析 [J]. 人民长江，2014，(12)：10－15.

溃坝洪水模拟关键技术研究综述

方崇惠　刘芳

[摘要]　溃坝洪水，因其突发性强、危害性大，是水利工程管理中风险防范的重中之重，也是落实“水利行业强监管”的重要内容。本文根据笔者近几年溃坝风险关键技术研究成果：识别溃坝风险概率，提出溃口范围定量确定两种方法，给出溃坝洪水计算新公式并经验证合理，拟定瞬时溃坝洪水过程线等，集成综述形成一套较完整的、有独创的、成系统的溃坝洪水模拟实用技术，为溃坝洪水模拟计算及其风险管理、可提供方便选用。

[关键词]　溃坝；风险概率；溃口范围；溃坝洪水；计算公式

1　引言

2019年1月25日巴西尾矿库发生溃坝，该溃坝事故过去近2个月，中国中央广播电视总台新闻仍在报道“阴影挥之不去 生活艰难继续”（央视网视频，2019年3月20日），该事故已造成200人死亡、仍有108人失踪，该国司法部门冻结资金高达60亿雷亚尔，约合107.4亿元人民币，拟用于事故赔偿，但发生溃坝的库容仅有约1230万 m^3（1.25巴西溃坝事故 百度百科），可见溃坝带来的损失是多么惨重！中华人民共和国成立以来，我国已累计修建98000多座水库，总库容9323.12亿 m^3，已建堤防总长度达41万km（刘宁，P358），这些已建工程为我国社会经济发展和防洪减灾发挥着巨大作用，同时也是“水利行业强监管”重要内容（中国水利，2018年11月16日），是水库安全防汛工作的底线（中国水利，2019年3月22日）。

溃坝洪水模拟关键技术研究，是近几年笔者研究的重点方向之一，在国内外已发表了相关文章、并获得省级科技进步奖，涉及以下几个方面：①如何识别溃坝风险。不同坝型，筑坝材料，坝高等溃坝统计概率。②如何确定溃口的几何尺寸。根据国内外文献，既有工程溃口范围至今都是假定，不能反映复杂坝体结构在不同荷载作用下溃决的实际。③如何正确采用溃坝洪水计算公式。现有的溃坝洪水计算公式繁多，但计算出的溃坝洪水成果大的使人难以接受、各公式间计算成果也相差甚大，需要确定采信哪一个计算成果等。④溃坝洪水波峰高、传播时间快，如何科学、安全、快捷地给出预警时间和淹没（风险）范围。

2　溃坝风险概率识别

按照国内外历史溃坝事件统计分析：

(1) 总体大坝失效概率为 10^{-4}的数量级。

(2) 出人意外的是混凝土坝溃坝相对比率与土石坝相接近。从大坝结构失效概率来说，堆石坝大坝结构失效概率最高，较其他坝型几乎高一个数量级；混凝土坝设计使用年限虽然长，大坝结构失效概率处在平均水平，拱坝还略高于平均水平。

(3) 低坝是溃坝重灾区，主要发生在坝高 30m 以下中小型水库；但 70m 以上的高坝亦有发生，如中国 1993 年青海沟后面板堆石坝（坝高 72m），国外亦有法国的 Malpasset 等多座高拱坝失事；且大中型水库溃坝的危害性更大，甚至是毁灭性的，如国内 1975 年河南板桥、石漫滩水库。

(4) 大坝结构失效原因是多方面的，初步划分为 17 类，失效概率亦不同，但归结起来为：超标准洪水（泄洪能力不足）、工程（尤其坝体）结构本身强度不足，以及人为和地基条件恶化等方面是主要的，总体上表现为工程承受荷载超过结构抗力的发挥。

3 溃口范围定量确定两种方法

过去无论是应用溃坝模型、还是经验公式计算溃坝洪水，溃口范围都是假定。笔者依据工程设计规程规范和长期设计生产中大量工程安全计算成果，采用三维实体数值仿真现代计算技术，重点研究了土坝、面板堆石坝、混凝土重力坝和拱坝、碾压混凝土拱坝等不同典型材料和坝型，综合应用材料力学、结构力学、水力学、水文学、概率论与数理统计等基本理论知识，提出两种方法来定量确定溃口范围。

3.1 M－C 安全系数法

在水工结构工程设计计算中，判断结构是否安全，常用安全系数是否大于 1 为标准。对于既有工程来说，在设计条件下必须大于 1，即使在稀遇荷载下，也很难有小于 1 对应范围，为此段亚辉、朱伯芳提出强度储备法，根据经验（或变化过程）修正混凝土强度，一般系数取 1.2～2.2 寻找坝体中的薄弱部位。笔者按照强度储备法或强度折减法逆向思路，根据小寨子河溃坝实际溃口范围的实例（1∶1 模型实验）通过三维有限数值反演分析知：溃口是首先发生于受压剪 M－C 安全系数小于 1 的坝体贯穿部位，发现最终的溃口范围覆盖 M－C 安全系数 2.0 区域。这较常用安全系数为 1 时范围大，确保了常规安全系数法定量确定溃口范围可靠和准确、易理解。

并对不同材料、不同坝型多座大坝溃口计算分析总结归纳可知：

(1) 严格地说，不仅各类坝型、甚至同坝型不同工况下的溃口参数都是不同的。如某拱坝遭遇 7 级地震和 8 级地震，溃口参数就相差较大。因此，需要针对具体坝进行（计算）分析确定。

(2) 一般散粒体材料坝（如土坝、面板堆石坝等）超标准洪水和渗透破坏对坝体威胁大，溃口发生在易冲刷部位、溃坝历时较长、基本属于逐渐溃坝；但面板又会造成瞬时溃坝，而且如坝高较大还造成多次瞬时溃坝。渗透破坏溃坝首先形成圆管形溃口通道，最终均扩大为梯形溃口。

（3）一般刚体材料坝（如混凝土坝、碾压混凝土坝等），地震对其破坏大，尤其是横河向和竖河向地震对拱坝破坏大，拱坝对超标准洪水抵御能力较强；溃口易发生在坝体开口部位，拱坝的两坝肩、重力坝坝基也是薄弱部位；溃口范围受作用荷载而不同，一般以坝体开口、分缝、坝周边为边界；溃坝历时短、基本属于瞬时溃坝。

3.2 单元组失效概率法或者可靠度法

在有限元三维数值仿真中，单个单元点的工程安全系数很难能表征工程整体结构的安全性，更不利于判断具有贯穿性破坏的溃口性问题。笔者提出可靠度法定量确定溃口范围的几何尺寸等参数的新方法。在研究拱坝结构体系和溃口特点的基础上提出了单元组概念，采用可靠度来表征单元和单元组是否安全可靠，推导了单元组和整个结构体系可靠度计算方法；提出和采用贯穿坝体的单元组失效概率，来评估溃口发生部位、范围，并根据单元组失效概率定量确定溃口参数；找到了采用可靠度（或失效概率）定量确定溃口范围的一种新方法，并验证了计算理论与计算方法的科学性。按照第三方评价，均具有国际领先。

（1）提出了单元组概念。溃口，从结构来说是应力超过允许值的系统；从失效来说是坝体中一片且贯穿坝体的失效区域；从单元来说是一组贯穿坝体的单元组成。虽然溃口通道形成可能是多种多样的，为了更好地表示溃坝缺口区域，为表示坝体上下游面某一区域溃决通道是唯一的，并能更好地进行数学表示，最易形成通道的应该是贯穿坝体上下游面、距离最短的所有单元，把这种最易形成通道所有单元组成一个单元组，用以表征贯穿坝体的缺口。

（2）推导了单元组和整个结构体系可靠度计算方法。针对其坝体厚度方向由 L 层单元组成，那么把这组坝体上下游面顺河向沿 Y 方向距离最短的所有 L 层单元作为一个组，首先判断这一个组的 L 个单元是否全部失效，如全部失效就形成缺口或溃口，反之则没有。据此可知，顺河向单元属于并联单元，横河向、垂直向单元属于串联单元，总体坝体结构单元属于混联单元形式。

以 E_{ijk} 表示单元失效，其中，i 表示为 X 向单元编号，j 表示为 Y 向单元编号，k 表示为 Z 向单元编号；以 $\overline{E}_{ijk}$ 表示单元没有失效。按照集合理论，溃坝情况下的结构系统失效关系如下

$$E=\bigcup_{i=1}^{n}\bigcup_{k=1}^{m}\bigcap_{j=1}^{L}E_{ijk} \tag{1}$$

按照概率理论原理，整个坝体结构体系中单元，相对于 Y 方向单元组，是串联系统，即一组 Y 方向单元组失效溃坝，整个坝体就属于溃坝失效。出现溃坝风险概率 P_f 为

$$\begin{aligned}P_f&=P[\bigcup_{i=1}^{n}\bigcup_{k=1}^{m}\bigcap_{j=1}^{L}g_{ijk}(\boldsymbol{X})\leqslant 0]=P(\bigcup_{i=1}^{n}\bigcup_{k=1}^{m}\bigcap_{j=1}^{L}Z_{ijk}\leqslant 0)\\&=\bigcup_{i=1}^{n}\bigcup_{k=1}^{m}P_f^{y_{ik}}=P_f^{y_{1k}}\cup P_f^{y_{2k}}\cdots\cup P_f^{y_{nk}}\cup P_f^{y_{i1}}\cup P_f^{y_{i2}}\cdots\cup P_f^{y_{im}}\\&=1-\prod_{i=1}^{n}\prod_{k=1}^{m}(1-P_f^{y_{ik}})\end{aligned} \tag{2}$$

同时当完全相关时，同样，根据概率论，有

$$P_f = \max_{i=1}^{n} \max_{k=1}^{m} \{ P_f^{ik} \} \tag{3}$$

实际上，单元间不是完全独立的，是彼此相关的，一个单元失效一定影响本组其他单元，是有条件概率，即

$$\max_{i=1}^{n} \max_{k=1}^{m} \{ P_f^{ik} \} \leqslant P_f \leqslant 1 - \prod_{i=1}^{n} \prod_{k=1}^{m} (1 - P_f^{y_{ik}}) \tag{4}$$

因本次是研究溃坝风险问题，从对其工程足够风险认识出发，加强安全意识，故对式（4）取大值。

（3）溃口范围可靠度法定量判定，实例验证理论与方法的科学性。某拱坝发生7级地震偶遇荷载及其相应温降、正常蓄水位、坝体自重、泥沙等荷载组合作用时，相应的作用效应见图1、图2。

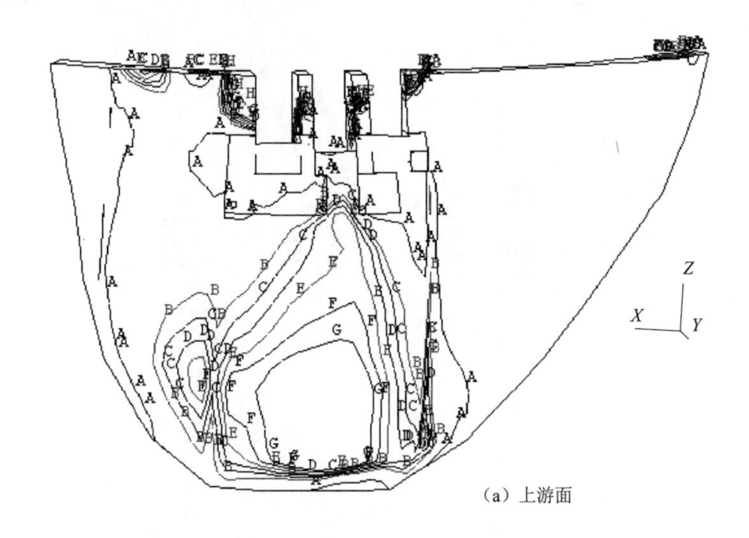

（a）上游面

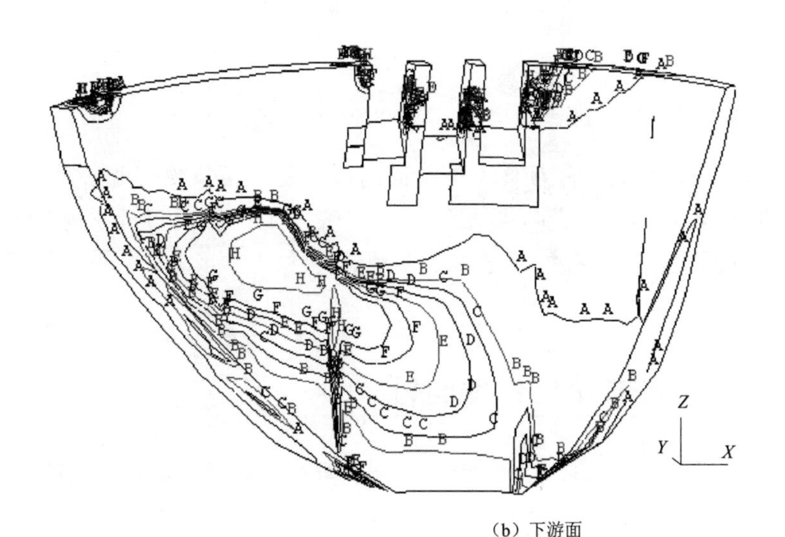

（b）下游面

图1　偶遇7级地震荷载作用效应上、下游面点安全系数 K

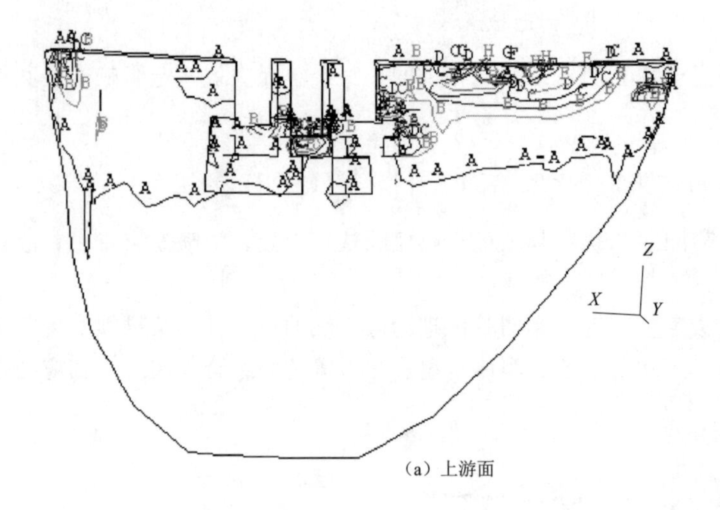

（a）上游面

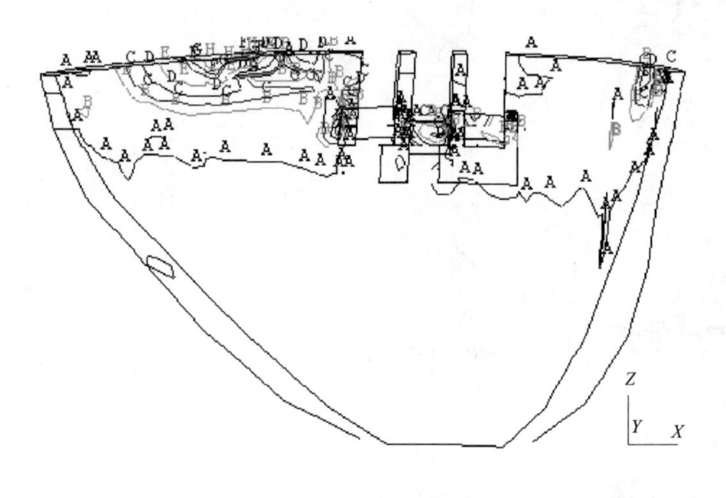

（b）下游面

图 2　偶遇 7 级地震荷载作用效应上、下游面失效概率 P_f 分布

由图 1 可知，同值点安全系数 K，在坝体上下游面的范围是不相等的；由图 2 可知，同值失效概率 P_f，在坝体上下游面的范围是相等的，反映出了：①溃口的贯穿特性；②失效概率 P_f 确定溃口范围比点安全系数 K 直观、客观、科学。

4 新溃坝洪水计算公式推导与合理验证

过去溃坝洪水计算（经验）公式虽较多，但计算成果差异很大，致使无法采信哪一个计算公式，一直困扰溃坝洪水计算者。笔者基于堰流与波流量相等基本原理，理论推导并首次建立了瞬时溃坝最大流量与堰流关系的计算公式。这样就可以把瞬时溃坝最大洪峰、逐渐溃坝洪水或漫坝洪水计算公式都统一到堰流量计算上来了；并首次统一了堰流、漫坝或逐渐溃坝、瞬时溃坝流量计算参数的选择，充分利用被广泛实验确认和经典著作肯定的不同堰坎流量计算的实验参数，保证了参数可靠选取；实现公式与参数取值的双统一。按照第三方评价，均具有国际领先。

（1）基本理论。按照波的运行和水量平衡规律，溃坝逆行负波流量 Q_b、过坝堰坎流量 Q_y（即正波流量）从溃坝开始到溃坝洪水终了应始终相等，见图 3（a），$Q_y \equiv Q_b$。又溃坝时通过溃口缺口堰坎的流量应满足堰流公式为

$$Q_y = m\sigma\varepsilon b\sqrt{2g}\,h_0^{3/2} = kA_y\sqrt{2g}\,h_0^{1/2} \tag{5}$$

式中：$k=m\sigma\varepsilon$，为流量系数 m、淹没系数 σ 和侧收缩系数 ε 之积；b 为溃口上游水边坝长；A_y 为堰口过流面积；$h_0=h+\dfrac{v_0^2}{2g}$，即为堰上水头，等于堰上水深 h 和库区行近流速水头之和$\dfrac{v_0^2}{2g}$。

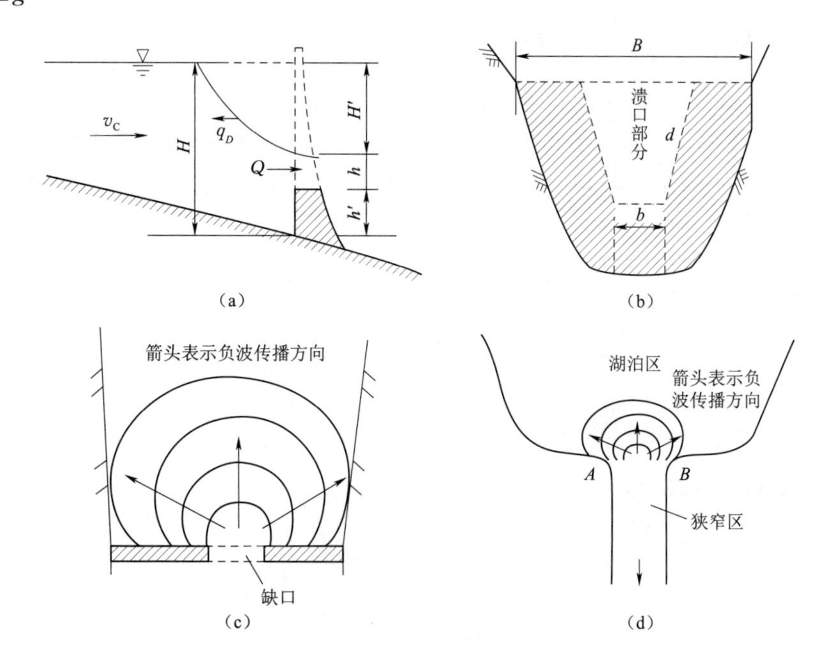

图 3　局部溃坝时波流量与堰流关系示意

波流量 Q_b 为向上游传播的负波流量 Q_b' 和溃坝前坝址下泄流量 Q_0 之和，因为向上传播的负波波速把入库水流的行近流速已经减去了，即 $v_b=\sqrt{gh}-v_0$，见下式：

$$Q_b = Q_b' + Q_0 = \overline{v_b}A_b + Q_0 \tag{6}$$

式中：v_b、$\overline{v_b}$和 v_0 分别为波额断面上某水深质点负波波速、平均负波波速和溃坝前库区水行近流速；A_b 为波额断面。

原则上联解波流式（6）与堰流的流量计算式（5），即可求得溃坝流量过程。但因瞬

时溃坝波在库区传播属于非恒定流断波，求解复杂。因此，首先用该方法求解溃坝初瞬的溃坝流量，亦为溃坝最大流量（因为，此时坝前水深最大，相应堰上水头最大，溃坝流量亦最大）。

在溃坝初瞬时，仅溃口断面水体受扰动，形成元波，见图 3（c），故瞬时立波断面为溃口断面减除（相当于）稳定堰流断面，也就是说此时瞬时立波断面与稳定堰流断面有相对关系。为此，可以联解波流与堰流的流量计算公式求得溃坝最大流量。其最普遍形式，由式（5）、式（6）即有

$$Q_y = m\sigma\varepsilon b\sqrt{2g}\,h_0^{3/2} = kA_y\sqrt{2g}\left(h+\frac{v_0^2}{2g}\right)^{1/2} \tag{7}$$

$$\begin{aligned} Q_b &= Q'_b + Q_0 = \overline{v_b}A_b + Q_0 = \frac{\int v_b dh}{H-h'-h}A_b + Q_0 \\ Q_b &= \frac{A_b}{H-h-h'}\int_{h+h'}^{H}(\sqrt{gh}-v_0)dh + Q_0 \\ Q_b &= \frac{2A_b\sqrt{g}}{3(H-h-h')}[H^{3/2}-(h'+h)^{3/2}] - A_b v_0 + Q_0 \end{aligned} \tag{8}$$

（2）瞬时溃坝最大流量计算公式推演。对于一般溃坝情况为横向局部溃缺、垂向局部溃缺（即 $B\neq b$，$h'\neq 0$）时在库水平静时，则 $v_0=0$，$Q_0=0$，或近似取 $A_b v_0 \approx Q_0$；大坝突然发生宽度为 b 的矩形溃口，溃口残留高度为 $h'\neq 0$，在溃坝初瞬时，则由式（7）、式（8）即有

$$Q_y = m\sigma\varepsilon b\sqrt{2g}\,h_0^{3/2} \approx kb\sqrt{2g}\,h^{3/2} \tag{9}$$

$$\begin{aligned} Q_b &= \frac{2b\sqrt{g}}{3}[H^{3/2}-(h+h')^{3/2}] \\ Q_b &= \frac{2b\sqrt{g}}{3}\left[H^{3/2}-h^{3/2}\left(1+\frac{h'}{h}\right)^{3/2}\right] \end{aligned} \tag{10}$$

因为：$Q_y = Q_b$，联解式（9）、式（10）

$$h^{3/2} = \frac{\sqrt{2}}{3k+\sqrt{2}\left(1+\frac{h'}{h}\right)^{3/2}}H^{3/2} \tag{11}$$

$$Q_m = kb\sqrt{2g}\frac{\sqrt{2}}{3k+\sqrt{2}\left(1+\frac{h'}{h}\right)^{3/2}}H^{3/2} = \frac{\sqrt{2}}{3k+\sqrt{2}\left(1+\frac{h'}{h}\right)^{3/2}}kb\sqrt{2g}\,H^{3/2} \tag{12}$$

为了与坎上堰流对应起来，取坎上堰流计算公式为

$$\begin{aligned} Q_{堰} &= kb\sqrt{2g}(H-h')^{3/2} = kb\sqrt{2g}\,H^{3/2}\left(1-\frac{h'}{H}\right)^{3/2} \\ kb\sqrt{2g}\,H^{3/2} &= \frac{Q_{堰}}{\left(1-\frac{h'}{H}\right)^{3/2}} \end{aligned} \tag{13}$$

则

$$Q_m = \frac{\sqrt{2}}{3k+\sqrt{2}\left(1+\frac{h'}{h}\right)^{3/2}} \frac{Q_{堰}}{\left(1-\frac{h'}{H}\right)^{3/2}}$$

$$= \frac{\sqrt{2}}{3k\left(1-\frac{h'}{H}\right)^{3/2}+\sqrt{2}\left[1+\frac{h'(H-h)}{hH}-\frac{(h')^2}{hH}\right]^{3/2}} Q_{堰} \tag{14}$$

因为，h 是个中间变量，求式（12）需要试算，故希望计算公式不含该变量，且有

$$\because \quad H \geqslant h > 0,\ H \geqslant h' \geqslant 0$$

$$h + h' \leqslant H$$

$$\therefore \quad h' \leqslant H - h$$

$$\therefore \quad 1+\frac{h'(H-h)}{hH}-\frac{(h')^2}{hH} \geqslant 1 \tag{15}$$

$$\therefore \quad Q_m \leqslant \frac{\sqrt{2}}{3k\left(1-\frac{h'}{H}\right)^{3/2}+\sqrt{2}} Q_{堰}$$

那么取

$$Q_m = \frac{\sqrt{2}}{3k\left(1-\frac{h'}{H}\right)^{3/2}+\sqrt{2}} Q_{堰}$$

$$= \frac{\sqrt{2}}{3m\sigma\varepsilon\left(1-\frac{h'}{H}\right)^{3/2}+\sqrt{2}} Q_{堰} \tag{16}$$

则式（16）取值是偏大的。

（3）更进一步讨论、推导瞬时溃坝最大流量计算公式通式。对于一般溃坝情况为横向局部溃缺。

当取 $h=d(H-h')$ 时，并代入式（14）中，得

$$Q_m = \frac{\sqrt{2}}{3k+\sqrt{2}+\left(\frac{(1-d)\sqrt{2}}{d}-3k\right)\frac{3}{2}\frac{h'}{H}} Q_{堰} \tag{17}$$

如要求 $Q_m \leqslant \frac{\sqrt{2}}{3k+\sqrt{2}} Q_{堰}$ 成立，那么

$$\frac{(1-d)\sqrt{2}}{d} - 3k \geqslant 0 \tag{18}$$

$$d \leqslant \frac{\sqrt{2}}{3k+\sqrt{2}} \tag{19}$$

根据全溃理论公式推导，溃口水深 h 稳定在：$h=\frac{1}{9g}(2\sqrt{gH}+V_0)^2$，那么对于垂向

局部溃口时，亦取之，并当 $V_0=0$ 时，即 $h=\frac{4}{9}(H-h')$；又当供水充分的堰流时，$h=H-h'$，故：$4/9\leqslant d\leqslant 1$。如使式（19）成立，则 $0<k<0.589$，又根据水力学 $0.32<k<0.462$，因此，式（19）肯定成立。

$$\therefore \quad 取\ d=\frac{\sqrt{2}}{3k+\sqrt{2}} \tag{20}$$

$$\begin{aligned} &\therefore \quad Q_m\leqslant dQ_{堰} \\ &\therefore \quad Q_m=dQ_{堰} \end{aligned} \tag{21}$$

又根据堰流式（5），且 $h=d(H-h')$

$$Q_y=m\sigma\varepsilon b\sqrt{2g}\,h_0^{3/2}=d^{3/2}Q_{堰} \tag{22}$$

比较式（21）与式（22）

$$\begin{aligned} &Q_m-Q_y=dQ_{堰}(1-d^{1/2}) \\ &\because \quad d\leqslant 1 \\ &\therefore \quad 1-d^{1/2}\geqslant 0 \\ &\qquad Q_m\geqslant Q_y \end{aligned} \tag{23}$$

所以

$$Q_m=\frac{\sqrt{2}}{3k+\sqrt{2}}Q_{堰}>Q_y \tag{24}$$

所以，按照波流与堰流相交的特点，瞬时溃坝最大流量，较精确解为

$$Q_m=\left(\frac{\sqrt{2}}{3k+\sqrt{2}}\right)^{3/2}Q_{堰}=Q_y \tag{25}$$

因为

$$\left(\frac{\sqrt{2}}{3k+\sqrt{2}}\right)^{3/2}Q_{堰}\leqslant Q_m=\frac{\sqrt{2}}{3k+\sqrt{2}}Q_{堰}\leqslant\frac{\sqrt{2}}{3k\left(1-\frac{h'}{H}\right)^{3/2}+\sqrt{2}}Q_{堰} \tag{26}$$

所以，式（27）是最接近 Q_y 的，为在工程计算中安全计，一般计算可取之。

$$Q_m=\frac{\sqrt{2}}{3k+\sqrt{2}}Q_{堰} \tag{27}$$

同时

$$\begin{aligned} &H-h'\leqslant H_0-h' \\ Q_m&=\frac{\sqrt{2}}{3k+\sqrt{2}}Q_{堰0} \\ &=\frac{\sqrt{2}}{3m\sigma\varepsilon+\sqrt{2}}Q_{堰0} \\ &=\frac{\sqrt{2}}{3m\sigma\varepsilon+\sqrt{2}}m\sigma\varepsilon b\sqrt{2g\ (H_0-h')^3} \end{aligned} \tag{28}$$

式（28）中：h'为溃口残留坝体高度，m；H_0 为溃坝时坝前水深和行近流速水头之和，m；$Q_{堰0}$ 为溃坝时溃口堰坎上瞬时堰流量，m^3/s；m 为溃口堰坎流量系数；σ 为溃口堰坎

淹没系数；ε 为溃口堰坎流量收缩系数；且取 $k=m\sigma\varepsilon$；b 为溃口矩形化平均宽度，m。

（4）参数和系数物理意义及取值可靠性分析。根据上述式（5）、式（6），其求解是很复杂的，需要进行试算。一般堰流与瞬时溃坝堰流差异就在于：一般堰流水头是在一个时段内基本恒定的，取库区相对静水位的堰上水头；而瞬时溃坝最大洪峰流量堰上水头是受突然溃坝下泄流量影响，溃口处下泄能力远大于坝前供水能力，致使堰上水头瞬时变化，应小于库区静水位时堰上水头，这是经典水力学肯定的；且瞬时溃坝流量过程的堰上水头是受库区形状（峡谷型与湖泊型）、面积（小型水库与大型水库）、负波（深的水域与浅水域）传播范围等复杂影响，考虑起来更复杂，故这里没有研究瞬时溃坝流量过程。

本公式考虑了堰坎流量系数、下游淹没和侧向收缩，是符合溃坝堰坎水力特性实际情况的。

而在其他瞬时溃坝最大流量计算（经验）公式中，局部瞬时溃坝流量计算公式常在理论全溃公式基础上考虑溃口尺寸（或加上下游淹没）进行修正。这种仅以河道的形状（全溃）为边界，对溃口侧向考虑坝宽与垂向考虑堰坎高度进行修正，相当于考虑侧收缩影响和溃口水头影响或有考虑下游水位对溃坝洪水的淹没影响；但几乎都没有考虑堰坎形状与粗糙程度，对过堰流量的影响（即流量系数的影响）。堰流实验告诉我们，薄壁堰与宽顶堰的流量系数相差较大的，淹没出流与自由出流相差也是较大的，这些在波流与堰流推导的公式（28）中均有体现。

因为不同堰坎的堰流公式及其相关流量系数 m、淹没系数 σ、侧向收缩 ε 系数，是被不同文献重点研究，且有广泛实验数据、实测资料的验证，是受到经典著作肯定，也是在工程实践中得到普遍使用和检验的，因此，相对来说这些系数取值是可靠的和准确。

可见，相对于其他瞬时溃坝最大流量计算经验公式，本公式建立的瞬时溃坝最大流量与堰流流量的关系更合理和可靠，系数物理意义非常明确，系数取值可靠。

同时，本公式可以把瞬时溃坝洪峰计算、逐渐溃坝洪水或漫坝洪水计算的计算公式统一到堰流公式的计算；把相应系数的取值亦统一到不同堰坎的堰流系数的取值上来了；坝溃坝复杂问题计算统一到经典水力学简单堰流计算上来了。正如鉴定专家一致认为公式计算简便、参数取值可靠，有很高理论和学术价值，具有国际领先水平。

（5）合理性分析。

1）与全溃理论公式吻合。对于一溃到底，$h'=0$，全溃时 $b=B$，河渠底部按无槛宽顶堰考虑，则流量系数近似取 0.385，其他系数取 1 时，则式（28）为

$$Q_m=\frac{2\times0.385}{3\times0.385+\sqrt{2}}\sqrt{g}BH^{3/2}=0.2997\sqrt{g}BH^{3/2}\approx\frac{8}{27}\sqrt{g}BH^{3/2} \tag{29}$$

里特尔（Ritter）理论推导全溃的最大流量 Q_m 理论公式：

$$Q_m=\frac{8}{27}\sqrt{g}BH^{3/2} \tag{30}$$

比较式（29）与理论公式（30）就完全一致了。

2）与美国水道实验站修改公式比较。其转换为相近的形式为 $Q_m=\frac{4\sqrt{2}}{27}\left(\frac{B}{b}\right)^{0.28}\times\left(\frac{H}{H-h'}\right)^{0.28}Q_{堰0}$，可见它是在全溃公式进行修改，仅考虑了口门侧向和垂向水流的收缩，

没有考虑堰坎流量系数。

3）与其他著作算例比较。用《溃坝水力学》（谢任之，P54）和《计算水力学》（武汉水利水电学院第二版 P629）算例进行验证：

【算例】 宽为 250m 的矩形河道上有一坝，溃坝前下游起始状态为均匀流，$Q_0=720m^3/s$、$n=0.0275$、$i=0.0009$、$h_2=1.8m$、$v_2=1.6m/s$，坝上游水深 $H_0=10.8m$。试进行溃坝水流的水力计算。

各文献计算溃坝流量分别为《溃坝水力学》为 8227m³/s、《计算水力学》为 8530m³/s。

按式（28），因为为全溃属于无顶宽顶堰，流量系数取 0.385，相应堰流为 15130m³/s，则溃坝流量计算得到 8328m³/s。可见，其计算成果介于二者之间，说明成果合理。

4）Malpsset 水库瞬时溃坝洪水实例验证，并与其他公式计算值比较。

Malpsset 水库拱坝瞬时溃坝是难得的 1∶1 模型实验和进行验证最好实例。Malpsset 水库大坝为双曲拱坝，位于法国东南部瓦尔（Var）省莱朗（Reyran）河上，承雨面积 48.2km²，最大坝高 66m，总库容 $51\times10^6m^3$，坝顶高程 102.55m，顶部弧长 222.7m，中心角 121°，相应上游面半径为 105m。坝的厚度由顶部 1.5m 渐变到中央底部（高程 42m）6.76m。左岸有带翼墙的重力推力墩，长 22m，厚 6.50m，到地基面的混凝土的最大高度为 11m，开挖深度 6.5m。坝顶中部 100.4m 高程，布置长 30m 自由溢洪道。大坝于 1954 年末建成并蓄水，1959 年 12 月 2 日 21 时 20 分大坝突然溃决，当时库水位为 100.12m。

根据失事后实测情况，总决口面积 7376.9m²、顶宽 204.8m、平均决口深度 46.5m、底宽 112.5m，则溃口底部高程 56.05m、坎厚度 δ 为 5.54m，坝上水深 H 为 58.12m，溃口残余高度 h' 为 14.05m，相应溃坝水头 $H-h'$ 为 44.07m，$\delta/(H-h')=0.126<0.5$，其溃坝堰坎为薄壁堰。

按照薄壁堰堰流计算相应参数，流量系数（含侧收缩系数）m_0 公式计算为 0.4612，淹没系数为 1，各瞬时溃坝最大流量公式计算成果详见表 1。从表 1 可知：式（28）计算值为 47900m³/s，比文献的 45000m³/s，大 2900m³/s，相对误差为 6.4%，但较其他公式最接近文献的值。

表 1 Malpsset 水库瞬时溃坝洪峰流量各计算公式比较表

公式名称	本文式（24）	美国水道	宽顶堰	DAMBREK	谢任之	里特尔（全溃）	肖克列奇	铁路	黄委会
计算流量/(m³/s)	47918	50089	67446	60415	36192	65233	41413	36339	71317
误差/(m³/s)	2918	5088	22445	15414	−8809	20233	−3588	−8662	26317
相对误差/%	6.4	11.3	49.8	34.2	−19.6	44.9	−8	−19.3	58.4

5 瞬时溃坝洪水过程线拟定

鉴于详算法求流量过程线，非常复杂，这个问题可采用概化典型流量过程线法解决。

通过详算法成果及模型试验资料的整理分析，发现 t 时刻瞬时溃坝流量 Q 过程线与最大流量 Q_m、正常泄洪设施下泄流量 Q_0 及溃口堰顶高程与溃坝前水位相对应库容积 W 有关，并将得到一组 $t/T-Q/Q_m$ 相对过程数据，其中 T 为过程线底长，即为溃坝库容泄空时间，详见表 2。

表 2 实验数据被称为四次抛物线型式，即溃坝初倾，溃坝流量突增到 Q_m，紧接着流量迅速下降，形成下凹的曲线，最后趋近于原下泄流量 Q_0。如图 4。但现有文献均没有推荐可方便使用公式。

表 2　　t 时刻瞬时溃坝流量 Q 概化典型过程线

t/T	0	0.05	0.1	0.2	0.3	0.4	0.5	0.6	0.7	0.8	0.9	1
Q/Q_m	1	0.62	0.48	0.34	0.26	0.207	0.168	0.13	0.094	0.061	0.03	0
拟合	1.000	0.619	0.480	0.349	0.263	0.199	0.151	0.114	0.087	0.066	0.050	0.038
组合拟合	1.000	0.619	0.480	0.349	0.263	0.208	0.158	0.120	0.089	0.063	0.035	0.00

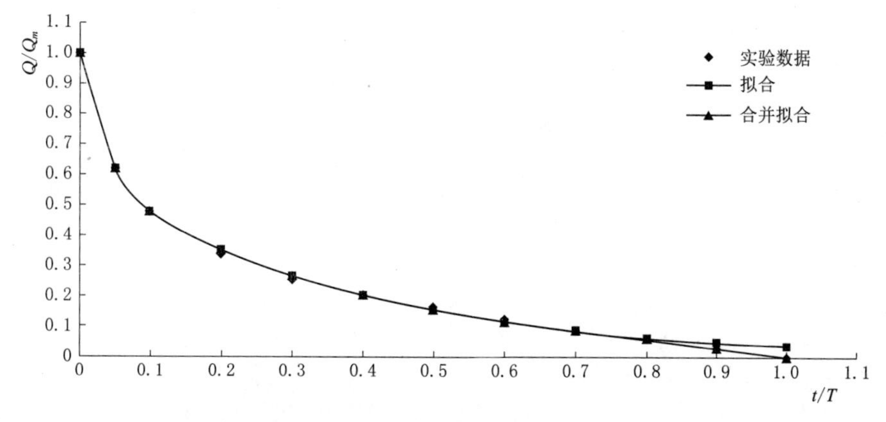

图 4　溃坝瞬时流量 Q 概化典型过程线和拟合理论曲线图

通过 MATLAB 工具进行曲线拟合，发现 $Q/Q_m=(1-t/T)^a$ 或 $Q/Q_m=Q_0/Q_m+(1-t/T)^a$ 公式拟合效果不好，甚至并不是四次抛物线，而是分段指数函数关系拟合效果最好，其相关性参数保证率达 0.997 以上，相应形成组合公式如下

$$\begin{cases}\dfrac{Q}{Q_m}=\dfrac{Q_0}{Q_m}+0.6061\exp\left(-2.78\dfrac{t}{T}\right)+0.394\exp\left(-29.11\dfrac{t}{T}\right) & 0\leqslant\dfrac{t}{T}\leqslant 0.3\\ \dfrac{Q}{Q_m}=\dfrac{Q_0}{Q_m}-1.074\text{E}-5\exp\left(-8.295\dfrac{t}{T}\right)+0.6108\exp\left(-2.694\dfrac{t}{T}\right) & 0.3<\dfrac{t}{T}\leqslant 1\end{cases} \tag{31}$$

$$W=0.2174TQ_m+\int_0^T Q_0\,\mathrm{d}t \text{ 或 } T=4.6\frac{W-\int_0^T Q_0\,\mathrm{d}t}{Q_m} \tag{32}$$

为此，对式（32）、式（33）需要进行试算 T。

当 Q_0 为恒定值，则有

$$T=\frac{W}{0.2174Q_m+Q_0} \tag{33}$$

有了溃坝洪水过程线，按照现有成熟的洪水在河道中演进计算程序包软件即可计算溃坝洪水波演进时淹没范围，并能计算出沿程水力特性，均供溃坝风险防范使用。

6 结论

根据上述理论与实例论证分析，有以下结论：

溃坝具有突发性和极大的危害性，风险随时存在。本文就溃坝洪水模拟关键技术提出了点安全系数为2范围和采用单元组失效概率定量确定溃口范围两种方法，给出计算成果合理可靠并与堰流计算公式和参数都统一的新溃坝洪水（过程）计算公式，依据实验数据拟定了以瞬时溃坝洪峰计算溃坝洪水过程的公式，取得溃坝洪水风险分析等一套系统的、独创的成果，可供满足溃坝及风险分析，方便实用。

参 考 文 献

[1] 张楚汉，王光谦. 水利科学与工程前沿 [M]. 北京：科学出版社，2017.
[2] 方崇惠，段亚辉. 溃坝事件统计分析及其警示 [J]. 人民长江，2010，41 (11)：96-101
[3] 朱伯芳，高季章，陈祖煜，历易生. 拱坝设计与研究 [M]. 北京：中国水利水电出版社，2002.
[4] 方崇惠，韩翔，段亚辉，等. 混凝土拱坝溃口范围定量判定 [J]. 武汉大学学报（工学版），2010，43 (6)：689-693.
[5] 方崇惠. 基于数值仿真混凝土拱坝溃坝失效及其溃坝洪水计算研究 [D]. 武汉：武汉大学，2010.
[6] 方崇惠，段亚辉，方朝阳，等. 定量计算混凝土拱坝溃口范围可靠度方法研究与应用 [J]. 水利学报，2013，44 (3)：336-343.
[7] C.-H. Fang，J. Chen，Y.-H. Duan and K. Xiao. A new method to quantify breach sizes for the flood risk management of concrete arch dams [J]. Flood Risk Management，2017 (10)：511-521.
[8] 方崇惠，方堃. 瞬时最大溃坝流量新通式推导及验证 [J]. 水科学进展，2012，23 (5)：721-727.
[9] Alessandro Valiani，Valerio Caleffi，Andrea Zanni. Case Study：Malpasset Dam-Break Simulation using a Two-Dimensional Finite Volume Method [J]. Journal of Hydraulic Engineering，ASCE，2002，128 (5)：460-472.

02

工程地勘与测量

水利工程安全监测数据分析过程中常见问题及应对方法研究

周惟　吴声松

［摘要］ 结合实际工程经验，对水利工程安全监测数据的异常进行分类，分析各类问题的产生原因，并指出判定和处理的方法，以及预防措施。

［关键词］ 安全监测数据；数据异常；水利工程监测

1 引言

在水利或水电工程施工期和运行期间，水工建筑物、基坑、基础由于受到诸如周遭机具施工活动、环境干扰变化等外因，以及安装方法、仪器及配套装置选取等内因的影响，所采集的监测数据往往会难以避免的出现异常情况。而这种监测数据的异常，将对后续数据分析造成极大干扰，影响对埋设部位实际情况的掌握与判断。如何准确分辨和合理处置异常数据，以及如何全面预防和有效避免异常数据的产生，是水利工程安全监测过程中的一个重要问题。

2 数据异常情况的分类

根据在现场数据采集过程中的观察和对监测原始数据的分析，将水利工程安全监测数据的常见异常情况分为传感器数据的无法读取、数据不稳定（跳动）和数据失真三类。监测数据的异常情况并不一定只属于其中一类，也有可能同时具有以下两种或者三种特征，往往需要根据现场情况进行综合考虑。

2.1 传感器数据无法读取

在传感器数据的采集过程中，有时会遇到接入二次仪表后，不显示数据，或者显示的数据持续且不收敛地变化，可将这种情况视为数据的无法读取。

2.2 数据不稳定

数据可以正常采集，但是在一段时期不同时间采集到的数据，相互之间波动范围较大，有的数据会呈现出在两个或者多个水平上的波动，有的数据会呈现出一定的周期性或

图 2　湖北省某水资源配置工程观测房

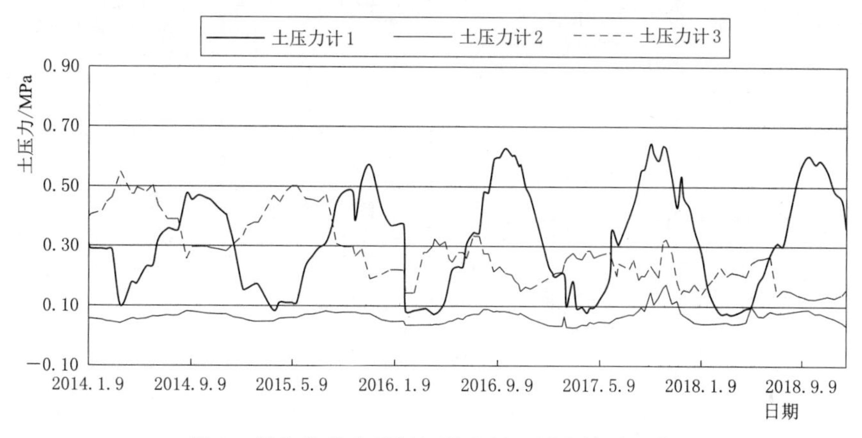

图 3　湖北省某水利枢纽泄水闸土压力计过程线

对于监测数据失真的情况，与监测数据失稳情况的大体处理思路相近，且更应注重与不稳定传感器有相同特点的其他监测单元监测结果的关联性。如图 4 所示为湖北省某水利枢纽泄水闸渗压计过程线，其中 2018 年 5 月上旬的监测数据存在异常。渗压计 1 的监测结果换算成的水位值，明显低于实测的下游水位值，渗压计 2 在同一时间数据无法读取。

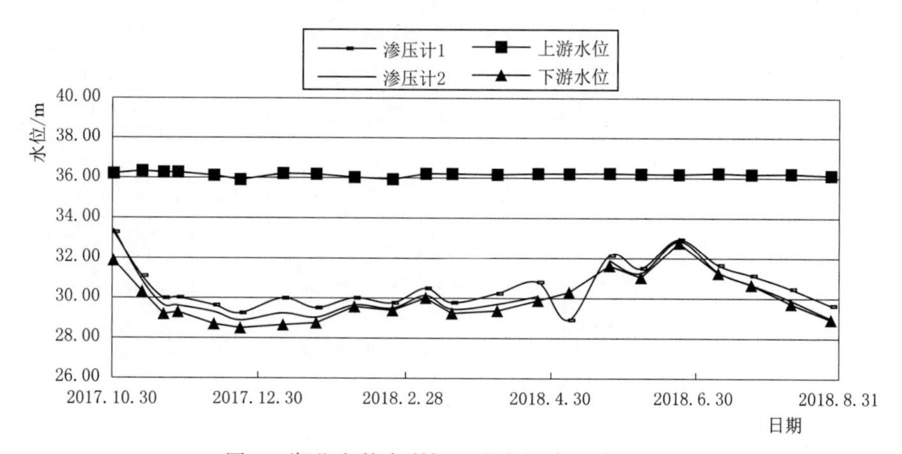

图 4　湖北省某水利枢纽泄水闸渗压计过程线

鄂北地区水资源配置工程施工控制网的关键技术研究

邱国辉　周国成　何婵军

[摘要] 本文结合鄂北地区水资源配置工程，对于东西走向的超长调水线路，顾及高程归化的斜轴墨卡托投影能较好地解决分带较多的问题，可同时减小高程归化引起的长度变形和高斯投影长度变形，实现了综合投影变形小于10mm/km的设计要求。

利用宝林隧道二等GPS控制网观测数据进行处理分析，分别采用BDS、GPS、BDS+GPS三种模式解算各个时段的基线向量，并以GAMIT的解算值作参考进行成果的精度分析，基线向量结果表明，BDS可以满足宝林隧道的测量精度要求，对比BDS、GPS单系统基线结果，N与E方向差异可以保持在5mm左右，U方向大部分保持在10mm左右，BDS+GPS观测数据解算精度高于任何一种单系统。对于平差，不同数据的平差结果精度指标均符合规范要求。

对超长引水隧洞洞内平面控制网的布设方案进行研究分析，并针对单一导线法、交叉导线法加测陀螺方位角，将其作为新增观测量进行联合平差，得到最优布站方案，用于指导工程施工。

[关键词] 斜轴墨卡托投影；BDS；GPS；精度；引水隧洞；贯通误差；陀螺方位角

1 引言

我国的水资源空间分布很不均衡。20世纪80年代以来，以南水北调工程为代表的调水工程陆续建成，目前在建的还有引江济淮工程等30余项调水工程。这些调水工程建筑物有泵站、水闸、管桥、渡槽、倒虹吸、隧洞、明渠等多种形式。施工控制网为调水工程提供统一的平面、高程控制基准和精度保障，具有十分重要的作用。

调水工程的施工控制网关键技术主要有：高斯投影长度变形、GNSS控制网精度、GNSS控制网测量和平差、长隧洞贯通测量、水准测量及精度、GPS高程拟合精度等。

我国一般采用高斯投影，用于工程平面坐标系建立。而在长距离调水项目的控制测量中，特别是东西走向的调水线路，投影长度变形较为明显，需要采取措施来减小投影长度变形。姚楚光、杨爱明对南水北调中线工程施工控制网进行了研究，采用1954年北京坐标系1°带方案，投影长度变形不大于25mm/km，还对水准测量必要精度做了分析。但由于划分了6个投影带，施工测量中需要进行繁复的坐标转换。

陆鹏程研究了一种非极坐标的斜轴墨卡托投影模型，能较好地控制地图投影差和高差投影差的影响。但斜轴墨卡托投影尚需要研究考虑高程归化和深入的误差研究。

邸国辉等针对引江济淮工程线路长、建筑物多的情况，在施工控制网的设计中，采用骨干网和二、三等网组成的多层次 GNSS 网优化布设方案，显著提高了点位精度，并且首次提出了基于 GNSS 向量方差——协方差估计的 GNSS 网设计方法。测量结果显示，近 70km 长线路 GNSS 网的点位精度达到亚厘米级。

吴继业在重庆市某引水工程的首级控制测量和西藏某水利枢纽灌区地形及断面测量中运用了 GPS 拟合高程技术，高程拟合模型选择附加地形改正的曲面拟合模型，其最大外部精度为 0.058m。但离三等高程精度尚有差距。

在隧道的洞外控制方面，国内外常用 GPS 观测作为平面控制的主要观测手段，随着我国北斗导航卫星的陆续发射，北斗系统的定位精度以及覆盖面积将不断提高，对于北斗观测数据在水利水电工程中的应用将更加广泛。

王利等学者利用 5 台兼容 BDS 和 GPS 系统信号的 GNSS 接收机，对西安市地面沉降 GPS 监测网中的 9 个监测点进行了复测。通过对连续观测 10h 以上 4 个时段观测数据的处理和分析，结果表明，相对于单独采用 GPS 观测数据进行基线解算而言，融合了 BDS 和 GPS 观测数据基线结果的内符合精度大大提高。

周正朝采用 4 台兼容 BDS 和 GPS 系统信号的 GNSS 接收机，2013 年，在广州通过对 9 个测站观测 1h 以上 3 个时段观测数据的处理和分析，证明单独依靠 BDS 能够进行相对定位解算，由于其卫星数目和星座分布上还略优于 GPS 系统，解算结果与 GPS 系统相差无几。在不好的观测条件下，GPS、BDS 解算比单星座拥有更高精度。

邸国辉对 GPS/GLONASS 组合测量的特点进行了分析，在试验数据的基础上，对 GPS/GLONASS 与 GPS 的定位精度、可靠性等进行了多方面比较。研究表明：当锁定 GLONASS 卫星 4～5 颗时，GPS/GLONASS 的精度比 GPS 提高 30%。此研究对多星座组合定位有一定参考价值。

北斗系统在施工控制网的应用研究是初步的，数据融合、不利条件下 BDS 卫星观测数据噪声等问题需要深入研究。

对于隧道的洞内控制，一般采用全站仪导线测量方式，导线布设方案有单一导线法、交叉导线法、全导线法等。对于特长隧道来说，需加测陀螺方位角，将其当作观测量和全站仪的观测值进行联合平差，以保证隧道顺利贯通。

贺国宏推证了地表、地下单导线加测陀螺边对横向贯通精度增益的计算公式，并得到了在计算机上解算的简化、实用算式，利用该算式容易求出陀螺边的最佳配置及其对横向贯通的严密估算结果。但对于交叉导线法的加测陀螺边对横向贯通精度增益问题没有涉及。

湖北省鄂北地区水资源配置工程是从丹江口水库清泉沟隧洞引水，穿越襄阳市、随州市，到孝感市的大悟县，拟从根本上解决鄂北地区干旱缺水问题的一项大型水资源配置工程。

输水线路总长 269.67km。起点水位 147.7m，终点水位 100.0m。渠底纵坡 1/3000～1/30000，主要建筑物有管桥、渡槽、倒虹吸、隧洞等 158 处，引水线路走向为西北—东南。

结合鄂北地区水资源配置工程，对高斯投影长度变形、GNSS 控制网精度、长隧洞贯通测量等关键问题进行了研究。

经分析，测点与伪中央子午线的偏距为−19.7～19.8km。测区线路上大地高区间为(92.95m，−27.05m)，则投影综合变形介于9.05～−9.80mm/km之间，均小于10mm/km。

(2) 角度不变形验证。在角度精度分析中分两部分进行：①原椭球面角度与圆球面角度比较；②圆球面角度与斜轴平面坐标反算的圆球面角度比较。

计算结果表明：两者的较差绝对值最大值分别为0.0005″、0.0009″，经分析主要为级数截断误差和舍入误差，验证了斜轴投影的角度不变性。

采用TM50全站仪，其测距精度为±(0.6mm+1mm/km)，测角精度为±0.5。对相邻点进行精密测距对建筑物平面施工控制网边长进行检核，共测量110条边长，边长误差统计详见表1。从表中可见，较差大于10mm仅有3条，应是GNSS基线测量的误差导致，没有系统误差，表明斜轴墨卡托投影符合设计要求。

表1　　精密测距与GNSS网边长较差统计表

误差区间/mm	0～2	2～4	4～6	6～8	8～10	10～12
个数	49	25	22	8	3	3
占比	44.5%	22.7%	20.0%	7.3%	2.7%	2.7%

3 BDS与GPS相结合建立调水工程控制网

3.1 BDS/GPS定位

对于长隧洞（宝林隧洞）洞外平面控制，采用北斗导航卫星系统（BDS）与GPS相结合的双模GNSS测量技术。

多模多星座测量在原理上优于任何一种单系统，主要体现在：增加了多系统的卫星进行观测，相当于增加了多余观测，从误差的角度可以减少错误发生，并提高观测精度。

本研究采用的接收机为6台Trimble NETR9。

3.2 BDS与GPS联合数据处理

3.2.1 超长隧道洞外控制网

试验1：在位于宝林隧道的二等GPS控制网进行复测，观测墩均安装有强制对中装置，基线长度介于0.22km至14km之间，进口、出口附近各布设4点。

为了对GPS、BDS、BDS+GPS三种模式进行分析，数据处理采用以下三种方案：

方案1：利用GAMIT软件和IGS发布的精密星历对GPS观测数据进行基线解算，将其解算结果作为参考值。

方案2：利用HGO软件，对BDS观测数据进行基线解算，采用广播星历，小于10km的基线用L1观测值解算。

方案3：利用HGO软件，对GPS观测数据、BDS+GPS观测数据进行基线解算。

3.2.2 基线处理步骤及特殊基线处理办法

在基线处理方面，用方案 1 解算得到的 NRMS 值约为 0.22，小于 0.5，解算合格，可作为参考值；用方案 2 解算得到的 BDS 基线进行各项检核，包括重复基线检查、同步环闭合差、异步环闭合差检查。

由于测量过程中 74 号点有一定的树木干扰，在 BDS+GPS 双模条件下，受到的影响较小，但对于 BDS 单系统却影响很明显，出现了基线系统性偏差很大的情况，见图 4。

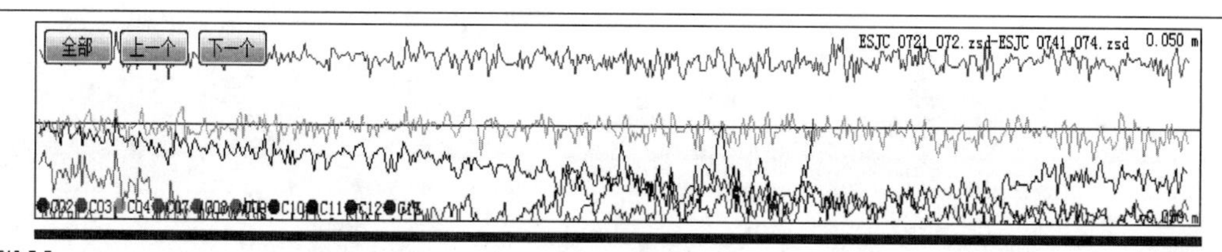

图 4　系统性偏差较大的基线残差序列

经过分析，出现这种情况时，若只是删除不连续的时段或者质量较差的某部分时段，不可能改善这种极强的系统性偏差，考虑到北斗 1～5 号卫星为地球静止卫星而且轨道高度很高，所以可能其观测数据的噪声较大，将其禁用后的结果见图 5。

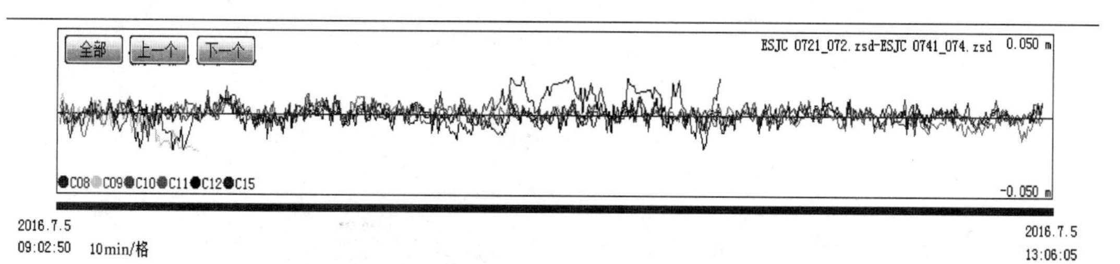

图 5　禁用北斗地球静止卫星（GEO）数据后基线残差序列

可以看到结果得到了明显的改善，然后可以对图中仍有一定偏差的基线删除对应的时段即可。

经过以上的处理，得到以下结论：对于所有观测条件良好的基线可采用自动方式处理，但 74 号点周边有树木干扰信号，与其相关的基线多数解算不合格，需对相关数据进行筛选编辑，通过禁用高轨（GEO）卫星，发现基线结果都能合格，经分析可能是因为干扰信号较强时，导致高轨卫星的观测数据有较大噪声，故将其禁用以改善解算结果。

经过上述基线处理的同时需要对同步环、异步环以及重复基线较差进行计算，具体统计见表 2～表 4（BDS 单系统）。

表 2　BDS 单系统解算重复基线差统计（取绝对值）

基线长	基线长 0.2～0.8km（限差范围 14.2～14.3mm）			基线长 13.6～14.2km（限差范围 40.9～42.7mm）			
较差范围/mm	0～2	2～5	≥5	0～5	5～10	10～20	≥20
对应重复基线条数	7	3	0	4	6	4	0

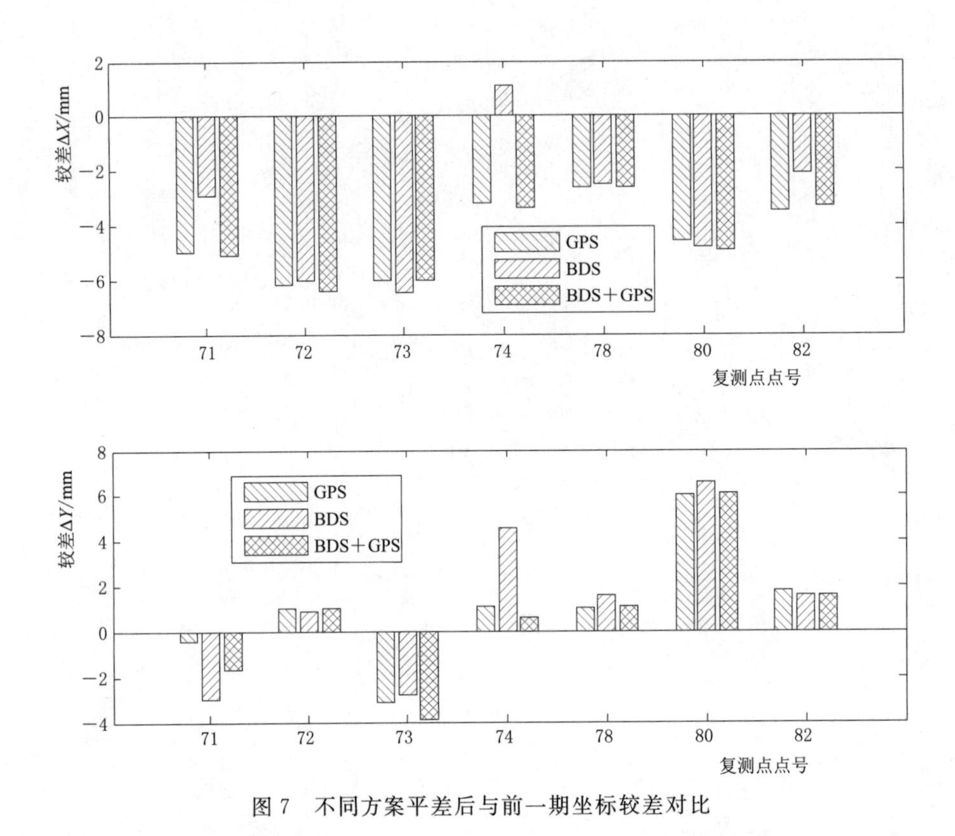

图 7　不同方案平差后与前一期坐标较差对比

若两期观测得到控制点位移 $\Delta p \leqslant 2\sqrt{2}\sigma$，说明完全由观测误差造成，点位稳定，若位移 $2\sqrt{2}\sigma \leqslant \Delta p \leqslant 3\sqrt{2}\sigma$，说明点位基本稳定，若大于 $3\sqrt{2}\sigma$，说明若起算点稳定，则可认为其发生了位移。取北斗单系统数据进行分析，结果见表 5。

表 5　**两期坐标稳定性检验**　单位：mm

点号	中误差	$2\sqrt{2}\sigma$	$3\sqrt{2}\sigma$	Δp	分析结果
71	4.6	13.0	19.5	4.2	稳定
72	3.3	9.3	14.0	6.1	稳定
73	3.6	10.2	15.3	7.1	稳定
74	4.3	12.2	18.2	4.7	稳定
78	1.7	4.8	7.2	3.0	稳定
80	2.3	6.5	9.8	8.7	基本稳定
82	2.3	6.5	9.8	2.6	稳定

从以上分析可得到复测点基本保持稳定的结论，三种数据处理得到的点位位移也可基本一致，由此可以说明北斗系统在调水工程中应用具有可行性。

4 横向贯通误差模拟计算

洞内测量误差分析可根据出洞点误差椭圆元素和贯通面的方位角，计算出横向贯通中误差。宝林隧洞的施工方案是采用一台 TBM 设备单向开挖，则出洞点即贯通点。出洞点点位误差的误差源包括进洞点后视方位角误差、进洞点点位误差和洞内平面观测误差。洞内控制测量采用的全站仪测角中误差 1.5″、测距精度 1mm+1.5ppm，采用的陀螺仪的方位角中误差为 8″。

宝林隧洞全长 13.8km，要求洞外和洞内控制测量的综合横向贯通中误差不大于 200mm。

依据 DL/T 5173—2012《水电水利工程施工测量规范》中第九章的规定，洞室一侧开挖长度大于 8000m 时，应加测陀螺方位角。

根据相关文献，加测一个陀螺方位角时，最优加测位置为距出洞点 1/3 处，加测多于一个陀螺方位角时，最优加测位置为按距离均匀分布。针对单一导线法和交叉导线法，讨论加测零个、一个、两个、三个陀螺方位角的情况，并计算加测陀螺方位角后的贯通点点位误差。对于零个陀螺方位角的情况，还讨论了连续自由设站法。

横向贯通中误差包括进洞点坐标、起始方位角和洞内观测误差等三项误差，根据误差传播定律，可得到总的横向贯通中误差，见图 8。

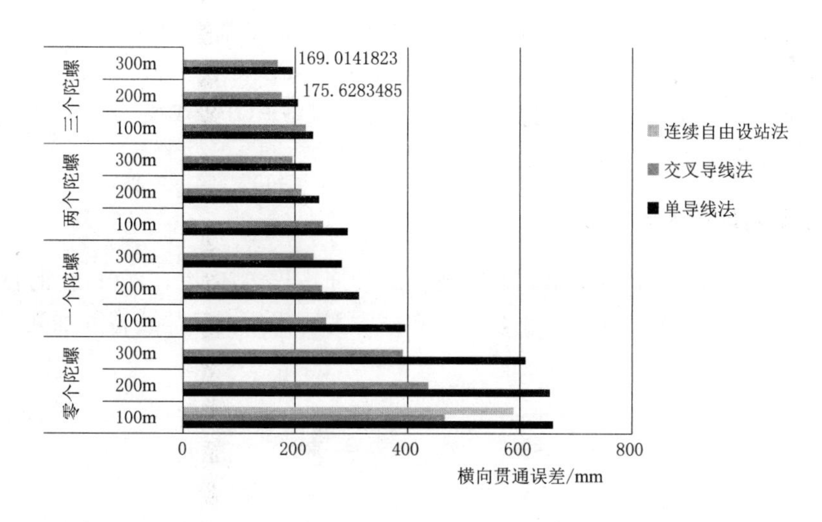

图 8 横向贯通误差

由图 8 可知，加测三个陀螺方位角的交叉导线方案满足要求，同时考虑到隧洞通视条件和旁折光等影响，洞内控制最优方案可采用直道边长 200m、弯道边长 100m 的交叉导线法方案。

5 结论

5.1 基于斜轴墨卡托投影方法建立统一的工程坐标系统

在进行水电水利工程的投影带设计时，要考虑到鄂北地区水资源配置工程东西方向跨距长、施工精度要求高的实际情况，而斜轴墨卡托投影正好适用于这种情况，能够有效控制投影长度变形，避免了分带方法导致的相邻分带坐标衔接误差和频繁的坐标转换。

当线路高程至归化高程面的距离不大于60m，投影带的宽度应不大于56km（即至投影伪中央子午线的垂距不大于28km)，则投影长度变形不大于10mm/km。

5.2 BDS/GPS 建立工程控制网

在调水工程施工平面控制中，北斗单系统数据可以满足规范要求，BDS洞外控制网对隧道横向贯通的影响也小于限差，基线结果方面N、U方向GPS优于BDS，E两者基本一致，可能是因为目前北斗的星座几何分布，大部分卫星都在用户南边，故南北方向的精度较差，东西向的精度可与GPS一致。

BDS+GPS的在外符合精度方面，相较于任何单系统，在N、E、U三个方向都有改进，相比GPS单系统N、E、U方向精度分别提高了8.5%、18.6%、20.9%，所以在调水工程中，可选用BDS+GPS数据得到较高精度。

利用复测数据进行稳定性分析时，三种数据得到的结论基本一致。

在GNSS观测条件较为复杂的情况下，BDS+GPS可比GPS增加5～8颗卫星，BDS+GPS较GPS解算精度明显提高，结果表明：BDS+GPS双模GNSS技术可明显提高GNSS测量的定位可用性和精度。

5.3 洞内控制测量技术与方法

对于长达13.8km的宝林隧洞，若达到横向贯通中误差不大于200mm的目标，同时考虑到隧洞通视条件和旁折光等影响，最优布站方案可采用交叉导线法并加测三个陀螺方位角的方案。

参考文献

[1] 何婵军，邸国辉. 顾及高程归化的斜轴墨卡托圆柱投影的应用研究 [J]. 水利水电技术，2017 (3)：34-38.

[2] 赵胤植，郭际明，邸国辉. BDS/GPS在鄂北水资源配置工程中的应用与分析 [J]. 测绘地理信息，2017 (4)：109-113.

[3] 郭际明，杨学彬，陈劲林. 引水隧洞洞内平面控制网布设方案设计与分析 [J]. 测绘地理信息，2017 (4)：17-20.

[4] 陆鹏程，林冬伟. 斜轴墨卡托投影模型及其应用分析 [J]. 铁道勘察，2010 (4)：26-29.

[5] 郭际明，孔祥元. 控制测量学（下册）[M]. 武汉：武汉大学出版社，2007.
[6] 李国藻，杨启和，胡定荃. 地图投影 [M]. 北京：解放军出版社，1993.
[7] 王利，张勤，范丽红，等. 北斗/GPS 融合静态相对定位用于高精度地面沉降监测的试验与结果分析 [J]. 工程地质学报，2014，23（1）：119-125.
[8] 杨元喜，李金龙，王爱兵，等. 北斗区域卫星导航系统基本导航定位性能初步评估 [J]. 中国科学（地球科学），2014，44（1）：72-81.
[9] 周正朝，袁本银，潘国富. 中海达 HGO 软件在 GPS/BDS/GLONASS 静态解算的应用分析 [J]. 测绘通报，2013（3）：120-121.
[10] 杜传鹏. 长大隧道贯通误差分析及程序实现 [D]. 成都：西南交通大学，2013.
[11] 贺国宏. 导线加测陀螺边进行隧道控制的进一步研究 [J]. 铁道工程学报，1999，3（1）：54-60.
[12] 刘幼华，邸国辉. 高速铁路 CPⅢ平面控制网粗差探测 [J]. 人民长江，2010，41（11）：51-53.
[13] 邸国辉，朱小欢，吴汉，刘勇. 引江济汉工程施工控制网设计与数据处理 [J]. 人民长江，2014（16）：56-59.
[14] 邸国辉，程崇木. GPS/GLONASS 组合测量的比较分析 [J]. 城市勘测，2006（2）：10-12.
[15] 肖代文，邸国辉，高卫军. 高速铁路 CPⅢ平面控制网的优化设计 [J]. 地理空间信息，2011，9（6）：127-129.
[16] 王磊，郭际明，申丽丽，高奋生. 顾及椭球面不平行的椭球膨胀法在高程投影面变换中的应用 [J]. 武汉大学学报（信息科学版），2013，38（6）：725-728.
[17] 黄鸿伟. 陀螺全站仪定向精度评定及在工程中应用 [J]. 测绘通报，2015（S1）：150-151.
[18] 姚楚光，杨爱明，严建国，姜本海. 南水北调中线工程施工控制网精度与等级论证研究 [J]. 南水北调与水利科技，2008（2）298-300，307.
[19] 杨爱明，严建国，杨成宏，姜本海. 南水北调中线工程施工测量控制网系统研究 [J]. 人民长江，2010（10）：30-33.
[20] 吴继业. GPS 拟合高程在水利水电工程测量中的运用 [J]. 人民长江，2007（10）：95-97.

无人机稀少像控若干关键因素的分析与控制

沈方雄

[摘要] 通过对CW－10C无人机航摄测图多个1∶2000、1∶1000、1∶500项目的关践，测图区域采用稀少像控，分析和总结影响精度的若干关系因素，并在航测过程中加以控制，平面精度和高程精度完全能够满足国有规范的要求。

[关键词] 无人机；稀少像控；精度

1 引言

前几年，采用无人机进行大比例尺航测成图，要达到精度要求，比较困难，需要很多像控点，大大增加了外业工作量。这是由于无人机像幅小，航摄姿态不稳定，再加上POS精度不高等原因。随着无人机航摄技术的发展，用于航测的无人机安装了惯性导航系统IMU和卫星定位系统GPS，可以获取每张像片的姿态和曝光点的坐标信息，大大地减少像控点的数量。但要达到可靠的精度，需要对若干关键因素进行分析和控制。本文通过对成都纵横CW－10C无人机的多个1∶2000、1∶1000、1∶500项目的实践，采用测图区域很少的像控，分析和总结影响精度的若干关键因素，并在航测过程中加以控制，平面精度和高程精度完全能够满足国家规范的要求。

2 无人机IMU/GPS辅助航空摄影测量技术

采用IMU/GPS辅助航空摄影测量技术（POS技术），可以得到每张像片的外方位三个线元素（XS、YS、ZS）和三个角元素，实现无像控测图（直接定向法），或者与地面像控点联合空三计算，再进行定向测图（辅助定向法）。目前，大多数航测用的无人机搭载了IMU/GPS设备，大大地减少了像控数量，使得稀少像控成为可能，减轻了外业强度，提高了生产效率。见图1。

图1 获取航摄影像

加入曝光延迟的平差模型：

$$\begin{bmatrix} x \\ y \\ -f \end{bmatrix} = kR^T \left(\begin{bmatrix} X \\ Y \\ Z \end{bmatrix} - \left(\begin{bmatrix} X \\ X \\ Z \end{bmatrix}_{GPS} + \begin{bmatrix} X \\ Y \\ Z \end{bmatrix}_V \Delta t - R \begin{bmatrix} x_0 \\ y_0 \\ z_0 \end{bmatrix}_{GPS} \right) \right) \tag{1}$$

式中：$[x, y, -f]^T$ 为空间坐标系下的像点坐标；k 为投影系数；R 为影像外方位元素的角元素组成的变换矩阵；$[X, Y, Z]^T$ 为像点的像空间辅助坐标；$[X, Y, Z]_{GPS}^T$ 为摄站点 GPS 位置；$[X, Y, Z]_V^T$ 为无人机在三个方向上的速度矢量值；Δt 为相机曝光延迟时间；$[x_0, y_0, z_0]^T$ 为像空间坐标系下 GPS 天线相位中心的坐标。

3 无人机 IMU/GPS 辅助航空摄影测量的主要误差分析

从平差模型可知，像点坐标的精度、机载 GPS 测量、相机曝光是测量误差的主要来源。这些误差与机载 GPS 设备、测量手段、数据处理等因素有关。

3.1 机载 GPS 的测量

机载 GPS 设备影响 GPS 数据的获取质量和效率，与生产厂家、型号，设备可靠性有关。机载 GPS 测量手段一是采用精密星历单点定位技术，即 PPP。二是载波相位差分技术，采用架基站，实时 RTK 方式；或者采用事后差分技术，即 PPK 解算。GPS 定位精度可以达到厘米级。经过数据解算和实践，载波相位差分技术，在高程精度方面，明显优于 PPP，在平面精度方面没有实质差异。PPK 解算，GPS 定位精度可以达到厘米级。

相比 RTK 技术，PPK 技术更有优势。见表 1。

表 1　PPK 与 RTK 定位技术比较

模式	通信	定位方式	最大距离/km	数据情况	定位平面精度	定位高程精度
PPK	不要	事后差分	50	稳定	2.5mm+0.5ppm	5mm+0.5ppm
RTK	电台或网络	实时	10	较易失锁	8mm+1ppm	5mm+1ppm

所以 PPK 技术更适合搭载在无人机上，作业范围大，航飞效率高，精度也有保证。

3.2 曝光延迟误差

由于无人机机载 GPS 差分模块记录的时刻与像片曝光的时刻不同步，导致外方位元素的空间位置存在系统误差。为了减少曝光延迟误差的影响，提高空三的精度，可以在无人机硬件设备上加以改进，以及在空三软件的平差模型上引入误差参数。

目前，在某些无人机生产厂家推出的无人机，如成都纵横的 CW－10C 无人机，对相机的曝光延迟增加了一个补偿线，使得曝光延迟小于 10ms。

3.3 相机的畸变

航摄相机现在都是数码相机，没有畸变的情况下，量测相机的像点坐标误差应为 0。

无人机航摄采用的相机一般为非量测型全画幅相机，镜头畸变较大，尤其是边缘部分。相机畸变参数的检校尤为重要，无人机航飞一定数量的架次后，受震动的影响，相机需重新检校，已改正或减小由于畸变影像各像点坐标值。所以选择无人机时，相机的像幅大小、畸变差等是一个重要的考虑因素。

3.4 空中三角测量数据的处理

为了提高无人机测量技术的精度，减小由于硬件和测量因素导致误差的影响，目前有些先进的空三处理软件改进了若干算法，不光匹配的效率、精度提高，而且引入若干系统误差参数的自检校平差。例如武汉智觉空间的 SVS、武汉大学 GodWork 都考虑了曝光延迟的 GPS 辅助光束法平差模型，与其他系统误差一起引入方程组统一求解，消除或补偿由于飞机震动、曝光像移等造成像点系统误差，大大提高空三加密精度，使得大比例尺地形图测图（1：1000 和 1：500）精度满足规范要求。

4 航摄外业与内业处理关键控制技术

4.1 GSD 的选择

航摄 GSD 是影响航测地形图精度的一个极其重要的因素。理论推导航测高程精度公式为

$$m_Z=\frac{GSD}{T}\cdot\frac{f}{b}=\frac{GSD}{T}\cdot\frac{H}{B} \tag{2}$$

式中：GSD 为地面分辨率；T 为像点坐标的量测精度（一般为 1/3～1/2 像素）；H/B 为航高与基线比。

航测规范中对不同比例尺地形图，规定了航摄 GSD 的参考范围。无人机的基线短，所以从精度上、安全上不可能飞太高。为了达到规范所要求的相应高程精度，不光要考虑地面分辨率，还要应综合考虑相机的像素，影像幅面的宽度，航高及影像的重叠度。CW-10C 的技术参数见图 2。

采用 CW-10C 航飞，我们在生产中对于 1m 等高距的地形图，采用 8cm 地面分辨率，0.5m 等高距采用 4cm 的地面分辨率，航摄航向重叠 65%～75%。旁向重叠 60%左右，得到了可靠的地形图精度，满足了规范要求。

4.2 布标

（1）由于区域网空三精度的最弱点位于空三加密区的四周，各种误差包括系统误差会在四周集中体现。布标既有利于提高像控点在模型中的且准精度，也有利于削弱误差的影响，提高空三加密的质量。

（2）像控点标志形状、颜色与大小。一般为“L”“T”“+”型，建议标志为明亮颜色与浅色（背景）结合，明亮颜色反差大，有利于平面定位，浅色有利于测标高程的切准。标志的大小为 GSD 的 5～8 倍。

全电动垂直起降固定翼

翼展/机身长度	2.6m/1.6m	巡航速度	72km/h
续航时间	1.5h	抗风能力	5级

全画幅微单相机

主距	35.00mm	像元尺寸（μm）	4.877
像元数（pixel）	7360×4912		

实时动态差分（RTK）

RT-2　1cm＋1ppm

后处理差分定位

位置精度　1cm＋1ppm

曝光时间同步

曝光延迟　<10ms

CWCommander地面站软件

蛇形、架构航线自动生成，飞行状态实时监控，飞行数据回放

图2　静态GPS测量＋CORS中心解算测量与四等水准测量精度比较

4.3　像控的布设

4.3.1　常规光束法区域网布点

在区域网的四周平均每个2条基线布设一个平高点，区域网的中央每隔4条基线布设一个高程点，每隔6条基线布设一个平高点，且布置成锁状。见图3。

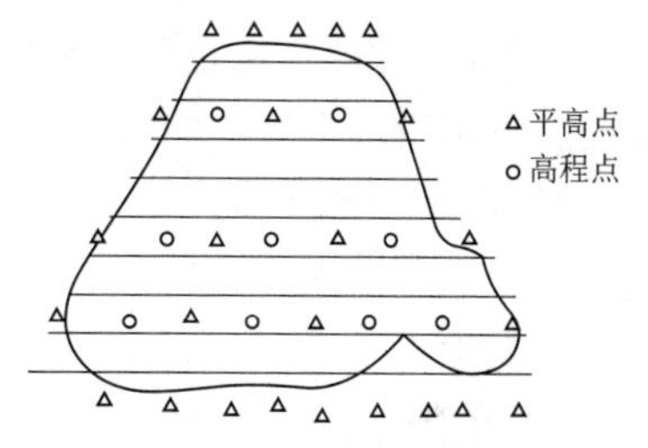

图3　常规光束法的区域网布点方案

4.3.2　惯导与差分定位技术辅助航摄影像的区域网布点方案

（1）规则的空三区域一般采用四角布点法，见图4、图5。

（2）四角＋两排高程点或四角＋构架航线布点法方案。惯导与差分定位技术辅助航摄影像的区域网布点方案，一般在四角布点后，还需要航向方向间隔12条左右基线（最大不超过20条）基线布点，旁向跨度一般按4～8条航线布点。

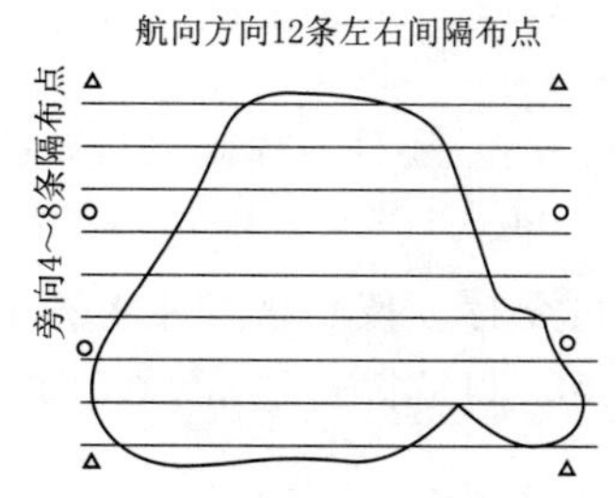

图4　惯导与差分定位技术辅助航摄影像的区域网布点方案（四角＋两排高程点）

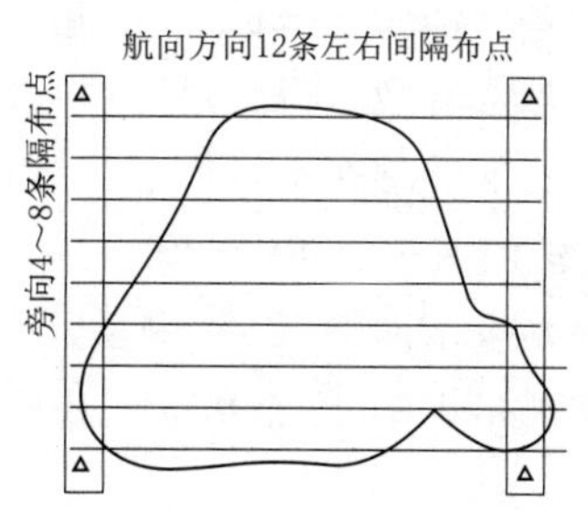

图5　惯导与差分定位技术辅助航摄影像的区域网布点方案（四角＋构架航线）

4.3.3 无人机稀少像控布点方案

4.3.3.1 布点方案

无人机稀少像控的布设，只需在测区周边布设若干像控点，中间无须再布设像控点，像控数量明显减少。方案见图 6、图 7，如测区规则（似矩形）只需四角布点。

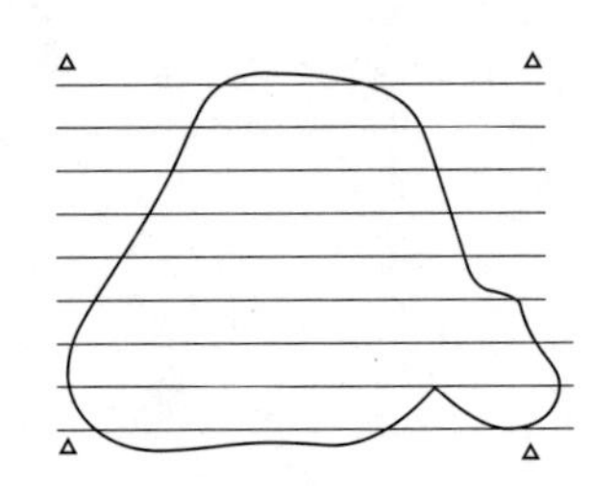

图 6 稀少像控布点方案（四角布点）

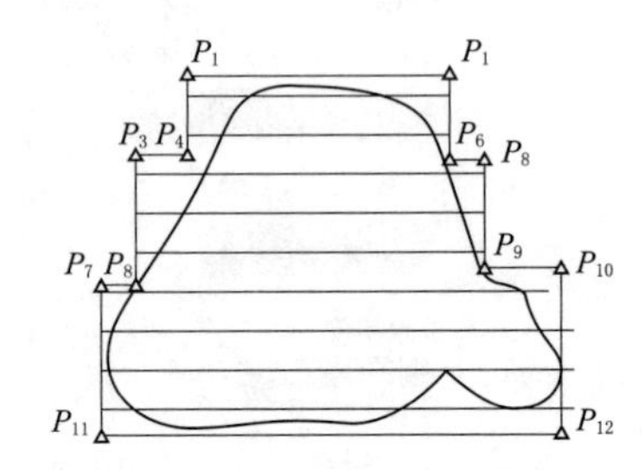

图 7 稀少像控布点方案（周边类直角布点法）

我们根据多次项目实践，按周边类直角布点法，空三效果相对其他网形效果最佳，而且正常情况下中间无须补像控点。

4.3.3.2 周边类直角布点法特点

（1）航摄区域形状为内直角多边形：要求相邻长度差不多的航线，航飞时齐整。

（2）直角多边形的顶点附近布设有平高点。

4.3.3.3 周边类直角布点法优点

（1）区域旁向航线首尾之间关系更加密切，每个矩形区域四角均有平高点控制。

（2）消除或抵偿系统误差更充分。

（3）中间无须加像控点，只需加一些检查点。

4.4 基站测量与曝光点坐标的计算

基站测量与曝光点坐标的计算途径有如下几种途径。

4.4.1 常规方法

（1）静态观测基站和连测附近高等级控制点（Ⅲ等以上水准高）四个以上控制点，解算本测区的七参数。

（2）通过下载的 POS 数据、姿态数据、基站数据，通过 PPK 软件解算，得到每张像片曝光点的差分经纬度坐标。

（3）七参数转换，得到每张像片的直角坐标。

这种方法的弊端在于，周边控制点连测费时费力，而且还存在控制点资料收集问题。

4.4.2 网络 RTK＋CORS 计算

（1）基站采用网络 RTK 测量其 CGCS2000 经纬度坐标，按一级点要求测量，四个测回，每次观测不少于 20 个历元，稳定固定解开始记录，测量得到基站 CGCS2000 经纬度坐标。

（2）PPK 解算每张像片曝光点的差分经纬度坐标。

（3）曝光点的差分经纬度坐标，交由当地 CORS 中心解算，得到曝光点的直角坐标。

4.4.3 静态＋CORS 计算

在山区或人烟稀少，移动通信网络信号覆盖不好的区域，基站则可以通过静态 GPS 测量，连测附近的一个 C 级或高等级点（Ⅲ等以上水准高，CGCS2000 坐标），三维网平差，解算其 CGCS2000 经纬度坐标。然后 PPK 解算后，交由当地 CORS 中心解算，得到曝光点的直角坐标。

网络 RTK＋CORS 计算，这种方式的优势在于，利用了网络 RTK 组建的若干基站，不需要求解测区的七参数，简单高效，而且 CORS 中心解算时引入了重力场模型参数，精度结果可靠。如果基站静态 GPS 连测 C 级或高等级点（Ⅲ等以上水准高）后，基站的高程精度接近四等水准的精度。我们在某个工程项目中，检验静态＋CORS 方式测量的高程精度情况。GPS 网中点连测四等水准加以检测，结果见表 2。

表 2　　静态 GB 测量高程精度情况检测

点　号	Ⅳ等水准高差/m	GPS 静态＋CORS 解算/m	Δh/m
GPS5023～GPS5024	－0.989	－0.989	0
GPS5024～GPS5017	1.231	1.233	0.002
GPS5017～G4	－0.176	－0.167	0.009
G4～GPS5016	－0.427	－0.426	0.001
GPS5016～GPS5018	1.471	1.487	0.016
GPS5018～GPS5036	2.56	2.562	0.002
GPS5036～GPS5035	－0.222	－0.219	0.003
GPS5035～GPS5022	－0.964	－0.973	－0.009
GPS5022～GPS5021	0.564	0.563	－0.001

从上表中可以得知，GPS 静态＋CORS 解算的高程与四等水准吻合很好，方法可靠。

4.5 PPK 解算结果的分析

PPK 解算后应对结果信息进行统计分析，要求每个曝光点 GPS 测量均得到固定解。2018 年 7 月我们在湖北红安一个工程项目中，无人机航摄完，下载数据后，解算的统计信息如下：

提取结果统计：OK

共 411 点

1：Fix：87.835％　2：Float：12.165％　3：RTD：0.000％　4：Single：0.000％　5：其他：－0.000％。

成功匹配 411 个点，匹配失败 0 个点。

从信息中可以看到：浮点解占 12.165％，即 50 个点。这个 POS 数据引如空三，不可能得到好的结果。出现这种情况，解决办法如下：

POS 浮点解或单点解的航片涉及的整条航线重飞。

或者 POS 浮点解或单点解的航片区域按常规方法单独布点，此区域单独空三。

5 免像控与稀少像控无人机作业的实践

免像控航摄技术是近年来无人机航摄技术研究的热点，我单位购置的 CW－10C 无人机（标称免像控）进行了航测生产实践。

2018 年 5 月 14 日，我们在湖北省郧阳县水利工程项目，采用 CW－10C 无人机航摄，GSD 为 8cm，成图比例尺 1∶1000，面积 8.3km^2，地形主要为平地与丘陵。采用 SVS 空三加密软件，检查结果见表 3。

表 3 免像控与稀少像控精度检测比较

像控方式	像控点个数	检测点个数	平面最大差值/m	高程最大差值/m	高程中误差/m	高程粗差点个数	布标
免像控	0	56	0.25	0.8	0.4	4	没
稀少像控	6	56	0.2	0.4	0.18	无	没

从上面表可知，免像控作业高程精度中误差超限，如果布标效果应该好些，有可能达到规范要求，但有一定随机性，粗差点总是存在的。四周加了像控点后，粗差点误差成倍减小，高程精度明显提高。

2018 年 11 月 20 日，我们在武汉市汉南区某项目 1∶500 地形图，采用 CW－10C 无人机航摄，GSD 为 4cm，面积 2km^2，地形为平地。采用稀少像控类直角方式布点布标，6 个点，采用 SVS 空三加密软件，检查结果见表 4。

表 4 稀少像控（类直角布点）精度检测

像控方式	像控布点方式	GSD/m	像控点	最大 Δs/m	最大 Δh/m	m_h/m	布标
稀少像控	类直角布点	0.04	6	0.13	0.15	0.08	布

从上表可知，达到了很理想的平面和高程精度，高程精度满足地形图规范要求（0.5m 等高距）注记点限差 0.12m。

6 结论

无人机稀少像控航测，应综合考虑若干因素，主要有以下方面：

（1）无人机的选择。在无人机硬件中有曝光延迟的补偿装置较好，曝光点坐标计算采用 PPK 方式为宜。

（2）相机的选择。选择相机幅面大，畸变差小的相机。如搭载量测飞思相机最为理想。

（3）GSD的选择。建议1m等高距的地形图采用优于0.1m的GSD，0.5m等高距的地形图采用0.4m的GSD。

（4）采用稀少像控，应考虑像控布设方式，即周边内直角法布点。

（5）无人机空三软件选择也很重要，软件要具有引入若干系统误差参数的自检校平差的功能。

目前无人机测绘技术较以前有飞跃式发展，只要综合考虑若干因素对精度的影响，无人机测绘完全能够达到国家规范的要求。

参考文献

[1] 袁修孝. GPS辅助空中三角测量原理及应用［M］. 北京：测绘出版社，2001.

[2] 沈方雄，刘祥发，刘幼华，等. 影响航测高程精度的关键因素分析与探讨［J］. 人民长江，2014，45（16）：60-62，72.

专题空间数据库的研究与应用

周胜洁

［摘要］ 本文研究了空间数据库管理数据的几种模式及其优缺点，结合工作实践，对农村土地确权工作中数据库建设方面的问题，进行了探讨，并提出了解决办法。

［关键词］ 数据库；空间数据库；土地承包经营权；GIS；ArcGIS

1 空间数据库的定义及发展概况

现实生活中，绝大多数数据都具有空间属性。随着互联网时代的到来，我们在生活和工作中，如何借助计算机技术，构建空间数据库，提高数据信息存储以及处理能力，保证数据信息利用最大化，成为当前研究的热点。

空间数据是对空间事物的描述，以地球表面空间位置作为参照，描述空间物体的位置、形状、大小和分布特征等方面信息的数据。数据的主要来源为测量和遥感以及 GPS 等。

除具有一般数据的选择性、可靠性、时间性、完备性、详细性和综合性等特征外，还具有一些区别于其他数据的特性：

（1）空间性。空间数据描述了空间物体的位置、形态，甚至需要描述物体的空间拓扑关系。如一条河流的位置、长度、发源地等和空间位置有关的信息。

（2）抽象性。空间数据描述的是现实世界中的地物和地貌特征，其非常复杂，必须经过抽象处理。经过人为取舍，构建不同主题的空间数据库。因人们关心的侧重点不同，同一自然地物的表示经过抽象可能会有不同的语义。

（3）多尺度与多态性。不同的观察尺度具有不同的比例尺和不同的精度，同一地物在不同的观察尺度下会存在形态差异。如一个城市在地理空间中占据一定范围的区域，因此可以认为其是面状地物，但在比例尺比较小的空间数据库中，城市是作为点状地物来处理的。

（4）多时空性。数据具有很强的时空特性。一个系统中的数据源既有同一时间不同空间的数据系列也有同一空间不同时间序列的数据。

2 空间数据库的发展现状及管理模式

2.1 数据库技术的发展概况

数据库技术的萌芽可以追溯到 20 世纪 60 年代中期，到目前为止，它从第一代的网状层次数据库系统，第二代的关系数据库系统发展到第三代以面向对象为主要特征的新一代数据库系统。

第一代数据库系统以 20 世纪 70 年代研制的层次和网状数据库系统为主要标志，具有支持三级模式的体系结构、用存储路径来表示数据之间的联系、独立的数据定义语言、导航的数据操纵语言等特点。

第二代是关系数据库系统。1970 年 IBM 公司 San Jose 研究实验室的研究员 E. F. Codd 发表了题为“大型共享数据库数据的关系模型”论文，开创了数据库关系方法和关系数据库理论的研究，为关系数据库技术奠定了理论基础。关系数据库是以关系模型为基础，大体上由数据结构、关系操作、数据完整性三部分组成。它建立在严格数学概念的基础上，模型概念简单，实体之间的联系都是用关系来表示。数据形式化基础好，独立性强，物理存储和存取路径对用户隐蔽，易于用户理解和使用。

第三代是面向对象的数据模型。它将数据库技术与其他学科的技术内容有机结合，针对专门领域数据对象的特点，建立特定的数据模型如地理数据模型，带动了数据库领域中层出不穷的新技术的发展：如分布式数据库、工程数据库、演绎数据库、多媒体数据库、地理数据库等。

2.2 空间数据库的管理模式

空间数据库作为描述、存储和处理空间数据及其属性数据的数据库系统，其表示的地物不仅具有空间信息，而且具有很多非空间的附属信息，如城市的人口，国民生产总值等，这些构成了地理元素的属性信息。同时由于需要描述要素的空间位置，空间数据库需要海量的存储空间来描述各种各样的地理信息要素，又因空间数据与其属性数据之间具有不可分割的联系，维护两者的一致性并进行一体化管理便成为必须解决问题。

多年来随着数据库技术的发展，空间数据的存储结构发展至今，经历了许多演变，大体上可以分为以下几类模式：

（1）基于文件的管理模式。这种方式直接采用文件系统来存储和管理空间数据，系统结构简单，便于操作，但提供的功能非常有限。它适合小型系统，难以满足当前对空间数据管理的需求。

（2）文件与关系数据库混合管理模式。早期的空间数据管理采用文件与关系数据库混合管理的模式，即用文件存储、管理空间数据，用关系数据库管理系统来存储地理空间对象的属性数据。目前的大多数桌面 GIS 系统均采用此种方式。在这种管理模式中，空间数据及其属性数据除它们的标识作为连接关键字以外，两者几乎是独立地组织、管理和检索的，对于特定文件格式，GIS 数据的处理效率较高，但因难以表达空间数据及其属性数据的关系，使得它在数据的一致性维护、并发控制以及海量空间数据的存储管理等方面能力较弱。

（3）全关系型空间数据库管理模式。全关系型空间数据库管理模式采用关系数据库来统一存储和管理空间数据及其属性数据。这种管理模式中，关系数据库针对非结构化的数据提供了二进制存储字段，将空间数据分成小的数据块作为一条记录存放到数据库中。这种方式数据集中控制，冗余度小，独立性强，并发控制容易实现，数据库易恢复，数据安全性和完整性较好。但为了将空间数据放入到关系数据库中，需做大量复杂工作，这种管理模式虽然提高了数据的查询效率，但数据的存储效率却下降了。

（4）面向对象空间数据库管理模式。它允许用户定义对象和对象的数据结构，将对象的空间数据和非空间数据以及操作封装在一起，由对象数据库统一管理，并支持对象的嵌套、信息的继承和聚集，这是一种非常适合空间数据管理的方式，是GIS领域追求的目标。面向对象的GIS软件有System R、SmallWord等，但目前该技术尚不成熟，不支持SQL语言，查询优化较为困难，价格昂贵且许多技术问题仍需做进一步研究，使得向对象空间数据库管理模式在GIS领域还没有通用。

（5）扩展关系数据库的数据库管理模式。这种方式将空间数据和属性数据都存储于关系型数据库中，通过在关系型数据库之上建立一层空间数据库功能扩展模块（通常被称为空间数据引擎）来实现对空间数据的组织管理。如ESRI公司的ArcSDE，MapInfo公司的Spatial Ware和超图公司的Super Map SDX＋等，其本身并不直接支持对空间对象的操作和管理，而是利用高效的空间数据引擎来组织空间数据在关系型数据库中的存储、管理和调用，是国内外许多经典GIS领域所采用的一种技术体系。

（6）对象—关系数据库管理模式。它综合了关系数据库和面向对象数据库的优点，能够直接支持复杂对象的存储和管理。GIS软件直接在对象关系数据库中定义空间数据类型、空间操作、空间索引等，可方便地完成空间数据管理的多用户并发、安全、一致性完整性、事务管理、数据库恢复、空间数据无缝管理等操作，如Oracle公司的Oracle Spatial和IBM公司的DB2 Spatial Extender等，是当前GIS空间数据库管理的主流方式。

就目前而言，GIS空间数据库的建设还不能完全脱离关系型数据库，在较长时间内，“关系型数据库＋空间数据引擎”的扩展关系数据库管理模式和对象—关系数据库管理模式会是空间数据库建设最主要的模式。

3 空间数据库在土地确权中的应用

土地确权是为了摸清全国现有的土地空间位置、地块四至、承包信息等基础数据而进行的一项全国性的确权工作。该工作的流程规范依照农业农村部发布的调查规程实施，数据库的建设要求按照数据库规范进行，根据已有的资料，如土地权属证明材料、承包合同、外业调查底图等，完成土地确权数据库的建设内容，建设成一个图形位置明确、四至清晰、承包面积准确、相关权属数据正确的数据库，达到以图管地，依属性可以查找地块位置的图形权属一体的土地承包经营权数据库。

3.1 研究区域及主要工作流程

本文以枣阳市为研究区域，采用吉奥农村土地承包经营权管理系统（以下简称吉奥）软件，通过枣阳市的土地确权工作，理清确权工作中数据的存储方式，发现工作中的问题，总结经验教训并提出相应的对策。主要工作流程如下：

（1）收集资料及入户调查。结合农村土地承包合同和“农村集体土地所有权确权登记发证”等资料，以现有土地承包合同、经营权证为依据，查清发包方、承包方的名称，发包方负责人和承包方代表的姓名、地址、承包方土地承包经营权权属等信息；以高分辨率卫星或航空影像为工作底图，采用图解法和实测法相结合的方式，查清承包地块的名称、面积、四至、空间位置和土地用途等信息并绘制地块分布图。这一步是农村土地承包经营权数据库的数据来源。

（2）审核公示。根据上一步中的调查结果制作成调查信息公示表，公示表涵盖承包方名称、承包地块编码、合同面积、实测面积和四至等信息。发包方对公示表和地块分布示意图进行审核，村委将其在公示公告上进行不少于 7 个工作日的公示。公示后对于现有结果有质疑的情况，发包方、调查员和确权工作组及时核实、修正，并再次张榜公示，无异议后以村民小组为单位制作本村民组签章图和归户表，承包方代表、发包方负责人以及村委会逐级签字确认确权调查结果，进一步完善待入库的地块信息和属性信息。

（3）平台建设、检查验收及确权成果的输出。采用吉奥农村土地承包经营权管理系统（以下简称吉奥），依据农业农村部规范，建成集影像、图形、权属为一体的枣阳市农村土地承包管理信息数据库，根据农业农村部下发的质检软件完善数据库，进行数据库的检查和验收，同时通过吉奥软件，输出相应的资料成果，如农村土地承包经营权登记簿、经营权证及附图等，之后将相应的成果进行下发和归档。见图 1、图 2。

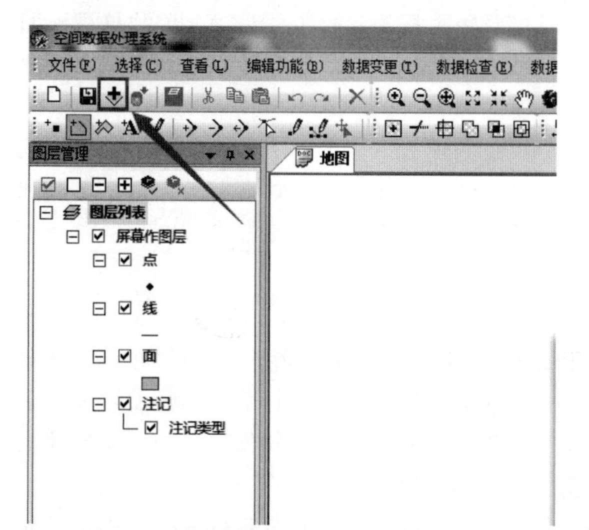

图 1　吉奥软件空间数据处理系统图

图 2　吉奥软件数据库管理系统图

3.2　空间数据库在研究区域中的应用

农村土地承包经营权确权数据主要包括地块的地理空间数据和地块的属性数据、农户的信息数据。其中，地块属性数据和农户信息的数据属于非空间数据，确权数据具有海量性、复杂性与特殊性的特点，在土地确权系统中，空间数据库的使用就是将复杂的地块空间数据和属性数据关联在一起，并建立一个灵活的地理空间数据库进行有效地管理和操作。

枣阳市土地确权项目中，采用了吉奥软件进行建库。系统采用了目前使用较为广泛的扩展关系数据库的数据库管理模式，使用 PostgreSQL 数据库进行存储，运用 ArcGIS 的空间数据引擎 ArcSDE，实现对空间数据库的存储和管理。PostgreSQL 数据库作为目前最先进的开源关系数据库系统，几乎支持所有类型的数据库客户端接口，并且可以获得非常广阔范围的开发语言绑定，包括 C、C＋＋、Java、Python 等；稳定性较高；能满足多进程并发操作，在复杂的 SQL 的执行、存储过程、触发器、索引等方面都具有显著优势。同时 ArcSDE 采用的是 C/S 体系结构，这就满足了多个用户可以同时并发的操作和访问同一数据库，实现从图像到属性或者是属性到图形的查询。对土地确权这种需要多个用户，同时对海量数据进行管理操作的项目来说，PostgreSQL 数据库＋ArcSDE 是具有显著优势的一种数据库管理模式的选择，在数据入库中可以多个客户端同时入库，提高了数据库建设的效率。

4 空间数据库在土地确权中的问题及解决办法

土地确权项目中应用的为扩展关系数据库的管理模式，如前所述，这种模式作为当前空间数据库建设的主流模式之一，能够基本满足土地确权项目中对海量数据的存储及管理。但由于关系数据库本身的特点，这种数据库管理模式对数据一致性的要求极高，且对大量数据的写入处理及变更效率较低。对从基层收集数据的确权工作来说，因数据谬误而进行的反复修改和入库工作，制约了整个空间数据库的建设进度，也就是说入库前确权数据准确性的高低成了影响确权工作效率至关重要的因素。

在对不同模式空间数据库的优缺点有充分了解的前提下，实际工作中，为了减少因数据反复修改导致的效率低下问题，需要在确权数据统一入库之前，对所有数据进行更加细致多样化的检查和处理，可以极大减少入库的重复无效工作，大大提高确权工作的效率。

4.1 空间数据方面

在前期入户调查阶段，吉奥提供了基于 AutoCAD 二次开发的相应采编软件，能够对村一级的地块数据进行重叠、重点、回头线等拓扑关系的检查，但随着数据量的增加，镇与镇之间、标段与标段之间的重叠检查等就无法实现，而由于建库软件接口的限制性及安装操作的不便，这个问题在数据库建设中就显得尤为突出。

为此，我们采用了 ArcGIS 作为辅助软件，利用 Toolbox 提供的多种空间分析工具如 Intersect 等，在前期调查阶段和后期入库阶段，随时对确权中的空间数据进行拓扑检查，保证实际项目中确权数据的高质量，对确权项目高效高质推进起到了积极的作用。

4.2 属性数据方面

家庭成员姓名、性别、身份证号、与户主关系等主要农户信息的收集，一部分来源于农户自身上报，一部分来源于当地公安部门的资料收集，农户上报部分经常出现身份证号码的错误，而当地公安部门的身份证信息虽然准确，却因外嫁女等情况，容易造成承包方共有人的重复。这两方面的错漏因其高发及数据的海量，成为确权工作中耗费大量时间成本和人力成本的重点问题。

为此，在前期调查阶段，主要通过编写 Excel 表中的公式来进行村级农户信息表的检查。主要函数及功能如下：

（1）身份证号码检查公式：=IF(LEN(AA2)=18,IF(RIGHT(AA2,1)=MID("10X98765432",MOD(SUMPRODUCT(MID(AA2,ROW($A$1:$A$17),1)*{7;9;10;5;8;4;2;1;6;3;7;9;10;5;8;4;2}),11)+1,1),"正确","身份证号码错误"),"位数不对")。通过该公式可以实现身份证号码正确性检查，在单独一列输出正确、身份证号码错误和位数不对的，可以在前期调查阶段收集农户身份证信息时，及时查出错误并作出修正，有效提高初始调查阶段身份证号码的正确率。

（2）性别检查公式：=IF（MOD（MID（AA2，17，1），2）=1，"男"，"女"）。通过该公式可以通过身份证号码特征批量生成性别，有效提高农户信息表填写速度。并且可以通过性别核对与户主关系一列的正确性。

（3）重复检查公式：=IF(MATCH(AA2,$AA$2:$AA$2985,)=ROW()-1,"","重复")。通过该公式可以有效筛选农户信息表中的信息重复农户，解决因嫁入嫁出以及新旧户口簿未能合理区分造成的不合理分户等原因出现的重复农户及共有人的错误。

以上公式基本可以保证前期调查阶段，村级农户身份证信息的准确性。但当信息量增至上万，成为镇一级时，Excel 本身的特性决定了函数运行速率极慢，对工作十分不利。此时我们可以利用 Excel 中的宏功能汇总承包方信息表，并将其导入 Access 数据库中，再在其中创建查询窗体，可以更加高效快速的查出承包方信息中的身份证重复项，见图 3。

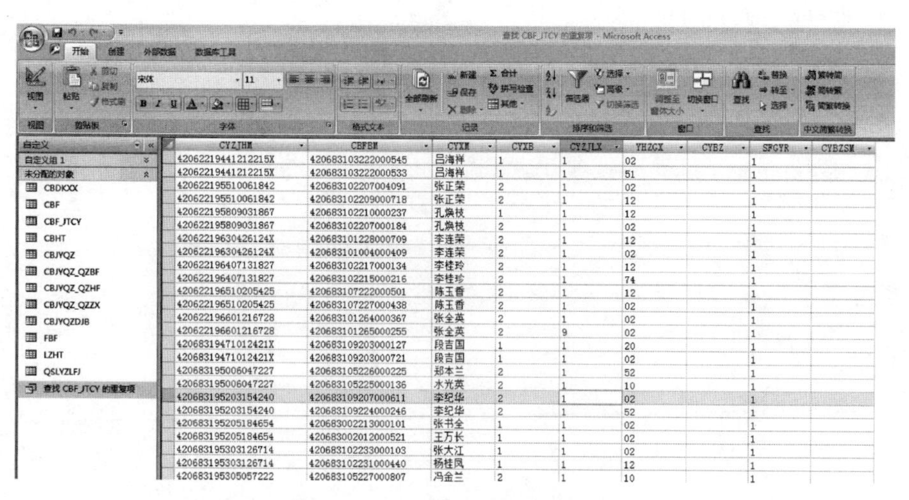

CYZJHM	CBFBM	CYXM	CYXB	CYZJLX	YHZGX	CYBZ	SFGYR	CYBZSM
42062219441212215X	420683103222000545	吕海祥	1	1	02		1	
42062219441212215X	420683103222000533	吕海祥	1	1	51		1	
420622195510061842	420683102207004091	张正荣	2	1	02		1	
420622195510061842	420683102209000718	张正荣	2	1	12		1	
420622195809031867	420683102210000237	孔焕枝	1	1	12		1	
420622195809031867	420683102207000184	孔焕枝	2	1	02		1	
42062219630426124X	420683101228000709	李连荣	2	1	12		1	
42062219630426124X	420683101004000409	李连荣	2	1	02		1	
420622196407131827	420683102217000134	李桂玲	2	1	12		1	
420622196407131827	420683102215000216	李桂珍	2	1	74		1	
420622196510205425	420683107222000501	陈玉香	2	1	12		1	
420622196510205425	420683107227000438	陈玉香	2	1	02		1	
420622196601216728	420683101264000367	张全英	2	1	02		1	
420622196601216728	420683101265000255	张全英	2	9	02		1	
42068319471012421X	420683109203000127	段吉国	1	1	20		1	
42068319471012421X	420683109203000721	段吉国	1	1	02		1	
420683195006047227	420683105226000225	郑本兰	2	1	52		1	
420683195006047227	420683105225000136	水光英	2	1	10		1	
420683195203154240	420683109207000611	李纪华	2	1	02		1	
420683195203154240	420683109224000246	李纪华	2	1	52		1	
420683195205184654	420683002213000101	张书全	1	1	02		1	
420683195205184654	420683002012000521	王万长	1	1	02		1	
420683195303126714	420683102233000103	张大江	1	1	02		1	
420683195303126714	420683102231000440	杨桂凤	1	1	12		1	
420683195305057222	420683105227000807	冯金兰	2	1	10		1	

图 3　Access 查询身份证重复项图

5 结语

综上所述，本文对空间数据库的数据管理模式及发展进行了研究，结合吉奥软件分析了其在农村土地确权数据库建设中的实现方式及优缺点，总结了实际确权工作中遇到的重点问题，并给出了相应的解决办法。相信通过对空间数据库管理方式及其应用的研究，在未来可以在更多领域进行系统的开发和完善，使得数据库应用范围更广，效率更高。

参考文献

[1] 黄彩肖. 地理空间数据库建库的若干关键技术研究 [J]. 地质·勘察·测绘，2018 (6)：211-212.
[2] 杨坤鹏. 基于 ArcSDE 的空间数据库技术研究与工程实现 [D]. 上海：同济大学，2008.
[2] 孙永. 专题军事地理数据库引擎的研究与实践 [D]. 郑州：解放军信息工程大学，2005.
[4] 苏旭芳. 基于 ArcSDE 的北部湾经济区空间数据库设计与实现 [D]. 南宁：广西师范大学，2012.
[5] 伍建红. 农村土地确权数据质量检查方法研究 [D]. 长沙：长沙理工大学，2017.

湖北省水利水电工程岩体力学参数经验取值与数据库查询系统研究

陈汉宝 彭义峰

［摘要］ 以湖北省水利水电工程岩体力学参数经验取值研究科研课题成果数据为基础，介绍水利水电工程岩体力学参数数据库建立的基本方法及关键代码。采用湖北省地区通用的地基承载力、压缩模量数据及水利工程设计常用地质参数等大量岩土参数数据，开发了“岩土参数经验取值系统”。该软件具有界面友好、操作性简单的优点，适合推广。

［关键词］ 水利水电工程；岩体力学；数据库

1 引言

岩体力学参数取值是水利水电工程勘察设计的关键问题之一，关系到工程的安全和造价。随着计算机的发展计算精度越来越高，但是如何进行参数的合理取值成为计算和稳定分析的“瓶颈”问题，而利用已建工程的成功经验，采用类比法选择合适的参数是一种有效的方法。多年来我院在湖北省水利水电工程勘测设计中做了大量的岩体物理力学试验，积累了丰富的资料和实践经验。我们挑选部分典型工程编写了实例，对试验参数和地质建议值进行汇总整理、分析评价，开发了数据库查询系统，提高了参数可靠性，便于实际运用。

2 主要内容

总结了国内外岩体力学参数取值的主要方法，在研究了水利水电工程地质勘察有关规程规范和各种取值方法特点的基础上，综合运用试验法、经验类比法、各种分类法和经验公式法，提出了水利水电工程岩石力学参数经验取值的综合方法和流程图。

收集了历年来湖北省内水利水电工程岩体力学试验成果、地质勘察报告、设计报告、稳定分析专题报告、工程竣工报告等，开展了工程实例研究，编写 27 个工程实例。统计 47 个工程项目的岩体力学参数，按岩体分类提出了地质建议值表。对岩体力学的地质建议值进行汇总分析，包括地层、岩性、岩石风化等定性特征和岩石抗压强度、软化系数、弹模（变模）、抗剪强度、声波等定量特征值。实例中大部分工程开展了现场岩体抗剪试验，形成了专题研究报告成果，可信度较高。汇总时部分地质建议值以岩石试验成果为基础，结合地质条件并参考设计采用值进行了调整。

软岩的岩体力学参数取值是勘察设计的难点之一。收集了大量水利水电工程岩体力学试验成果，重点对坝基岩体分类与湖北省水利水电工程坝基软岩抗剪强度经验值进行了研究。在软岩地区建混凝土坝，由于岩性软弱，构造发育、岩体强度较低，工程安全裕度小，岩体力学参数取值对工程安全和经济性影响大，甚至影响方案的成立。软岩地基建混凝土坝的力学问题较复杂，研究难度大，参数取值既不能太保守更不能太冒险。我们研究了坝基岩体分类的影响因素、软岩的特殊性与抗剪强度参数取值的关系，并参考规范的经验值表进行适当调整，初步提出了湖北的水利水电工程坝基岩体分类与软岩抗剪强度经验值。

开发了湖北省水利水电工程岩体力学参数数据库及查询系统：汇总了水利工程设计常用地质参数等大量岩（土）参数数据，整理了 47 个工程的成果数据，涵盖了湖北省沉积岩类、变质岩类、岩浆岩类的岩体力学参数。从地层年代上看，则包含前震旦系、震旦系、寒武系、奥陶系、志留系、泥盆系、二叠系、三叠系、侏罗系、白垩系的地层；各类数据 5000 余组。所有表格为 Excel 格式文件。

通过分类整理成各类数据表格，然后用 Access 建立数据库，在此数据库的基础上，利用线性插值算法，采用易学的 VB 编程语言，从而成功开发了“岩土参数经验取值系统”。该软件具有界面友好、操作性简单的优点，同时又是实用性很强的一款专业软件。

3 主要科技创新及成果如下

（1）首次提出了湖北省水利水电工程岩体力学地质建议值表。

（2）开发了湖北省水利水电工程岩体力学参数数据库及查询系统。

（3）在国家级杂志发表论文 3 篇，申报软件著作权一项、硕士学位论文一篇。

4 示范推广、经济效益与社会效益

本系统除了在我单位应用外还在部分省内设计院进行推广使用，主要用在以下 3 个方面：

（1）在水利水电工程勘察设计前期勘察（规划、项目建议书）阶段，尤其是中小型水利水电工程可以通过本系统快速提出合理的岩体力学参数地质建议值，极大缩短勘测设计周期，提高工作效率。另外在中小型水利水电工程勘察过程中，参考本系统数据，可以针对性开展力学实验，能够节约部分工程量。

（2）在实际工作中可以运用综合取值法的思路策划工程地质勘察、试验工作，在符合规范的前提下，利用数据库和查询系统提供的资料方便、快捷的查询工程实例和岩体力学参数经验值，类比提出地质建议值。

（3）校、核、审人员也可以把工程项目的参数和数据库中类似项目参数进行对比分析，从而判断项目参数合理性。

总之，在中、小型水利水电工程设计中应用本项目研究成果，具有明显的经济效益和社会效益。

碾盘山水利水电枢纽工程浸没问题研究

张著彬　范玉龙　熊友平　向雄

［摘要］　碾盘山水利水电枢纽工程为宽浅河槽型水库，水库沿河两岸主要为汉江Ⅰ阶地，90%库岸为汉江干堤，部分堤内及堤外防护区地面高程低于正常蓄水位，水库蓄水后将产生浸没问题，因此，对水库浸没问题进行专题研究是十分必要的。本文采用解析法和地下水数字模拟法相结合的研究方法，对水库可能产生浸没的地段进行了综合判定，为水库防护工程设计提供了可靠的地质依据。

［关键词］　碾盘山；水库浸没；数字法；解析法；研究

1　工程概况

湖北省碾盘山水利水电枢纽工程位于湖北省荆门市的钟祥市境内，为二等大（2）型工程，本工程建筑物包括左岸副坝、左岸连接土坝、泄水闸、右岸混凝土连接坝、电站厂房、船闸和右岸重力坝等。水库正常蓄水位 50.72m，最大坝高 35.22m，库容 8.77 亿 m^3，装机 180MW，年平均发电量 6.16 亿 kW·h。本工程开发任务以发电、航运为主，兼顾灌溉、供水。

2　工程地质

2.1　基本地质条件

碾盘山水库位于汉江中下游河段，地处湖北中部的江汉平原北端，属平原宽浅河道型水库，汉江流向由北向南。水库正常蓄水位 50.72m。库区范围南北长由库尾宜城市流水镇的黄湾村至沿山头坝址约 50km。水库地貌主要为汉江两岸的一、二级阶地及后缘的低丘、岗地，沿江心滩、边滩发育。一级阶地的台面高程 45～52m，阶面宽 1～12km，阶地的前缘多形成 5～7m 的陡坎，外围为岗地和低丘环绕。

库区出露的地层主要有晋宁期花岗岩，白垩系（K）泥质粉砂岩、泥岩、粉砂岩、砾岩等，新近纪（N）泥灰岩及第四系全新统和上更新统冲积堆积层。

库区位于扬子准地台的三级构造单元汉江地堑中，库区约 10%为岩质岸坡，水库区不存在大的活动断裂，至今也没有发生强震的历史记录，库区构造稳定性较好。库区覆盖层厚度位于 15～50m，根据工程经验场地覆盖层等效剪切波速介于 150～250m/s 之间。据 1：

400万《中国地震动参数区划图》（GB 18306—2015），场地类别为Ⅱ类，区内基本地震动峰值加速度为0.05g，基本地震动反应谱特征周期为0.35s，相应的地震基本烈度为Ⅵ度。

2.2 水文地质条件

（1）地下水类型。库区地下水主要为第四系松散堆积层孔隙潜水和基岩裂隙水。孔隙潜水主要赋存于河床、漫滩、一级阶地部位的冲洪积砂土、砂砾石层中，地下水位埋深3～6m，受大气降水补给，向汉江排泄。基岩裂隙水主要分布于低山丘陵区，储存、运移于基岩裂隙中，一般在山脚、坡脚处溢出，部分直接补给第四系松散堆积层孔隙水，排泄于汉江。

（2）水文地质参数。为了获得可靠的岩土体水文地质参数，在水库可能产生浸没典型区域，采取现场和室内试验相结合的方法，进行了室内渗透试验、现场下渗试验、抽水试验、试坑注水试验、土的毛细管上升高度试验等。本次研究选取联合、潞市、南泉、丰山咀上、下等主要防护区进行砂砾石抽水试验5次、壤土和砂壤土下渗试验20余次、试坑注水试验50余次，土的毛细管上升高度试验百余次、岩体压水试验近千段，为浸没分析和研究提供翔实的水文地质参数。

3 研究目的、任务、方法和技术路线

3.1 研究目的、任务和方法

湖北碾盘山水利水电枢纽工程水库浸没研究由我院与中国地质大学（武汉）合作完成，其中中国地质大学（武汉）承担水库地下水数字模拟任务。本研究采取解析法和数字模拟相结合的方法，对水库可能产生浸没的地带进行分析和评价。解析法主要根据《水利水电工程地质勘察规范》（GB 50487—2008）附录D浸没评价的相关要求进行。数字模拟法选用基于有限单元法的FEFLOW软件，是由德国水资源规划与系统研究所（WASY）开发的地下水流动及溶质迁移模拟软件系统，采用有限元剖分，并携带有模拟地下水流每一个阶段所需的工具，如边界概化、建模、后处理、调参、可视化等。

碾盘山水库浸没研究目的、任务和方法如下：

（1）根据水库可能产生的浸没地带，采取地质勘察、水文地质试验及观测等方法，并结合室内土工试验等成果，分析不同地质结构下的水文地质条件，建立不同浸没区的水文地质概念模型，分析天然状况、水库正常蓄水位条件下地下水位的分布情况、影响范围及严重程度。

（2）根据浸没区基本地质水文地质条件认识，结合地下水数值模拟需要，编写水文地质勘察试验工作方案和技术要求，指导水文地质勘察和地下水动态监测工作，为浸没区模拟预测提供必要的水文地质参数，为模型参数识别和校正提供基础性数据资料。

（3）根据地质勘察成果，结合水文地质调查成果及试验数据，对可能的浸没区范围进行分析与判断。

(4) 分区建立浸没可能影响范围内的地下水流的三维数值模型，并进行参数识别和模型校正，模拟分析多种蓄水条件下的地下水流场分布特征。

(5) 预测的水库蓄水后的地下水流场特征，对主要浸没危害的类型、范围及程度进行分析，并根据评价结果确定相应的防治措施，并通过数值模拟预测浸没地带采取合适的工程措施防治或减少浸没影响，减少其建成后可能带来的负面影响，最大程度上发挥水库的正面效益。

(6) 丰富水库浸没研究内容，梳理水库浸没研究方法，为以后类似的水利水电工程可能出现的浸没问题研究提供依据和参考。

3.2 技术线路

(1) 搜集和整理分析研究区地质、水文、水文地质、气象、水资源开发利用等方面的资料；按照地下水数值模拟模型软件所要求的格式整理出标准的模型输入数据。

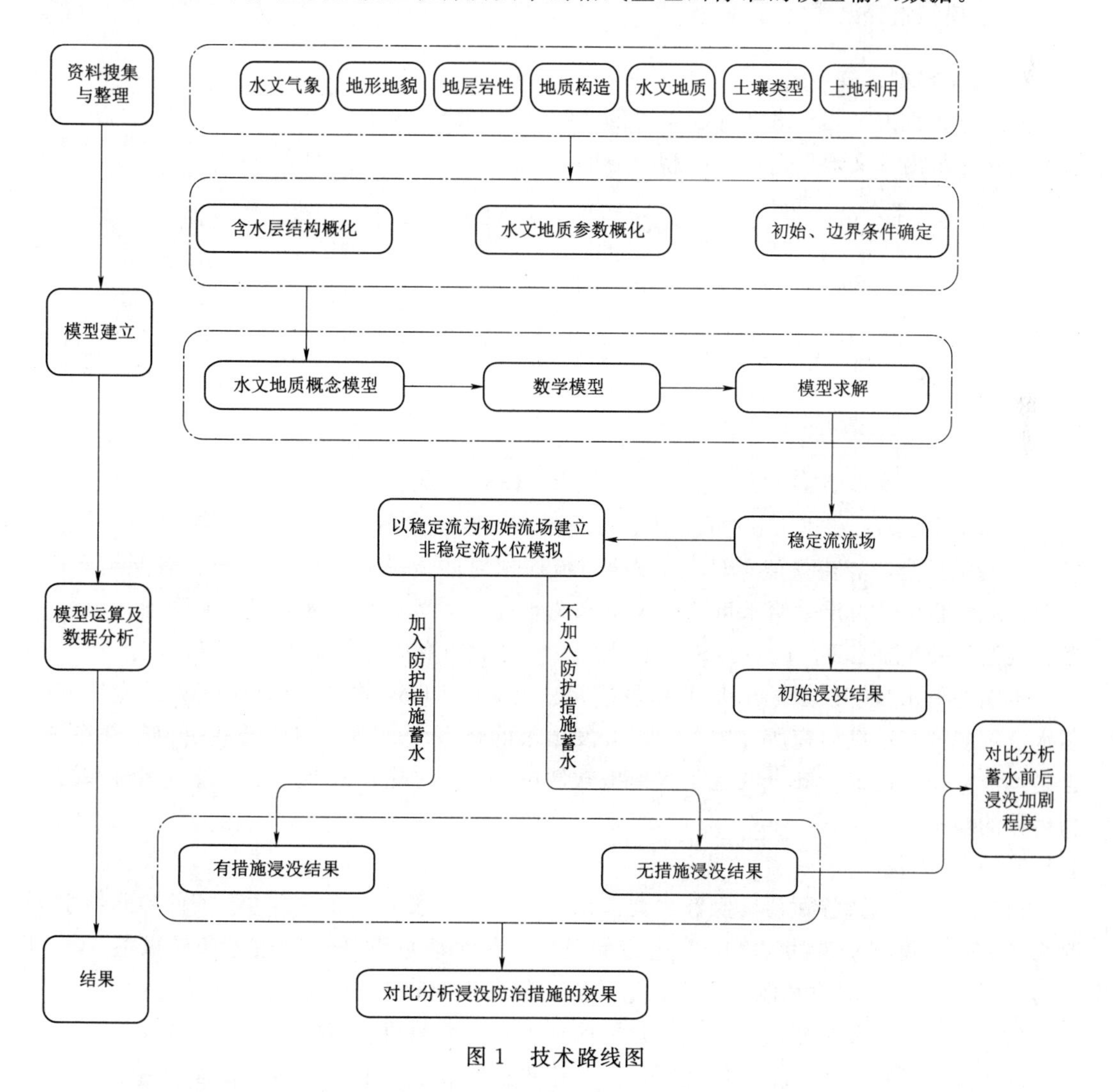

图1 技术路线图

(2) 运用地下水系统的观点，对研究区水文、水文地质条件进行分析和总结，确定研究区地下含水层地质结构、边界条件和参数初值，建立水文地质概念模型。

(3) 采用地下水模拟软件 FEFLOW 建立研究区地下水流数值模拟模型，并通过拟合浸没区钻孔水位及水均衡来确定水文地质参数，得到浸没区地下水稳定流流场。

(4) 模拟浸没区天然条件下、蓄水情况下以及采取防治工程措施后地下水流场的状态。

(5) 对比模拟结果，分析评价相对最适宜的防治措施。

本次研究的技术路线见图 1。

4 数字模拟分析和研究

4.1 数字模型选择及求解方法

4.1.1 数字模型选择

通过对碾盘山工程区水文地质条件的系统分析，依据地下水渗流连续性方程和达西定律，建立与区内水文地质概念模型相对应的三维非稳定流数学模型为

$$
\begin{cases}
\dfrac{\partial}{\partial x}\left(K_i\dfrac{\partial H_i}{\partial x}\right)+\dfrac{\partial}{\partial y}\left(K_i\dfrac{\partial H_i}{\partial y}\right)+\dfrac{\partial}{\partial z}\left(K_i\dfrac{\partial H_i}{\partial z}\right)+\varepsilon=\dfrac{\mu_i}{M_i}\dfrac{\partial H_i}{\partial t} \\
\text{一类边界}: H_i=H_1(x,y,z,t) \\
\text{二类边界}: K_iM_i\dfrac{\partial H_i}{\partial n}=q_i(x,y,z,t) \\
\text{底边界}: \dfrac{\partial H}{\partial n}=0 \\
\text{初始条件}: H_i(x,y,z,0)=H_{i0}(x,y,z)
\end{cases}
\tag{1}
$$

式中：H_i、M_i 为各层水头和厚度；K_i 为各层水平方向渗透系数；H_1 为第一类边界水头值；q_1 为第二类边界流量值；H_{i0} 为非稳定流模拟时的流场初始条件；μ_i 为各层给水度，当地下水为潜水时为重力给水度，当地下水为承压水时为弹性给水度；ε 为降雨入渗、蒸发、人工井采等源汇项；x、y、z、t 为空间坐标和时间变量；n 为边界外法线方向。

本次地下水数字模拟选用基于有限单元法的 FEFLOW 软件。FEFLOW 系统是由德国水资源规划与系统研究所（WASY）开发出来的地下水流动及溶质迁移模拟软件系统，也是迄今为止功能最为齐全的地下水模拟软件包之一，可用于复杂三维非稳定水流和污染物运移的模拟。

4.1.2 求解方法

(1) 数字模型边界赋值。汉江由北向南流，为给定水头的第一类边界条件，北部水头赋为 45.5m，南部水头赋为 39m，进行插值后对整个区域汉江进行边界条件赋值，平均水力梯度 0.17‰。周边其他边界设为第二类边界条件，软件默认赋为零通量边界。

(2) 水文地质参数赋值。根据已建立的地下水渗流数值模拟模型，采取“反演”法进行识别验证，即数学运算中的解逆问题。利用水头函数求解地下水均衡方程。由于水头函

数受均衡场内多个水文地质条件控制，因而它是一个多元函数，模型验证时需对研究区内各种水文地质参数进行调整，利用多个地下水观测点的资料，来反求水文地质参数。即在计算开始时给出参数初始值及其变化范围，用正演计算求解水头函数，计算完成后，将计算结果和实测曲线进行拟合比较，调整参数初值，通过反复多次的正演计算，使计算曲线与实测曲线符合拟合要求，即拟合误差小于规定值，从而得出能较全面、客观地表征研究区的实际的水文地质条件和特征的水文地质参数值。

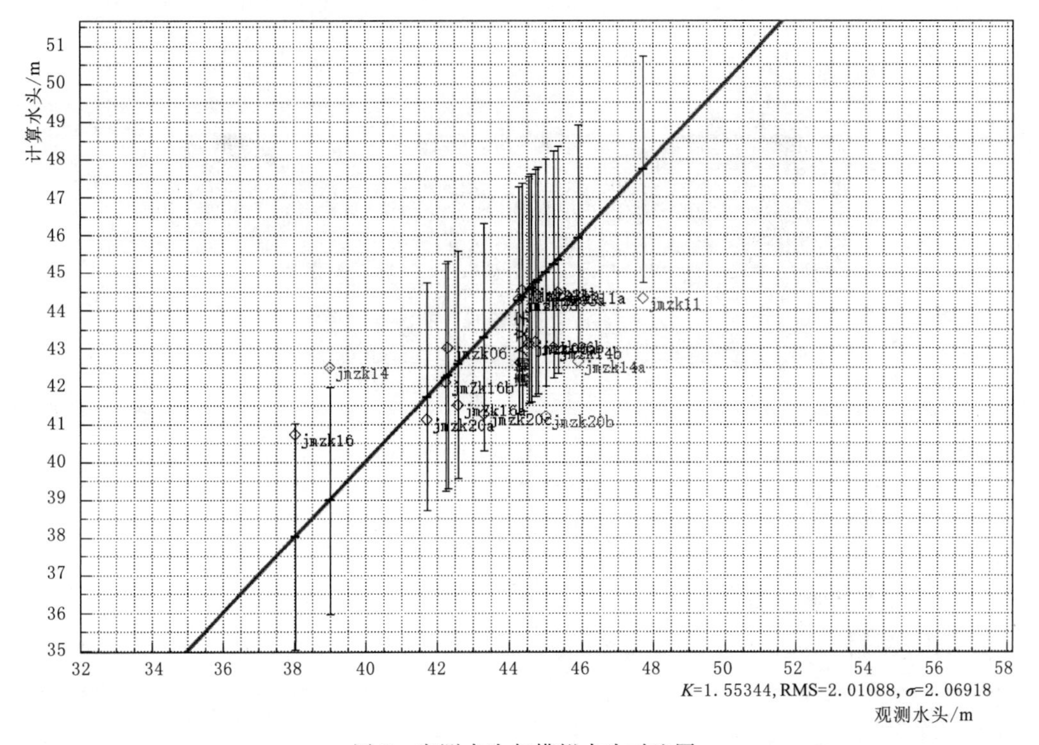

图 2　实测水头与模拟水头对比图

从以上各观测孔实测水头与计算水头的对比图中可以看出，两者误差多数小于 3m，最大为 3.72m，平均误差为 2.14m，均方差为 2.07，对于区域模型精度较好。水平方向为各向同向，X、Y 方向渗透系数取值相同，水流垂向上运动较微弱，Z 方向渗透系数取值为 X、Y 方向的 1/10。本报告中给出的渗透系数值均为 X 方向。

4.2　主要防护区浸没评价

根据水水库地形地貌特点，近坝水库段主要有为联合堤、中直堤等。尤其是联合堤内区域及联合堤外防护区，地面高程一般为 45.0～46.0m，较正常蓄水位（50.72m）低4～6m，是水库产生浸没主要区域，因此将联合堤内区域、联合堤外防护区和中直堤内区域作为主要防护区进行数字模拟，其结果如下：

4.2.1　模型边界赋值

汉江由西北流向东南，为给定水头的第一类边界条件，北部水头 42m，南部水头 39m，进行插值后对汉江水头进行赋值，平均水力梯度约 0.2‰，模型中。四周侧向边界分述如下：北部、西部第二类边界：FEFLOW 中对未处理边界默赋为零通量；东部第二类边界：为给定流量边界，侧向流量根据区域模型计算得出，取单位面积流量为 0.0016m/d；东部第一类边界：由中直河控制，为给定水头边界，上游为 39.5m，下游为 39m。

4.2.2 单元剖分

根据概念模型分层情况，该区平面上共剖分为 158710 个单元（见图 3）。

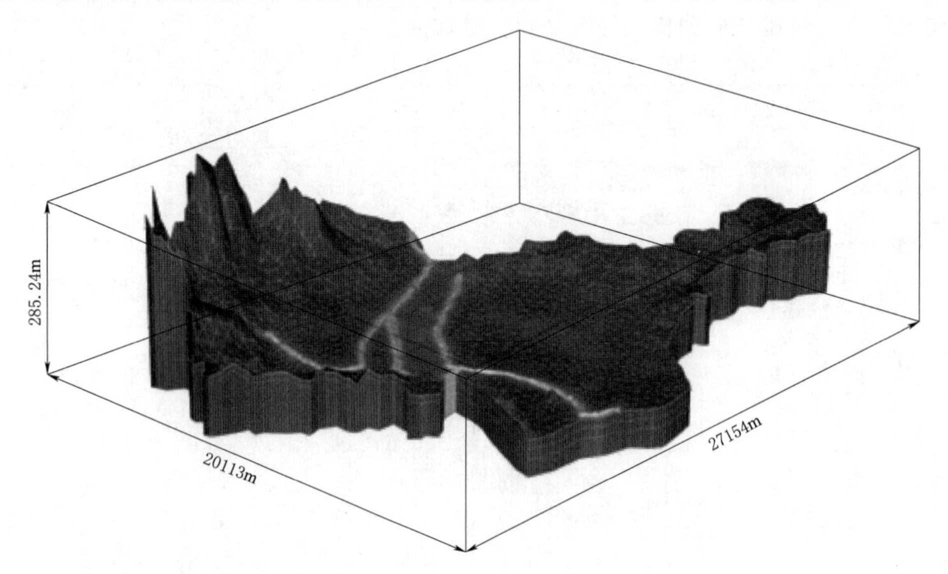

图 3 联合堤防护区模型剖分 3D 视图

4.2.3 水文地质参数赋值

观测孔实测水头与模拟水头对比见图 4。

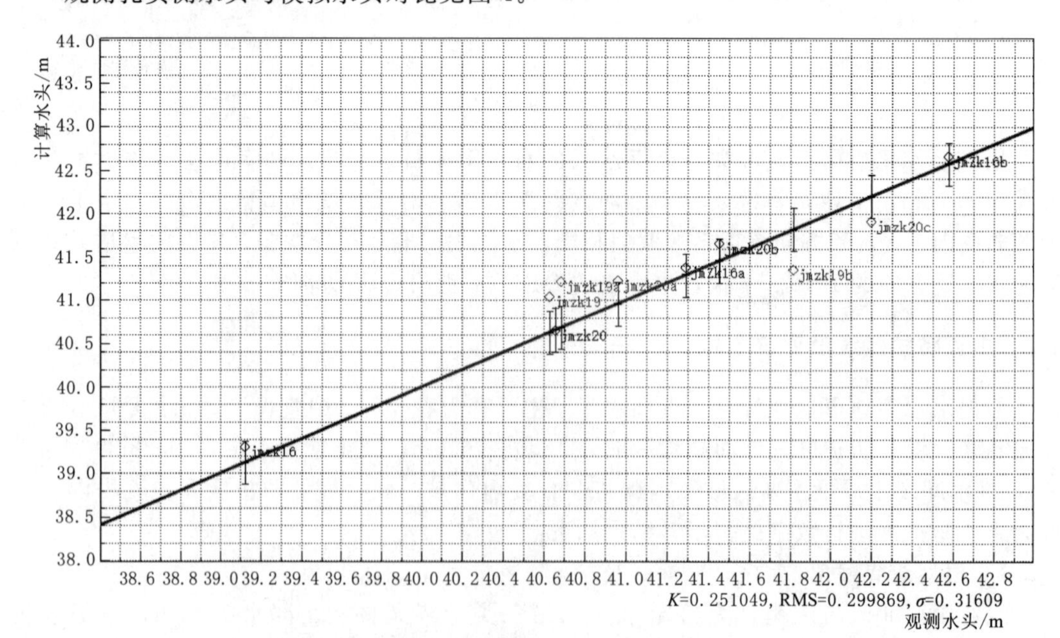

图 4 联合堤观测孔实测水头与模拟水头对比图

从以上各观测孔实测水头与计算水头的对比图中可以看出，两者误差多数小于0.250m，最大为0.524m，平均误差为0.097m，均方差为0.31，表明拟合程度较好。经过模型识别后得到的水文地质参数优化值及其初始值见表1。

表1　联合堤模拟参数优化值与初始值对比表

岩　性	厚度/m	反演前初始值 K/(m/d)		反演后优化值 K/(m/d)	
		联合堤	中直堤	联合堤	中直堤
砂壤土层	15	0.015	0.03	0.01	0.04
砂砾层	15	1.2	3.7	1.5	4
强风化基岩	5	0.1	0.1	0.08	0.08
弱风化基岩	27～250	0.0001	0.0001	0.0001	0.0001

4.2.4　模拟结果

为了进行天然条件下区内浸没灾害范围的宏观判断，寻求浸没的时空变化特征，作出天然条件下地下水位埋深图，以及正常蓄水位下浸没范围分布示意图。

比较两种情况的模拟结果可以发现：①天然条件下地下水埋深较深，本区埋深小于1.5m的地区面积约为2.66km^2，占本区总面积的1.06%，后文所述浸没面积都除去天然埋深较浅区域的面积。②在没有防护措施的情况下，到正常蓄水位且流场基本稳定后，严重浸没面积为8.28km^2，轻微浸没面积为7.55km^2。

4.3　数字模型对浸没防治措施效果分析与评价

数字模型中对联合防护区采用防渗墙加截渗沟的防治措施，在正常蓄水位条件下对各工程防治措施的实施效果进行了模拟，具体措施如下：

(1) 截渗沟，深、宽各1.5m，长度与防护堤一致，距堤内坡脚5m（见图5）。

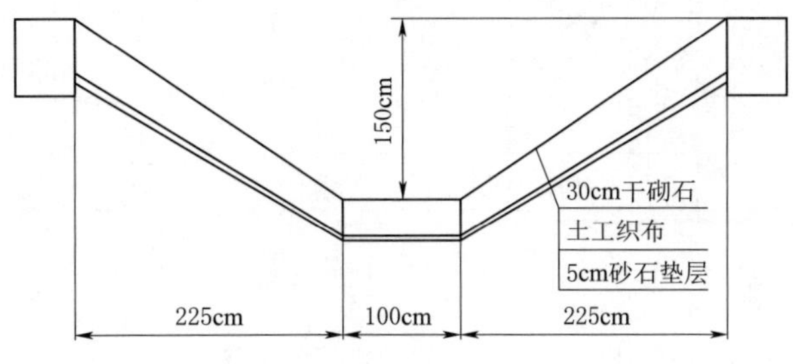

图5　截渗沟尺寸示意图

(2) 防渗墙厚度40cm，墙底伸入基岩0.5～1.0m。

联合防护区在采取防治措施后，数字模拟效果见图6。

采取防治措施后，严重浸没区面积为1.10km^2，轻微浸没区面积为1.95km^2，严重和轻微浸没区分别减小5.53km^2、3.19km^2，见表2。

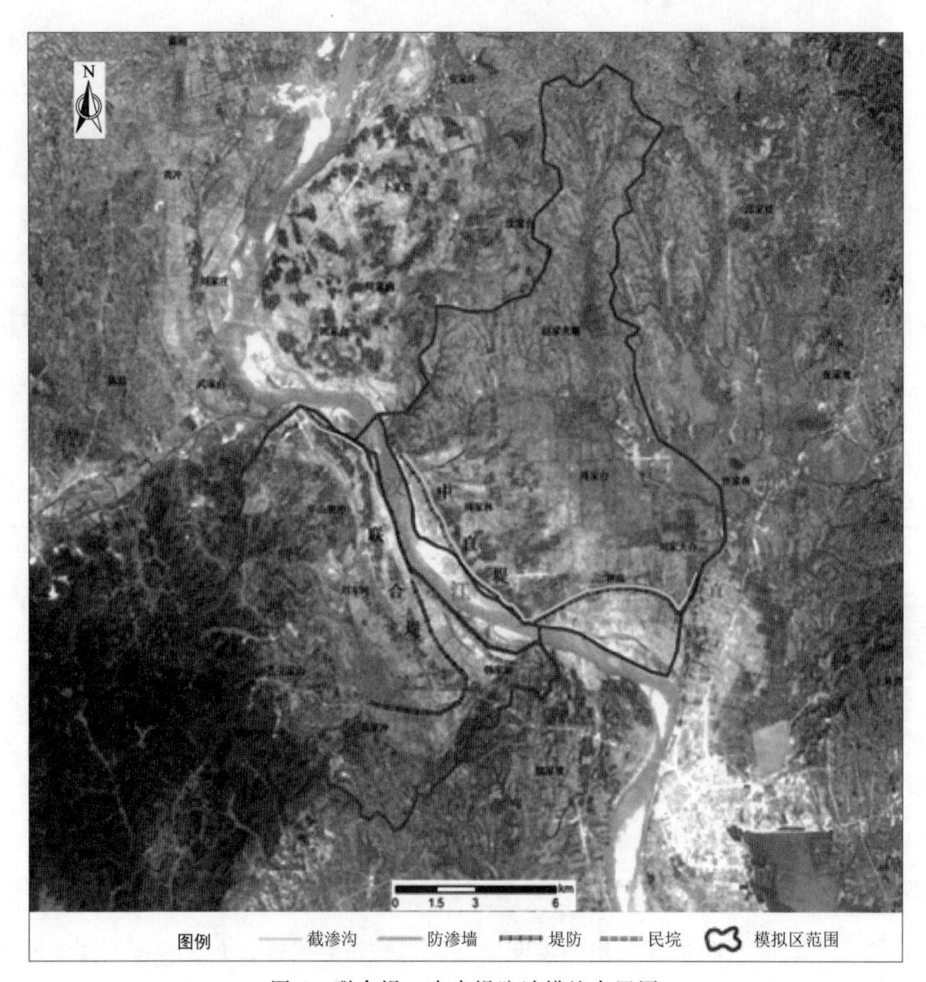

图 6 联合堤—中直堤防治措施布置图

表 2　　联合堤防护区浸没防治效果统计一览表

措　施	浸　没　程　度	
	严重浸没/km^2	轻微浸没/km^2
无措施	6.63	5.14
有措施	1.10	1.95

5 解析法分析和研究

5.1 水库发生浸没的机制及主要参数

5.1.1 地下水抬升高度

地下水起始水力坡度是土体抵御承压水抬升潜水地下水的程度指标，其计算公式为

$$T = H_0/(I_0+1) \tag{2}$$

式中：T 为初见水位距下伏含水层顶板距离（地下水抬升高度）；H_0 为由含水层顶板起算的下伏含水层测压水位高度；I_0 为起始水力坡度。

经有关工程研究，黏性土层中起始水力坡度 I_0 平均值 0.94，小值平均值 0.64。本次浸没判别实际运用根据初见水位、终孔水位计算值，参考其他工程，建议值采用黏土 0.65，壤土 0.50，砂壤土 0.30。

5.1.2 毛管水上升高度

水库蓄水黏性土层地下水抬升稳定后，地下水面会在上部饱气带黏土颗粒吸附力作用下进一步抬升，这个再次上升高度即为毛管（细）水上升高度。

毛管水上升高度采取现场土工试验进行确定，确定的方法就是对地下水以上土体进行分层取样，进行土体饱和度测定，土体饱和度在 80%以上时，均认为是毛管水上升区域；稳定的地下水面以上至土体 80%饱和度上限，均为毛管水饱和带，这个高度即为毛管水上升高度。为了查明不同土层的毛管水上升高度，在水文地质钻探过程中，利用钻探取芯法测定土体的含水量、孔隙比、相对密度等物理指标，进而计算土体的饱和度，测量钻孔内稳定的地下水位；水文地质测绘过程中选取典型河流或池塘的岸坡，采用测定计测不同土体的含水量，利用河流或池塘的水面与土的 80%饱和度上限的高差，得出不同土体的毛管水上升高度。

采取以上方法，获得壤土毛管水上升高度 0.84～0.90m，黏土毛管水上升高度 0.97～1.10m。结合相关工程研究成果，壤土和黏土毛管水上升高度统一取值 1.0m。对于砂性土浅埋或表露的区域，现场测定的毛细水上升高度：粉细砂 0.45m，中粗砂 0.23m，砂砾石 0.15m，统一取 0.5m。

5.2 水库发生浸没的判别标准

根据《水利水电工程地质勘察规范》，水库浸没区的判别应根据当地浸没的临界值与潜水回水埋深之间的关系确定，当预测的潜水回水位埋深小于浸没的临界地下水埋深时，该区为浸没区。

5.2.1 临界地下水位埋深的确定

根据测区的水文地质条件，按下式确定地表土体产生浸没的临界地下水埋深（H_{cr}）。

$$H_{cr} = H_k + \Delta H$$

式中：H_k为土层毛管水上升高度，m；ΔH 为安全超高值，主要指根系厚度或建筑物基础埋深，m。

根据堤内土壤、种植结构和房屋地基埋深，经过简单试验，借鉴相关工程研究成果，本次碾盘山水库浸没判别地下水临界深度（黏性土层中毛管水上升高度为 1m，砂性土为 0.5m；农作物根系生长深度 0.5m）。

5.2.2 浸没具体判别方法和原则

（1）对于砂性土单含水层地基，采用渗漏型浸没判别方法。当堤内地面高程低于预测地下水位＋1.0m 时，即可发生浸没；当堤内地面高程等于预测地下水位＋0.5～1.0m 以内时，即可发生轻微浸没；当堤内地面高程低于预测地下水位＋0.5m 或预测地下水位接近地表时，即可发生严重浸没。

严重浸没临界地面高程：$H_{地}=H_0+0.5$ (3)

轻微浸没临界地面高程：$H_{地}=H_0+1.0$ (4)

式中：H_0 为正常蓄水位；$H_{地}$ 为地面高程。

(2) 对于二元地层结构堤基，要考虑到黏性土层对下部承压水水头的折减影响。黏性土层地下水壅高采用以下公式确定：

$$T=H_0/(I_0+1) \tag{5}$$

黏性土层浸没临界地下水埋深采用以下公式确定：

$$H_{cr}=H_k+\Delta H \tag{6}$$

本次碾盘山水库浸没判别，在以上原理及公式基础上，考虑到影响浸没范围和程度的主要因素为：地面高程、土层厚度及作用水头。提出地面高程等于承压含水层顶板高程 $H_{顶}$＋含水带厚度 T＋黏性土层浸没临界地下水埋深即为浸没临界地面高程，即当库水位高于堤内地表，堤内不发生浸没的最低地面高程。当堤内地面高程低于严重浸没对应的临界地面高程时即产生严重浸没。

具体计算公式为

严重浸没临界地面高程：$H_{地}=0.5+(H_0-H_{顶})/(I_0+1)+H_{顶}$ (7)

轻微浸没临界地面高程：$H_{地}=1.5+(H_0-H_{顶})/(I_0+1)+H_{顶}$ (8)

式中：H_0 为正常蓄水位；$H_{地}$ 为地面高程；$H_{顶}$ 为承压含水层顶板高程；I_0 为起始水力坡度。

(3) 表层为砂壤土含水层，按潜水地下水位＋临界埋深与地面高程对比判别，计算公式为

严重浸没临界地面高程：$H_{地}=H_0+0.5$ (9)

轻微浸没临界地面高程：$H_{地}=H_0+1.5$ (10)

5.2.3 浸没划分标准

本次水库浸没区划分为非浸没区、轻微浸没区及严重浸没区，其中非浸没区为地面高程高于临界地面高程。对于二元结构堤基，轻微浸没区为上部黏性土层地面高程低于临界地面高程 0.0～1.0m 范围区，严重浸没区为上部黏性土层地面高程低于临界地面高程 1.0m 以上范围区；砂性土堤基轻微浸没区为地面高程低于临界地面高程 0.0～0.5m 范围区，严重浸没区为地面高程低于临界地面高程 0.5m 以上范围区。

5.3 主要防护区浸没评价

根据水库发生浸没判别标准，将联合堤作为主要防护区进行浸没评价。联合堤选择 7 个典型地质剖面、联合防护堤选择 6 个典型地质剖面，对于二元结构地层，采取以下计算法（计算成果见表 3）。

严重浸没临界地面高程：$H_{地}=0.5+(H_0-H_{顶})/(I_0+1)+H_{顶}$ (11)

轻微浸没临界地面高程：$H_{地}=1.5+(H_0-H_{顶})/(I_0+1)+H_{顶}$ (12)

式中：H_0 为正常蓄水位；$H_{地}$ 为地面高程；$H_{顶}$ 为承压含水层顶板高程；I_0 为起始水力坡度。

表 3　　联合防护区浸没计算成果表

堤防名称	桩号	设计水位	地质结构类型	临界地下水超高（轻微）	临界地下水超高（严重）	含水带顶板高程 $T_{顶}$	起始水力坡降 I_0	临界地面高程（轻微）	临界地面高程（严重）
联合堤	1+300	50.72	二元结构	1.5	0.5	34.76	0.5	46.9	45.9
	2+900	50.72		1.5	0.5	38.79	0.5	48.2	47.2
	6+000	50.72		1.5	0.5	38.4	0.5	48.1	47.1
	6+050	50.72		1.5	0.5	38.95	0.5	48.3	47.3
	8+750	50.72		1.5	0.5	39.82	0.5	48.6	47.6
	10+000	50.72		1.5	0.5	38.96	0.65	47.6	46.6
	12+300	50.72		1.5	0.5	32.49	0.5	45.1	45.1
联合防护区	0+187	50.72	二元结构	1.5	0.5	41.62	0.65	48.6	47.6
	0+881	50.72		1.5	0.5	39.39	0.5	48.4	47.4
	1+696	50.72		1.5	0.5	41.57	0.3	50.1	49.1
	2+774	50.72		1.5	0.5	41.41	0.65	48.6	47.6
	4+318	50.72		1.5	0.5	43.86	0.5	49.9	48.9

由表 3 可知联合堤发生轻微浸没临界地面高程为 45.10～48.60m，严重浸没临界地面高程为 45.10～47.60m，以此得出联合防护区严重浸没面积为 7.90km²，轻微浸没面积为 12.88km²。

6　数字模拟法与解析法成果对比分析

采取数字模拟法和解析法获得水库浸没范围统计见表 4。

表 4　　水库浸没（数字模拟法和解析法）范围成果表

浸没区	数字模拟法 正常蓄水位下浸没面积/km² 严重	数字模拟法 正常蓄水位下浸没面积/km² 轻微	解析法 正常蓄水位下浸没面积/km² 严重	解析法 正常蓄水位下浸没面积/km² 轻微
联合堤、联合防护区	3.98	0.97	7.90	12.88
中直堤	2.65	4.17	0	0
关山堤、南泉堤、赵集防护区	8.47	4.88	4.25	9.0
丰乐堤、大集堤、丰山咀上防护区	1.25	0.59	9.69	6.06

续表

浸没区	数字模拟法		解析法	
	正常蓄水位下浸没面积/km^2		正常蓄水位下浸没面积/km^2	
	严重	轻微	严重	轻微
潞市堤 丰山咀下防护区	5.96	2.13	3.10	8.68
钟宜防护区	3.42	4.63	1.98	2.56
总计	25.73	17.37	38.99	32.83

对水库浸没区采取工程措施后，数字模拟法和解析法浸没面积对比见表 5。

表 5　　数字模拟法和解析法浸没面积对比表

浸没研究方法	无措施下浸没面积/km^2		有措施下浸没面积/km^2	
	严重	轻微	严重	轻微
解析法	38.99	32.83	—	—
数字模拟法	25.73	17.37	4.93	3.55

据表 5 可知，无措施下：严重浸没区解析法较数字模拟法大 13.26km^2，增幅 34.01%；轻微浸没区解析法较数字模拟法大 15.46km^2，增幅 47.09%。由于解析法采取的是地面高程与地下水位间的关系，利用土体的毛管水上升高度及土体的起始水力坡降等物理力学参数，计算发生临界浸没地面高程获得浸没面积，较数字模拟法更接近实际情况。对于浸没区采取工程措施后，使得浸没治理得到大大改善。

7 结论

本文主要采取数字模拟法和解析法对碾盘山水库浸没进行研究，结论如下：

（1）采取数字模拟与解析法相结合的方法研究浸没问题使得该工程地质问题的分析和评价更客观、准确。数字模拟法和解析法判定的主要防护区浸没面积基本吻合。

（2）采取数字模拟法对设计采取的工程措施进行数字模拟，对于主要防护区采取防渗墙和堤内截渗沟的工程措施能较好地解决浸没问题，使得浸没面积大大减小。

（3）根据数字模拟效果，建议对严重浸没区，采取防渗墙、截渗沟和排水泵站等措施进行治理；对于轻微浸没区，加强监测。

参考文献

[1] 水利水电工程地质勘察规范：GB 50487—2008 [S]. 北京：中国计划出版社，2008.

[2] 熊友平，范玉龙，向雄，等. 湖北省碾盘山水利水电枢纽工程初步设计阶段工程地质勘察报告 [R]，2019 (2).

[3] 陈植华，王涛，等. 汉江碾盘山水利水电枢纽工程浸没区围及防治措施效果地下水数值模拟报告 [R]，2017 (6).
[4] 张长征，黄家文，李凯，等. 汉江兴隆水利枢纽水库两岸浸没治理 [J]. 人民长江，2009 (11).
[5] 李宁新，等. 南方低水头径流式电站的水库浸没问题 [J]，2010 (3).
[6] 袁宏利，等. 水库浸没勘察研究工作的新思路 [J]. 水利水电工程设计，2003 (4).
[7] 李帆，等. 潮州供水枢纽工程浸没初测及防治对策 [J]. 西部探矿工程，2005 (10).

工程设计与研究

坝工泄洪消能新技术

袁葳　王波　陈雷

[摘要]　60年来，我国水利水电建设事业得到飞速发展，建成一批具有世界领先水平的大型水利枢纽工程，在高水头、大流量泄水建筑物泄洪消能方面取得显著成绩。本文重点论述我国已建工程中应用的泄洪消能新技术，包括宽尾墩联合消能工、高拱坝泄洪消能技术、洞内旋流消能工、两层孔口、高低跌坎式消力池泄洪消能技术、台阶式溢洪道消能技术以及放空阀消能技术，并对泄洪消能技术的发展进行展望。

[关键词]　泄洪消能；宽尾墩；水垫塘；旋流消能；台阶式溢洪道；放空阀

1 引言

60年来，中国的水利水电事业得到快速发展，特别是改革开放30多年来，建设了一大批大型水利水电枢纽。然而水利工程建设中常常面临下游消能剩余能量过大、下游地形过于狭窄等问题，致使消能结构设计异常困难。高水头、大流量、窄峡谷、深尾水、低弗氏数已成为许多工程共有的特点。鉴于以上问题，我国水利专家进行了大量的研究，取得了巨大的进展，使我国水利事业更上新台阶。本文针对在工程中已经应用的坝工泄洪消能新技术进行论述，并对泄洪消能技术的发展进行展望。

2 坝工泄洪消能新技术

2.1 宽尾墩联合消能工

宽尾墩联合消能工是20世纪70年代我国首创的一项新型消能技术。将宽尾墩用于高坝泄洪消能改变了溢流坝面的水流结构，打破了溢流坝的传统设计思想，创新了一系列与宽尾墩相适应的新型联合消能形式，为解决高坝、大单宽流量、低弗劳德数的泄洪消能难题提供了新的模式，是我国在底流消能技术的一项重大创新。宽尾墩联合消能工在我国的出现不是偶然的，而是在安康特定的泄洪消能条件下诞生的。安康水电站采用折线型整体式混凝土重力坝，最大坝高128m，安康水电站工程洪水峰高量大，河谷狭窄，河床地质条件差，且坝址位于河流弯道，泄洪消能技术难度很高。经过设计科研人员十余年的努力探索，创造了宽尾墩消力池联合消能工（图1），折流墩消力池联合消能工和在水跃中注入射流等项新技术，在国内外底流消能工中实属首创。

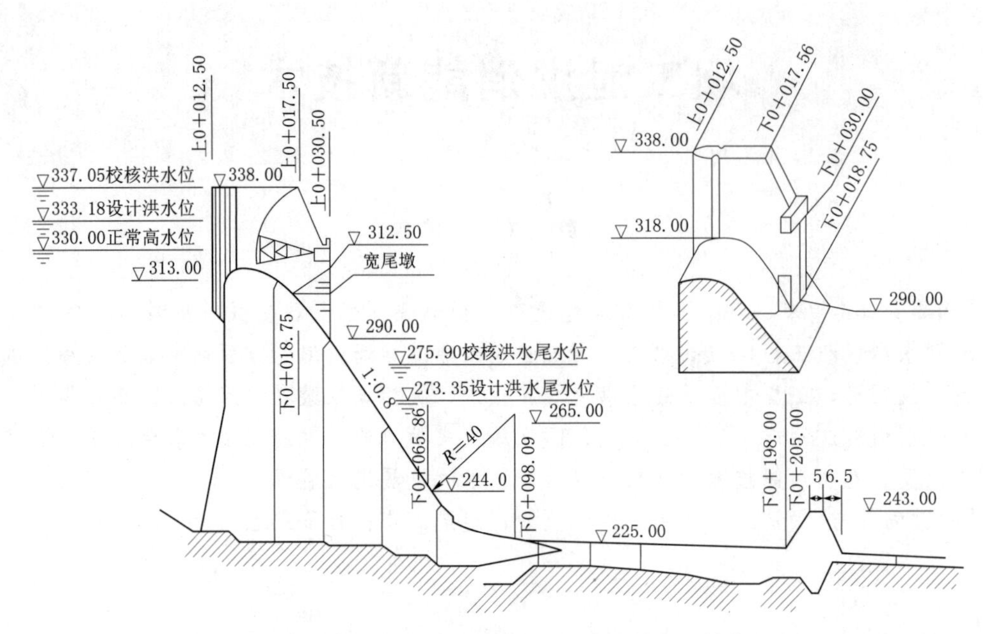

图1 安康水电站表孔宽尾墩消力池联合消能工（单位：m）

目前，除安康水电站外，还有潘家口、五强溪、百色、桃林口、隔河岩、大朝山、景洪等大型水利水电工程采用宽尾墩联合消能工（表1），其中景洪水电站最大坝高108m、最大单宽流量达331m³/(s·m)，是迄今为止宽尾墩-消力池联合消能工解决高坝大单宽、低弗劳德数底流消能的最高水平。

表1　　　　宽尾墩联合消能工工程实例表

工程名称	表孔数量	尺寸(宽×高)/m	堰顶最大单宽流量/(m³/s)	消能方式	闸孔收缩比	宽尾墩收缩角 θ	闸墩宽/m
潘家口	18	15×15	208	宽尾墩-挑流	0.667	18.44	3
安康	5	15×17	254	宽尾墩-消力池	0.4	21.8	4
五强溪	9	19×23	296	宽尾墩-中孔（挑流）-消力池	0.368	17.53	5.5
岩滩	7	15×21	306	宽尾墩-戽池	0.5/0.533	15.12/17.96	5
水东	4	15×15	120	宽尾墩-台阶式溢流面-消力池	0.44	19.29	3
大朝山	5	14×17	198	宽尾墩-台阶式溢流面-戽池	0.4	21.8	4
桃林口	11	15×15.5	137	宽尾墩-消力池	0.3/0.35	30.26/29.26	3.2
景洪	7	15×21	331	宽尾墩-消力池	0.5	17.35	5/4

2.2 高拱坝泄洪消能技术

高拱坝水利枢纽具有泄量大、水头高、泄洪总功率和泄洪单宽功率大等特点，消能防

冲问题十分突出。因此，因地制宜地选取新型消能工、联合消能工为解决高拱坝泄洪消能问题提供了一条有效的途径。

2.2.1 坝身表、深孔出流碰撞、水垫塘消能技术

二滩水电站是我国已建的第一座坝高超过200m的高拱坝，坝高240m，坝身最大泄洪流量16300m^3/s，坝身最大泄洪功率26600MW，单位水体消能率13.5kW/m^3，采用水垫塘消能，水垫塘总长330m，二道坝坝高35m。为解决坝身泄洪消能的技术难题，通过大量的技术论证与科学研究，最终采用了“坝身表孔与深孔双层泄水孔口布置、下游设水垫塘与二道坝、通过水舌碰撞促进消能、并辅以岸边泄洪洞泄洪”的泄水建筑物布置格局与消能模式，建成后经数年实际泄洪考验，表明是成功的。在此之后的高拱坝工程，大都沿用了上述“二滩模式”。但是，“二滩模式”的布置方式存在其应用的局限性，如表孔与深孔水舌在空中碰撞消能的同时，也加剧了泄流的雾化程度，这对于下游边坡稳定性较差的工程造成了一定的隐患，此外，深厚覆盖层条件下“二滩模式”的布置方式不具备技术上和经济上的优势。

2.2.2 坝身表、深孔分层出流、水垫塘消能技术

锦屏一级水电站拱坝高305m，为世界第一高坝。1000年一遇设计洪水和5000年一遇校核洪水相应洪峰流量分别为13600m^3/s和15400m^3/s，泄洪时水头高达230～240m，泄洪功率高达33456MW。泄水建筑物由拱坝坝身4个泄流表孔、5个泄流深孔、2个放空底孔和右岸1条有压接无压的“龙落尾”式泄洪洞构成；消能建筑物为坝后水垫塘。因为锦屏一级水电站下泄水头高、入水流速大、河谷狭窄，泄洪雾化现象特别严重；特别是其狭窄河谷两岸边坡卸荷裂隙发育，雾化强降雨将加大渗压荷载而容易引起边坡失稳。经过系列模型试验和数值仿真研究，锦屏一级水电站坝身泄洪消能采取了“表、深孔分层出流，空中无碰撞，水垫塘消能”的模式，并利用宽尾墩、窄缝技术对表、深孔体型进行优化，泄洪洞采用“燕尾坎”体型，锦屏一级蓄至正常水位后，在2014年8月和2015年9月两次开展泄洪消能设施的水力学原型观测，结果表明：表、深孔及水垫塘、泄洪洞水力特性优良，消能建筑物运行状态良好。

2.2.3 反拱水垫塘消能技术

黄河拉西瓦水电站工程水库正常蓄水位为2452m，混凝土双曲薄拱坝坝高250.0m，右岸地下厂房总装机容量6×700MW。泄洪建筑物均布置在坝身，由3个表孔、2个深孔、1个永久底孔和1个施工期临时底孔组成。坝后消能建筑物由水垫塘、二道坝、护坦及下游护岸组成。拉西瓦水电站水垫塘容积较小，水深较浅，单位水体消能率达20.3kW/m^3，泄洪消能问题十分突出。为此，西北勘测设计研究院与天津大学、西安理工大学、西北水利科学研究所试验中心、中国水利水电科学研究院、长江科学院等单位合作，采用了物理模型试验、结构仿真计算和数值模拟等多种研究方法，历时近5年实现了反拱水垫塘在拉西瓦250m特高拱坝枢纽中的应用。拉西瓦反拱水垫塘（图2）长84.6m，宽84m，深29.0m（二道坝顶高程平面处及以下水垫塘的宽度和深度），在上下游长度方向分为13个拱圈，底板衬砌混凝土厚度为2.5m和3.0m两种，反拱底板两端设混凝土拱座，拱座底面为水平面。2009年3月7日，反拱水垫塘在水头约160m、最大泄量约1200m^3/s、坝身孔口出流长达3700h连续运行，监测表明反拱水垫塘初期运行正常，满足设计要求。拉

西瓦反拱水垫塘的工程实践表明，反拱水垫塘更适用于河谷狭窄、岸坡陡峻、坡脚地应力较高的地形地质条件，以及单位水体承载泄洪功率大、冲击动水压力大、入塘水舌难以形成充分扩散水力条件的高拱坝泄洪消能。在国内外特高拱坝实践中，拉西瓦水电站首次采用反拱水垫塘，为提高大中型水利水电工程枢纽高水头、大泄量坝后水垫塘安全可靠性、增加混凝土坝坝身泄量、减少岸边泄量、降低工程造价探明了发展方向。

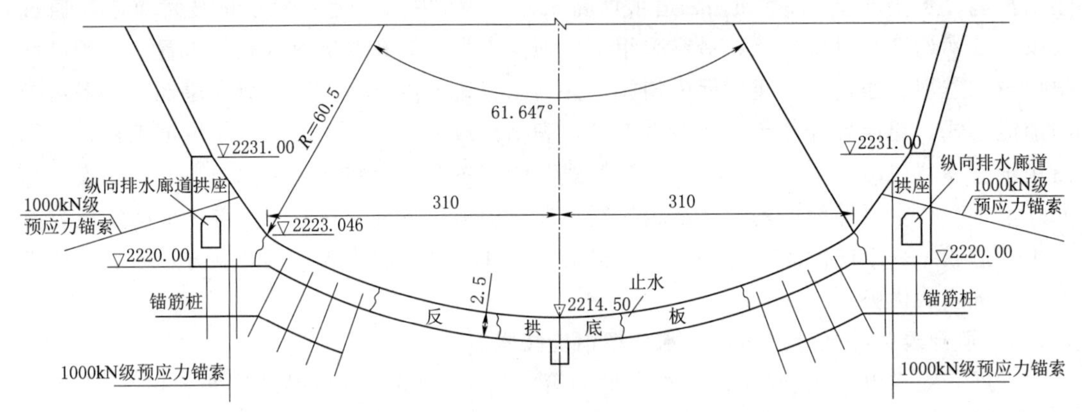

图 2 拉瓦西水电站反拱水垫塘标准剖面图（单位：m）

目前，我国西南地区有几座高拱坝工程，如乌东德水电站，正面临着下游覆盖层深厚的技术难题，按照“二滩模式”的设计思路，不得不修建大规模、高成本的水垫塘和副坝。而施工现场的地质条件是，较深厚的下游水垫，水垫塘底板所能承受的冲击压力有限，而且下游已经形成足够大的消能水体，完全可以满足下泄能量耗散。传统的水垫塘+副坝布置模式，在经济和技术上都不是最佳的。为此，在保证泄洪消能安全前提下，水利工作者们正在研究“护坡不护底、不设副坝”的天然水垫塘布置型式。

2.3 洞内消能工

2.3.1 洞内旋流消能工

生态环境友好型的洞内旋流消能工是当前泄洪消能领域一个重要的研究热点和方向。国内外有关旋流内消能工的工程实例主要集中在旋流竖井式或竖井-旋流式（也称水平旋流式），前者应用工程如四川沙牌、溪洛渡、瓦屋山、小湾、卡基娃、甲岩、意大利 Narni、Grotto Com-panre 等水利水电枢纽的旋流竖井泄水道，后者如公伯峡右岸竖井旋流泄洪洞、印度特里水电站泄洪洞。在国内，洞内旋流消能工在沙牌水电站、公伯峡水电站、清远抽水蓄能电站中得到实际应用。

黄河公伯峡水电站泄洪洞由导流洞改建而成，该泄洪洞由开敞式进水口、竖井段、水平起旋器、通气孔、水垫塘段、退水洞（导流洞）及出口挑流鼻坎等组成。在校核水位 2008m 泄洪时，水头 108m，泄流量 $1132m^3/s$。该泄洪洞将旋流洞与水垫塘结合起来，大大缩短旋流洞的长度，同时增加了消能率。2006 年，中国水利水电科学研究院和中国水电顾问集团西北勘测设计研究院开展了公伯峡水电站右岸竖井旋流泄洪洞水力学原型观测，原型观测结果表明，库水位 2003.4～2004.0m 时，泄洪洞过流能力为 1050～

$1100m^3/s$，略大于模型试验流量；泄洪洞整体消能率达 84%，与模型试验结果一致。原型观测表明公伯峡竖井水平旋流泄洪洞的体型结构设计合理，泄量满足要求，掺气设施有效，具有较高的消能率和较好的掺气减蚀作用。

2.3.2 洞内孔板消能工

小浪底水利枢纽在导流洞改建为龙抬头式泄洪洞时，为了减小洞内流速，减轻泥沙磨损，创新性地在圆形断面导流洞内设置孔板进行消能。三级孔板间距均为 43.5m，第一级孔径为 10m，二、三级孔径为 10.5m，3 道孔板环孔径比依次为 0.689、0.724 和 0.724。孔板洞最大泄流能力为 $1727m^3/s$，2 号和 3 号孔板洞泄流能力均为 $1549m^3/s$。试验研究表明，孔板消能可大大降低洞内断面的平均流速，减轻浑水对衬砌边壁的磨损。

2.4 两层孔口、高低跌坎式消力池消能技术

向家坝水电站是金沙江下游最末一个梯级电站，电站装机容量 6000MW，全厂最大容量 6400MW。拦河大坝为混凝土重力坝，最大坝高 162m。金沙江洪水具有底水高、历时长、洪量大的特点。向家坝设计洪水（$P=0.2\%$）洪峰流量 $41200m^3/s$，校核洪水（$P=0.02\%$）洪峰流量 $49800m^3/s$。由于环境保护、航运要求、运行时间、坝基地质条件等限制，科研和设计人员经研究提出采用一种新型的泄洪方式，即两层孔口、高低跌坎式消力池泄洪消能技术。该种泄洪消能方式既能确保消力池底板稳定，又能有效减免雾化，保证出池水流平稳低速。该工程泄洪消能的具体解决思路为：将泄水表孔、中孔两层孔口相间布置，坝身泄槽出口分别设置高低跌坎，使下泄高速水流形成水平淹没射流，以双层多股的方式进入消力池水体中部，让高速主流脱离消力池底板，降低消力池临底水力指标，以三元流稳定流态，各股水流紊动掺混剧烈，提高消能率。

经过 2012—2014 年的运行检验和原型试验验证，向家坝泄洪消能完全达到预期目标：①泄洪雾化轻微且控制在消力池范围内，根据空气湿度监测，雾化对周边环境没有影响；②消力池临底流速在 11.5m/s 以下，底板脉动压强均方根在 36kPa 以下，该项指标的大幅降低，保证了消力池底板安全，消除了因消力池底板被下泄高速水流冲毁进而淘刷地基影响大坝抗滑稳定的安全隐患；③消能率达 85%以上，出池水流平稳、流速低，满足下游航运要求，利于电站出力和江岸稳定；④孔口相互分隔，运行调度灵活。另外，向家坝泄流方式未使河道中明显产生气体过饱和，说明此消能技术有利于下游鱼类保护。

向家坝水电站的运行情况表明，两层孔口、高低跌坎式消力池消能技术的应用是成功的，它为高坝工程开辟了一条新的泄洪途径。

2.5 台阶式溢洪道消能技术

近 30 年来，我国在台阶式溢洪道的研究和应用方面取得重大成果，也积累了宝贵的经验。福建省在 1994 年率先建设了我国第一个台阶式溢洪道，坝高 57m，同年溢洪道经历百年一遇洪水，单宽流量 $90m^3/(s \cdot m)$，台阶溢洪道顺利宣泄洪水，下泄水流平顺，仅受微小破坏；江垭水电站采用 RCC 大坝，坝高 128.0m，大坝背水面设高 0.9m 的台阶坝面，作为非常泄洪措施，经受住洪水考验。大朝山水电站采用宽尾墩与台阶坝面联合消能工，坝高 111m，最大下泄流量 $193m^3/(s \cdot m)$；水布垭电站坝高 233m，采用台阶式溢

洪道宣泄洪水，最大流量 $181m^3/(s \cdot m)$。还有诸多工程如：河龙水电站采用台阶坝面、百色水电站采用台阶式溢洪道、稿树下水库选用台阶式溢洪道等，这些台阶式泄水建筑物的成功运用有力地说明了我国在台阶泄水建筑物的应用方面技术越来越成熟，并且在大流量、高水头条件下台阶式溢洪道的应用积累了经验。

国内外研究者得出了许多关于台阶式溢洪道的消能特性规律的结论，大量学者对台阶式消能工的深入研究均表明其消能效果显著。相比与传统溢洪道的消能方式，台阶式溢洪道具有以下几个突出优势：①消能率高。相同坡度及单宽流量条件下，台阶式溢洪道的消能率比光面溢洪道高得多。②节省工程投资。溢洪道采用台阶式可节约消力池的工程投资。③施工进度快，工期短。④空蚀发生概率小。台阶式溢洪道段水流具有较大阻力，明显降低了水流流速，使得建筑物发生空蚀破坏的概率减小，其相关的建筑物维护费用也相应降低。

2.6 放空阀消能技术

龙背湾水电站位于湖北省竹山县堵河流域城南支官渡河中下游，为第一级水电站、龙头水库。坝址以上流域面积 $2155km^2$，水库总库容 8.3 亿 m^3，为多年调节水库。水电站装机容量 180MW，年发电量 4.19 亿 kW·h。枢纽工程由高 158.3m 的钢筋混凝土面板堆石坝、最大泄流量 $5240m^3/s$ 的开敞式溢洪道、发电厂房及由高导流洞改建而成的放空洞等建筑物组成。放空洞由进口明渠段、上平洞段、闸室段、下斜洞段、放空阀段和出口消能段共 6 段组成。放空阀段上游用钢管与隧洞连接，放空阀尾部设混凝土镇墩。龙背湾水电站采用口径为 3000mm 的电动放空阀，其公称压力为 1.6MPa，阀门基座承受压应力 700kN（含介质重量）；根据最大流量 $152m^3/s$，阀门中心与河面高差为 19m，计算介质射程约为 43m（未考虑空气阻力）。电动放空阀（图 3）由导流锥和可移动的套筒组成，流量控制通过套筒匝的前后移动来实现。套筒和锥体之间设有两层密封：主密封为金属密封，次密封为橡胶密封，实现“零”泄漏。放空阀工作时，水流以宽广的放射状对空喷射扩散，通过水流和空气大面积的摩擦产生雾化，实现大气消能，可通过加装导流罩控制水流排放区域，以达到控制水流排放区域的效果。

图 3　龙背湾水电站电动放空阀

3 结论与展望

高水头、大流量高坝泄洪消能问题是水利水电枢纽工程设计中的一个重大而又复杂的科学技术问题，已建、在建工程通常经过多年反复论证，最终得到安全可靠和经济合理的新型消能方式。在工程中已经应用的坝工泄洪消能新技术为今后高坝设计提供了参考。在今后的研究工作中，需重视并关注如下问题：

（1）坝工泄洪消能设计应重视工程建设过程中的环境影响问题，包括低雾化泄洪消能技术、泄洪雾化预测、鱼道水力学、分层取水水力学等，均应作为今后的重点研究问题。

（2）我国已建的一些高坝工程，其中有部分已出现不同类型的破坏，从抗御风险、确保工程安全的角度出发，应高度重视对巨型水电工程泄洪安全与运行调度方式等的深入研究，包括建立泄洪安全的评价指标体系与分析方法，进一步完善泄水建筑物的水力学安全监测技术等。

参考文献

[1] 于忠政，刘永川，谢省宗，李世琴. 安康水电站泄洪消能新技术的研究与应用 [J]. 水力发电，1990 (11)：32-36.

[2] 孙双科. 我国高坝泄洪消能研究的最新进展 [J]. 中国水利水电科学研究院学报，2009，7 (2)：249-255.

[3] 周钟，唐忠敏. 锦屏一级水电站枢纽总布置 [J]. 人民长江，2009，40 (18)：18-20，105.

[4] 王继敏，杨弘. 锦屏一级水电站泄洪消能关键技术研究 [J]. 人民长江，2017，48 (13)：85-90.

[5] 姚栓喜，王亚娥，杜生宗，等. 反拱水垫塘在拉西瓦特高拱坝枢纽中的应用及研究成果综述 [J]. 西北水电，2010 (1)：23-27.

[6] 胡清义，廖仁强，郭艳阳，周赤. 乌东德水电站泄洪消能设计研究 [J]. 人民长江，2014，45 (20)：1-3.

[7] 韩喜俊，韩继斌，程子兵. 乌东德水电站泄洪消能特点及水工模型试验研究 [J]. 湖北水力发电，2007 (3)：1-4.

[8] 谢省宗，吴一红，陈文学. 我国高坝泄洪消能新技术的研究和创新 [J]. 水利学报，2016，47 (3)：324-336.

[9] 潘江洋，冯树荣，李延农，等. 新型泄洪消能技术在向家坝水电站中的应用 [J]. 水力发电，2016，42 (7)：49-52.

[10] 艾克明. 台阶式泄槽溢洪道的水力特性和设计应用 [J]. 水力发电学报，1998，17 (4)：86-95.

[11] 陈群，戴光清，朱分清，等. 影响阶梯溢流坝消能率的因素 [J]. 水力发电学报，2003，22 (4)：95-104.

[12] Boes R M, Hager W H. Hydraulic design stepped spillways [J]. Journal of Hydraulic Engineering 2003, 129 (9): 671-67.

[13] Yasuda Y, Tahasi M, Ohtsu L. Energy dissipation of skimming flow on stepped - Chutes [C]. Proceedings of 29th IAHR Cong, Beijing, 2001, 9 (1): 531-536.

[14] 常晓亮. 台阶式溢洪道与光面溢洪道水流形态及消能率 [J]. 山西建筑，2010，36 (31)：361-363.

碾压混凝土拱坝筑坝技术的研究与应用

李海涛　冯细霞　张祥菊

［摘要］ 本文以我国已建、在建和待建的碾压混凝土拱坝为依托，全面总结了碾压混凝土拱坝设计和施工的经验和教训，提出了碾压混凝土拱坝建设过程中亟待需要解决的问题，并指出碾压混凝土拱坝今后的研究方向，对碾压混凝土拱坝的发展有重要的参考意义。

［关键词］ 碾压混凝土；拱坝；坝型设计；防渗技术；温控防裂

1 引言

随着社会经济和技术的高速发展，水利工程建设也得到极大革新。碾压混凝土坝是一种利用土石坝技术和碾压设备将干硬性混凝土碾压实的新型混凝土坝型，兼具快速、经济、施工简便和温控相对简单等优点，在水利工程施工中被广泛应用。我国在 1981 年开始推广应用碾压混凝土筑坝技术，起步虽晚却发展迅速，自 1986 年福建坑口坝建成起，短短十几年，碾压混凝土筑坝技术已得到广泛应用。后来碾压混凝土筑坝技术拓展到拱坝设计中，1993 年我国第一座拱坝——普定碾压混凝土拱坝建成，对拱坝发展有重要意义。我国碾压混凝土拱坝筑坝技术的应用规模不断扩大，2005 年建成了招徕河碾压混凝土拱坝，至今，已经建成多座碾压混凝土拱坝，部分拱坝如表 1 所示。这些拱坝坝高由最低 63m 不断提高到 139m 高，拱坝体型除常见的中厚拱坝外，有多座是碾压混凝土双曲薄拱坝，技术越来越成熟。

表 1　　我国部分高碾压混凝土拱坝

序号	坝名	地址	所在河流	坝高/m	坝长/m	防渗型式	混凝土量/万 m^3	碾压混凝土量/万 m^3
1	普定	贵州普定	三岔河	75	196	碾压混凝土	13.7	10.3
2	溪柄溪一级	福建龙岩	溪柄溪	63	93	碾压混凝土	3.3	2.5
3	龙首	甘肃张掖	黑河	82	156	碾压混凝土	21	19.5
4	沙牌	四川汶川	草坡河	129	238	碾压混凝土	37.26	34.86
5	三里坪	湖北房县	南河	133.0	284.62	碾压混凝土	13.7	10.3
6	龙桥	湖北利川	郁江	91.0	1394.0	碾压混凝土	21.1	18.9
7	云口	湖北利川	乌泥河	119	196.2	碾压混凝土	21.7	19.5
8	罗坡坝	湖北恩施	冷水河	111.0	258.0	碾压混凝土	37.3	36.5
9	野三河	湖北建始	野三河	74.0	311.0	碾压混凝土	29.5	22.0

续表

序号	坝名	地址	所在河流	坝高/m	坝长/m	防渗型式	混凝土量/万 m³	碾压混凝土量/万 m³
10	青龙	湖北恩施	马尾沟	139.0	215.0	碾压混凝土	38.9	20.4
11	招徕河	湖北长阳	招徕河	105	198.1	碾压混凝土	20.4	17.9
12	麒麟观	湖北五峰	南河	77.0	167.3	碾压混凝土	11.0	10.5
13	龙潭嘴	湖北神农架	玉泉河	98.0	216	碾压混凝土	56.0	48.5
14	云龙河三级	湖北恩施	云龙河	129.7	168.3	碾压混凝土	32.3	25.6

这些已建成的工程，自投产运行以来，工程质量普遍良好，未发现明显的质量问题。碾压混凝土拱坝以其造价低、施工速度快和投产早的特点被越来越多的工程运用。从我国已投产的几座高薄拱坝来看，没有一座在大坝上游面出现裂缝，也没有发现来自上游坝面的坝体渗漏。在建设过程中，通过深入的科学研究和试验，在坝体温度应力分析、裂缝控制、坝体分缝方式、分缝结构、防渗材料和防渗结构等方面都有独到的创新，应用效果良好。总的来讲，我国碾压混凝土拱坝技术无论是设计方面还是施工方面都很成功。这些技术有许多值得深入总结和发展的地方。

2 碾压混凝土拱坝筑坝关键技术及工程应用

2.1 结构设计方面

碾压混凝土拱坝结构设计对工程的稳定和安全运行至关重要。龙首水电站碾压混凝土拱坝在体形设计和抗震、抗冻、抗裂、抗渗等结构设计上进行了详细研究，提出了独特设计方案，其在拱坝坝身开设大中孔和诱导缝，坝身诱导缝与拱端周边短缝相结合的设计，实践证明该设计效果良好，为我国在高寒、高震地区拱坝设计抗冻、抗裂、抗震等关键技术取得了成功经验，解决了夏季高温和冬季低温施工和建筑材料施工的施工技术难题。碾压混凝土拱坝筑坝技术总体达到了国际先进水平，具有极好的推广应用价值。石门子碾压混凝土拱坝在设计方面有重大突破，具有世界领先水平，其为解决大仓面内外温差、运行期温降带来的整体拱坝温度初应力问题提供了先进技术。

2.2 材料方面

碾压混凝土拱坝的配合比设计，既要考虑拌和物必须具有适合施工的工作度及凝结时间，更需要考虑碾压混凝土具有较好的抗裂性能。材料在选取方面应注意：①坝体迎水面防渗、耐久性要求高的混凝土仍将选择较小的最大骨料粒径、低水胶比、合适的掺合料品种和掺合料掺量；②重视碾压混凝土砂石骨料的性能选择，特别是石子级配、细度模数和细颗粒含量。碾压混凝土强度等级根据研究应采用 180 天龄期，可显著减少胶材用量，有利于碾压混凝土施工和温控，保证质量，降低投资。招徕河碾压混凝土拱坝就通过采取措施来降低混凝土弹性模量和提高混凝土抗拉性能。普定碾压混凝土拱坝对筑坝材料及配合比进行了优化，其热学、力学、抗裂性、可碾性等性能指标达到国内领先水平。

2.3 重复灌浆系统研究

碾压混凝土拱坝在蓄水时一般尚未达到稳定温度，为使拱坝整体受力，就需对横缝或诱导缝进行灌浆。但随着坝体温度的下降，坝体收缩有可能使已灌浆的缝面重新拉开，则需进行第二次（或多次重复）灌浆。普定和温泉堡等碾压混凝土拱坝均采用预埋两套灌浆管路的方式来实现两次灌浆。沙牌碾压混凝土拱坝结合其诱导缝成缝机理和缝面构造，对拱坝接缝的重复灌浆技术研究有了关键性突破，解决了碾压混凝土拱坝重复灌浆的技术难题。沙牌大坝诱导缝采用重力式预制件成缝，其灌浆管路及排气管的埋设十分方便，采用了更为先进的单回路重复灌浆系统，可实现大坝的多次重复灌浆。单回路重复灌浆系统具有构造简单、造价低、安装容易、可实现多次重复灌浆的特点，是碾压混凝土拱坝接缝灌浆技术的重大突破，该成果填补了国内空白，达到了国际领先水平，并已推广应用到国内其他拱坝工程。

2.4 施工组织管理及仿真技术

加强施工组织管理，做好碾压混凝土浇筑过程控制，是保证工程质量的重要过程。对施工组织管理和施工过程进行仿真设计，控制施工的每一环节，以克服碾压混凝土质量离散性大的顽疾。许多学者在施工仿真技术上做了不少努力，但影响施工的因素众多，更能反映施工现场的仿真技术还有待深入研究。

2.5 加大变态混凝土的使用范围

坝体结构物周边及坝基（肩）部位受钢筋、模板拉筋或基岩的限制，实施碾压混凝土非常困难，一般需配备小型碾压设备处理，这就大大降低了碾压混凝土整体施工效率。变态混凝土施工相对简便，与碾压混凝土结合较好，也较常态混凝土更经济可靠。变态混凝土施工的关键是布浆后通过振捣使之均匀，要在利用垂直振捣器震实过程中促使浆液与碾压混凝土均匀混合。变态混凝土已应用于一些防渗结构和碾压混凝土坝垫层，其性能和适用性范围还有待进一步推广。

2.6 运输入仓及仓面施工技术

碾压混凝土的入仓方式有自卸汽车直接入仓、深槽皮带机、塔带机及真空负压溜槽等。其中自卸汽车直接入仓、深槽皮带机、塔带机等入仓方式都有各自的弱点，只能针对不同的施工情况选择性使用。目前我国首创了负压真空溜槽法输送碾压混凝土，适用于坝肩较陡的大坝，该项技术在国内已经比较成熟，真空负压溜槽的入仓方式由于其简单、方便、成本低、易于操作，目前在国内得到广泛使用。

碾压混凝土技术能够有所提升的关键在于模板施工工艺，因此要特别重视正确的模板施工操作，选择正确模板，有效保障碾压混凝土施工质量。目前，最常见的有上下交替上升施工方法，其施工原理是通过全悬臂钢模板进行上升交替施工，不需要进行上下转换，可以保证坝体持续上升。当前，施工方式在科技发展进步条件下也出现了革新，基于全悬臂钢模板的连续上升式台阶模板，能够减少溢流消能台阶的浇筑次数，一次性完成高质量成型。普定拱坝成功采用了上下交替上升的全悬臂钢模板形式，上下的2块面板可以自由脱开互换和交替上升，可以有效满足施工要求。收缝式双向施工的方法可以充分运用在较大坡度和较复杂的坝体施工中，通过持续翻升模板的调整，提高加工效率，增加坝体强度。招徕河碾压混凝土拱坝针对坝体型复杂、变化大的特点，在施工中专门研制出便于快速立模放样的数学模型和应用技术，同时相应配套地创造了适用于曲面体型变化的收缝式翻升模板，解决了模板升高过程中在水平方向及垂直方向产生的缝隙问题，使大坝混凝土表面始终保持平整状态，为拱坝快速施工创造了有利条件。

在碾压混凝土坝的施工初期，如果坝底过长，为了能够减小仓面、缩短工期，可以采用斜层平摊铺筑法进行施工。实践证明，采用这种方式，能够保证施工质量。斜坡铺筑施工过程中需要避免出现二次污染，且需考虑碾压机械存在无法到达坡角处而导致出现薄弱层的问题。碾压施工过程中要做好已铺筑好的仓面清洗工作，保证其干净整洁，表面不存在异物。针对坡角位置的薄弱层，需要在坡角位置铺设水平铺筑带，长度大约1～2m，宽15cm，且要在间歇层铺筑砂浆。光照重力坝在斜层碾压工艺的基础上，将斜层碾压施工技术提升到了一个新高度，具有突破性和创新性。首次实现了大坝从右岸到左岸或从下游到上游全仓面、不间断、立体循环、连续斜层碾压上升的施工技术。该项技术为峡谷地区高碾压混凝土坝快速施工提供了极有价值的经验，值得推广和借鉴。

2.7 防渗技术

一般碾压混凝土拱坝坝体上游侧采用二级配碾压混凝土，坝内采用三级配碾压混凝土，其中二级配碾压混凝土起防渗作用，其厚度按水头的1/15～1/40考虑，上下游表面采用50cm厚变态混凝土，改善外观辅助防渗，大多数拱坝上游还设置了LJP型防渗涂层，起辅助防渗作用。普定、龙桥、罗坡坝、麒麟观和野三河等碾压混凝土拱坝都是采取的这种防渗措施。

云口双曲薄拱坝坝高119m，在上部1/3坝高（36m高）范围内全断面采用三级配碾压混凝土，为小仓面简化碾压混凝土分区、便利施工提供了新思路。云口拱坝的运行实践表明：三级配碾压混凝土层间结合质量良好。实践证明，碾压混凝土完全能满足防渗要求。

采用全断面三级配碾压混凝土连续上升的施工工艺，可进一步发挥碾压混凝土施工速度快（尤其是在仓面狭窄的情况下）的优势，进一步节约投资，在中低水头碾压混凝土拱坝或重力坝中有广泛的推广应用价值。

2.8 温控防裂方面

我国在建和已建成的几十座碾压混凝土拱坝，在温控设计方面，主要是选择了低温季节等有利施工时段高强度的浇筑碾压混凝土；通过优化材料配合比，坝体合理的分缝（设置合理的缝型、缝距），并辅以坝内预埋冷却水管通河水冷却和仓面流水养护等简易温控措施，达到温控防裂的目的。

3 值得进一步深入探讨的问题

3.1 拱坝体型优化问题

在地形、地质条件适宜的情况下，采用碾压混凝土双曲薄拱坝能明显减少混凝土工程量，降低造价。由于薄拱坝坝体下部混凝土工程量小，有利于坝基清理完毕，利用汛前有限时间，尽快将坝体浇至脱险高程，确保安全度汛。

但有些情况，采用碾压混凝土双曲薄拱坝，由于坝体局部拉应力较大，若为此而提高碾压混凝土强度等级，反而丧失了碾压混凝土低热特性，使温度场和温度应力更为恶化。同时碾压混凝土固有的物理力学特性也难以体现出来。看来碾压混凝土薄拱坝的体型优化，应十分注意坝体应力场的分布和均衡性，不宜过分强调减少混凝土工程量。体型复杂的双曲薄拱坝，对模板的要求较高。且由于仓面较小，碾压施工机械在仓面布置和周转较困难，直接影响了碾压混凝土的上升速度和层间结合质量，难以体现碾压混凝土的快速、优质的施工优势。

3.2 拱坝坝体分缝问题

对于坝体分缝问题，多年来已积累了不少成功经验，但横缝及诱导缝对温度应力和坝体防裂的影响，以及缝的张开度，还值得研究探索。已投产的碾压混凝土拱坝，上游面拱冠部位坝段分段长度（横缝间距）大都为 60～80m，从实际运行情况来看，这样长的坝段上游面，无论是施工期还是运行期均未发现垂向裂缝，也未发现由此而产生的渗漏现象。碾压混凝土拱坝这种长分缝拱冠坝段没有产生裂缝的现象值得深入研究。这种情况是否有其道理和规律，应用前景如何？揭示和掌握这一特性，有利于碾压混凝土拱坝分缝设计和施工。

3.3 拱坝整体拱形问题

碾压混凝土拱坝，除了在筑坝材料、温度场和施工速度等方面具有明显优势外，还有一个重要优势就是大坝从施工一开始就浇筑成整体拱形，这为拱坝能早日投入运行创造了有利条件。能否合理利用这一优势，使其既不会引起坝体应力恶化，又能确保大坝早日投入运行并长期安全运行是至关重要的问题，真正探索明白并切实掌握应用这技术，仍是摆在我们面前的一个重要课题。这一课题受多方面的因素影响：如拱坝横缝或诱导缝的并缝灌浆温度场控制标准的影响；二次灌浆对坝体应力的影响；在横缝或诱导缝张开度不到位情况下进行并缝灌浆时，坝体会不会出现二次张开困难和坝体带缝运行、恶化坝体应力的影响等。如果能在这些方面的研究有所突破，将对碾压混凝土高拱坝的应用推广有显著指导作用。

4 碾压混凝土拱坝今后研究方向

碾压混凝土拱坝短短30多年在我国发展迅速，其由于造价低、施工速度快和投产早的特点被越来越多的工程运用。我国已有不少成功的工程实例，给类似工程积累了许多宝贵的筑坝关键技术。不过碾压混凝土拱坝的发展速度远不能与碾压混凝土重力坝相比，这一方面说明了工程师们的谨慎态度，另一方面也说明碾压混凝土拱坝这种坝型的复杂性。针对此复杂性，碾压混凝土拱坝今后可能有如下发展趋势：

（1）结构设计及材料选取。针对不同工程，需要根据其具体地形地质环境具体分析，碾压混凝土拱坝的设计今后要更加注重高碾压混凝土拱坝整体结构、细部结构（如防渗体系、抗裂措施、层间结合等等）及其设计理论的研究，努力将碾压混凝土筑坝技术应用到200m高的拱坝上。材料选取上需更加重视材料配比的研究，开发强度高、弹模低、极限拉伸值大的碾压混凝土品种。掺和料除采用粉煤灰外，将进一步研究其他掺和料（如高炉磷渣及其他矿物废弃渣）的性能及可能性，扩大掺和料选择范围。

（2）加强施工管理，增强施工组织仿真技术。虽然有许多学者对施工仿真进行了一定研究，但影响施工的因素是多方面的，如何更真实地反映施工现场的仿真技术还有待深入研究。

（3）层间结合问题。通过国内大量工程试验、实践证明，目前建成的200m级龙滩、光照碾压混凝土重力坝运行良好，据室内试验表明碾压混凝土防渗能力能达到W9～W12。而150m级以上碾压混凝土拱坝，以及极高寒极高温不利于施工质量的地区建设，其防渗能力、层间结合能力是否能满足要求，还需要广大工程技术人员进一步试验、论证和实践。

（4）温控仿真研究。随着计算机应用的深入，开展碾压混凝土拱坝的温控仿真研究，考虑了工程实际施工的变化，协调坝体分缝与坝体布置、温度控制与施工进度的要求相适应，充分显示碾压混凝土拱坝的简便性和经济型，达到了碾压混凝土拱坝的温控防裂目的。温度场及应力场的仿真分析虽能在宏观上探明大坝最大应力、最高温度发生的部位和时间，但输入的环境温度和施工参数与大坝实际施工时的温度和参数有较大出入，工程师对仿真计算的成果持谨慎态度。今后还需更加系统、准确地收集和处理施工过程、施工环境参数，充分考虑温度场及温度应力的仿真计算成果。

5 结语

我国自1993年开始进行碾压混凝土拱坝筑坝技术研究，已有30多年的历程和经验的积累，先后承担了普定、招徕河、龙桥、云口、野三河、罗坡坝、三里坪等几十座碾压混凝土拱坝的设计研究，它们代表了我国碾压混凝土拱坝筑坝技术从引进、消化、吸收至全面发展的不同阶段的技术发展水平。

总之，碾压混凝土拱坝筑坝技术，在设计和施工方面仍有许多问题值得深入总结和探索，将筑拱坝技术提高到新的水平，将会使碾压混凝土拱坝工程，特别是高碾压混凝土拱坝工程，在质量和安全运行上更有保障，技术经济效益更为明显。

参考文献

[1] 黄达海. 碾压混凝土拱坝的发展 [J]. 水利水电科技发展，2000，20 (3)：21-24.

[2] 陈秋华. 碾压混凝土高拱坝设计新方法 [J]. 水力发电，2002 (7)：21-23.

[3] 沈崇刚. 中国碾压混凝土坝技术的进展与运行经验 [J]. 水力发电，1999 (10)：41-44.

[4] 沈崇刚. 中国碾压混凝土坝的发展成就与前景（上）[M]. 贵州水力发电，2002a，16 (2)：1-7.

[5] 沈崇刚. 中国碾压混凝土坝的发展成就与前景（下）[M]. 贵州水力发电，2002b，16 (3)：1-5.

[6] 张小刚. 碾压混凝土诱导缝断面强度、断裂的试验研究和数值模拟 [D]. 大连：大连理工大学，2005.

[7] 宋春玲. 招徕河水电站碾压混凝土拱坝快速筑坝技术研究 [D]. 南京：河海大学工程硕士学位论文，2007.

[8] 李海涛，王松. 龙桥水电站碾压混凝土双曲拱坝设计 [J]. 湖北水力发电，2007，67 (4)：22-25.

[9] 杨仕志，田士豪. 罗坡坝水电站泄水建筑物设计及试验研究 [J]. 湖北水力发电，2008，77 (4)：19-22.

[10] 王光辉，葛新民，李晓磊. 分仓施工技术在高墩大跨度预应力混凝土桥桥墩防裂中的应用 [J]. 中外公路，2009，29 (3)：123-125.

[11] 陈晓静. 三里坪电站碾压混凝土双曲拱坝施工技术 [J]. 水利技术监督，2011，(4)：66-68.

[12] 龙起煌，范福平. 勇于开拓创新铸就丰收硕果——贵阳院碾压混凝土筑坝技术及成果综述 [J]. 贵州水力发电，2012，26 (2)：1-9.

[13] 黄华新. 湖北恩施青龙水电站碾压砼双曲拱坝结构设计研究 [D]. 长沙：湖南大学工程硕士学位论文，2012.

[14] M. R. H. 顿斯坦. RCC 坝最新发展动态 [J]. 水利水电快报，2013，34 (11)：1-5.

[15] 齐红军，刘志阳. 云龙河三级水电站碾压混凝土施工技术综述 [J]. 水力发电，2010，36 (2)：27-29.

[16] 杨家修，崔进，张世杰. 龙首水电站碾压混凝土拱坝结构设计 [J]. 水力发电，2001 (10)：15-17.

[17] 郑本荣. 浅谈水利工程碾压混凝土施工技术的现状及发展 [J]. 科技创新与应用，2013，(6)：162.

[18] 李春敏. 碾压混凝土坝筑坝技术综述 [J]. 水利工程建设，2004，(10)：26-27.

[19] 杨忠义，黄绪通. 提高碾压混凝土抗裂性的研究 [J]. 水力发电，1997，(4)：18-20.

[20] 韩亚平. 碾压混凝土拱坝材料布局优化以及坝基对坝体边界应力的影响 [D]. 陕西：西北农林科技大学硕士学位论文，2013.

[21] 李海涛. 招徕河水电站混凝土双曲拱坝的优化设计 [J]. 湖北水力发电，2001 (3)：4-6.

[22] 李海涛. 招徕河碾压混凝土拱坝裂缝处理 [J]. 湖北水力发电，2007 (4)：7-9.

[23] 杨丽萍. 水利工程碾压混凝土施工技术的现状及发展综述 [J]. 工程技术，2012 (7)：257.

[24] 李宁. 基于 BIM 与 IFC 的混凝土坝施工仿真信息模型构建方法研究 [D]. 天津：天津大学硕士学位论文，2012.

[25] 常昊天. 高碾压混凝土坝施工过程仿真与进度风险研究 [D]. 天津：天津大学博士学位论文，2013.

[26] 赵春菊，周华维，周宜红. 系统耦合机制在碾压混凝土坝施工仿真中的应用 [N]. 武汉大学学报（工学版），2013，46 (4)：458-463.

[27] 印术宇，杜志达. 基于 GPSSWorld 的碾压混凝土坝施工仿真模拟 [N]. 水利与建筑工程学报，

2015，13（3）：116－119，155.

［28］ 王仁超，张海涛，刘严如．基于 BIM 的混凝土坝浇筑仿真智能建模方法研究［J］．水电能源科学，2016，34（9）：76－79，55.

［29］ 祁乾隆．碾压混凝土大坝施工技术研究［J］．工程技术与应用，2016（12）：91，102.

［30］ 钟登华，张元坤，吴斌平，等．基于实时监控的碾压混凝土坝仓面施工仿真可视化分析［N］．河海大学学报（自然科学版），2016，44（5）：377－385.

［31］ 孙海燕．浅谈水利工程碾压混凝土施工技术的现状及发展［J］．农业与技术，2015，35（14）：27－28.

［32］ 王仁超，王驰，潘菲菲．基于 AutoCAD 的碾压混凝土坝仿真研究［N］．水资源与水工工程学报，2013，24（2）：83－88.

［33］ 戴凌元．碾压混凝土筑坝技术的应用［J］．科技创新与应用，2013（10）：127.

［34］ 杨毅．碾压混凝土通仓薄层施工技术研究与应用［J］．安徽建筑，2015（3）：56－58.

［35］ 张小芳．对水利水电碾压混凝土筑坝技术的研究［J］．能源水利，2014（6）：82－83.

［36］ 刘斌．中国碾压混凝土坝的发展成就与前景［J］．建筑科学，2015（15）：169－170.

［37］ 雷文训．碾压混凝土坝施工混凝土运输入仓方式的选择与应用［J］．水利水电施工，2011（1）：43－45.

［38］ 李斌，赵国民，刘刚．满管溜槽输送碾压混凝土的新技术在施工中的应用［J］．河南水利与南水北调，2010（9）：72－73.

［39］ 宫凌杰．碾压混凝土施工综述［J］．东北水利水电，2009，27（1）：17－19.

［40］ 吕永德．碾压混凝土坝筑坝工程施工关键技术解析［J］．北京农业，2015（11）：102－103.

［41］ 范维君．水利施工中碾压混凝土施工技术探究［J］．科技创新与应用，2015（24）：219.

［42］ 刘更军．碾压混凝土模板综述［J］．水利水电施工，2013（23）：15－21.

［43］ 谢鹏．水利工程中碾压混凝土大坝施工技术的运用［J］．建材与装饰，2015（11）：242－243.

［44］ 徐中秋．龙桥碾压混凝土双曲拱坝快速施工技术研究［J］．湖北水力发电，2007（4）：57－59.

［45］ 胡清玲，韩锋．麒麟观拱坝溢洪道悬挑部位预制模板的设计与施工［J］．湖北水力发电，2009（1）：50－52.

［46］ 朱金华．碾压混凝土坝应用的关键问题及前景展望［J］．中国水能及电气化，2011（4）：48－52.

［47］ 侯庆国，王忠诚．碾压混凝土筑坝技术在我国的研究与应用［J］．吉林水利，1996（7）：35－37.

［48］ 魏博文．设置诱导缝对混凝土拱坝应力及裂缝的影响研究［J］．南昌：南昌大学硕士学位论文，2008.

［49］ 范瑞朋．碾压混凝土拱坝诱导缝布置形式研究［D］．西安：西安理工大学硕士学位论文，2010.

［50］ 程勇清．高摩赞碾压混凝土斜层铺筑敷设冷却水管施工技术［J］．水利水电工程设计，2012，31（4）：3－6.

［51］ 崔进，罗洪波，陈毅峰，等．贵阳院碾压混凝土拱坝筑坝技术研究与实践综述［J］．水力发电，2018，44（7）：42－46.

［52］ 凌骐．具有诱导缝的碾压混凝土拱坝温度场和温度应力分析［D］．南京：河海大学硕士学位论文，2006.

［53］ 郭业水．云南万家口子 RCC 薄拱坝温度场光纤监测与仿真分析［D］．广西：广西大学硕士学位论文，2013.

［54］ 李海枫，杨波，张国新，等．碾压混凝土拱坝分缝防裂设计关键问题研究［N］．水利学报，2018，49（3）：343－352.

［55］ 郭联合，马栓牢，韩宏祥．龙桥碾压混凝土双曲拱坝温控防裂措施［J］．湖北水力发电，2007（4）：73－78.

[56] 吴海林，李瑶，周宜红，等. 马渡河 RCC 拱坝温度场及温度应力仿真分析 [J]. 人民长江，2008，39 (19)：67-69.

[57] 杜晓刚. 龙桥碾压混凝土双曲拱坝无预冷入仓浇筑和防裂措施研究 [D]. 西安：西安理工大学工程硕士学位论文，2009.

引江济汉工程超大型闸门设计与研究

王业交　吴传惠　罗华　丛景春　马骥

[摘要]　引江济汉工程拾桥河左岸节制闸的孔口宽度为60m，共1孔，闸门有防洪和航运要求。由于闸门孔口宽度较大，工作闸门采用对开弧形钢闸门型式，弧门半径45m，采用单根钢丝绳双向出绳的绳鼓卷扬式启闭机操作，启闭机容量为800kN；检修闸门采用横拉闸门，采用150kN卧式液压启闭机操作。

[关键词]　对开弧形钢闸门；启闭机；布置；设计；研究

1　引言

引江济汉工程是南水北调中线汉江中下游综合治理四项工程之一，该工程的主要目的是将长江之水通过人工渠道引入汉江，来补充因中线从丹江口水库调水后汉江中下游的水源不足，以及避免产生严重的生态环境影响。该工程以调水为主要目的，兼顾航运，拾桥河枢纽左岸节制闸按限制性Ⅲ级航道、1000t级双排单列一顶二驳船队的标准设计，在拾桥河与引江济汉主干渠交叉处，设置通航孔，其单孔净宽60m。通航孔配设闸门，主要承担防御拾桥河洪水和满足上、下游干渠检修的任务。为此，超大型闸门设计成为本工程一大技术难点。

2　方案的提出

拾桥河左岸节制闸其单孔净宽60m，要求60m宽航道内无碍航水工建筑物，通航净空为8.5m。通航孔配设工作闸门，工作闸门要求有检修条件。根据拾桥河左岸节制闸的工程任务、特定条件、运行管理等要求，对门型的研究是十分必要的。

在水利工程中应用的闸门门型较多，而大跨度的闸门相对较少，从国内外工程的闸门实例来看，没有一例是重复的。通过对国内类似已建工程的了解，如江苏常州新闸防洪控制工程“一”字形浮箱式钢闸门（孔口净宽60m）、南京市外秦淮河整治工程三汊河口闸护镜闸门（孔口净宽40m）、常州钟楼防洪控制工程超大型平面弧形双开闸门（孔口净宽90m）、上海苏州河河口水闸工程大型翻板闸门（孔口净宽100m）、合肥市塘西河河口闸站枢纽工程立轴式双向旋转闸门（孔口净宽30m，闸门宽度50m），各项目的工程任务、特定条件、运行管理的要求均不相同，导致闸门不同类型的选择和创新。

在初设过程中，通过三个方案的比较，推荐采用平面对开弧形钢闸门，双向挡水，该门型为介于三角闸门和横拉门之间的一种新型闸门，目前全国类似的门型仅有一例。推荐方案能够满足防洪、航运、检修的功能，60m航道内无妨碍通航的水工建筑物，河面通透，对通航运量和速度无影响，闸孔上方无高大建筑物，没有通航高度的限制，布置简洁，与相关建筑物的布局及周围环境相协调。

3 设计条件

闸门设计水位组合如表1所示。

表1　设计工况组合表

设计工况	拾桥河	引江济汉干渠	底槛高程	设计水头差
防洪时，正向挡水工况	校核洪水位33.45m	相应水位31.21m	26.17m	2.24m
	设计洪水位32.84m	相应水位30.7m	26.17m	2.14m
退洪时，反向挡水工况	闸上水位30.50m	闸下水位31.24m	26.17m	−0.54m
	闸上水位30.50m	闸下水位31.92m	26.17m	−1.42m
防洪时，闭门工况	闸上水位31.92m	闸下水位31.42m	26.17m	≤0.5m
退洪时，启门工况	闸上、闸下水头差<0.5m		26.17m	≤0.5m
检修时，双向挡水工况	一侧水位30.50m	一侧无水	26.17m	4.33m
检修时，启闭工况	闸上水位30.50m	闸下水位30.00m	26.17m	≤0.5m

注　检修工况指左岸节制闸上、下游引江济汉干渠检修。

4 设计方案

闸孔宽度为60m，采用1孔平面对开弧形工作闸门，由2台容量为800kN固定卷扬式启闭机操作，并配设2扇横拉式平面检修闸门（孔口宽4.7m，闸门高5m），检修闸门采用150kN卧式液压机操作。

闸门布置如图1所示。

4.1 闸门及启闭机的设计和布置

采用对开弧形钢闸门，共1孔，通航孔口净宽60m，底槛高程26.17m。对开弧形工作门由2扇弧形闸门组成，沿闸纵轴线对称布置，2个支铰装置分别布置在左、右两岸，弧门各自绕支铰在水平面内转动。单扇弧门面板外缘半径为45m，弧门外侧面板总弧长40m，门高8.9m，支铰中心距闸孔边墙5m；通航时，闸门转动至门库内，门库为扇形状，对称布置在河道两岸。拾桥河侧的校核洪水位33.45m、下游相应为31.21m，闸门设计水头差2.24m，单扇弧门总水压力4656kN；干渠检修水位30.50m、下游无水，闸门设计水头差4.33m，单扇弧门总水压力3164kN。

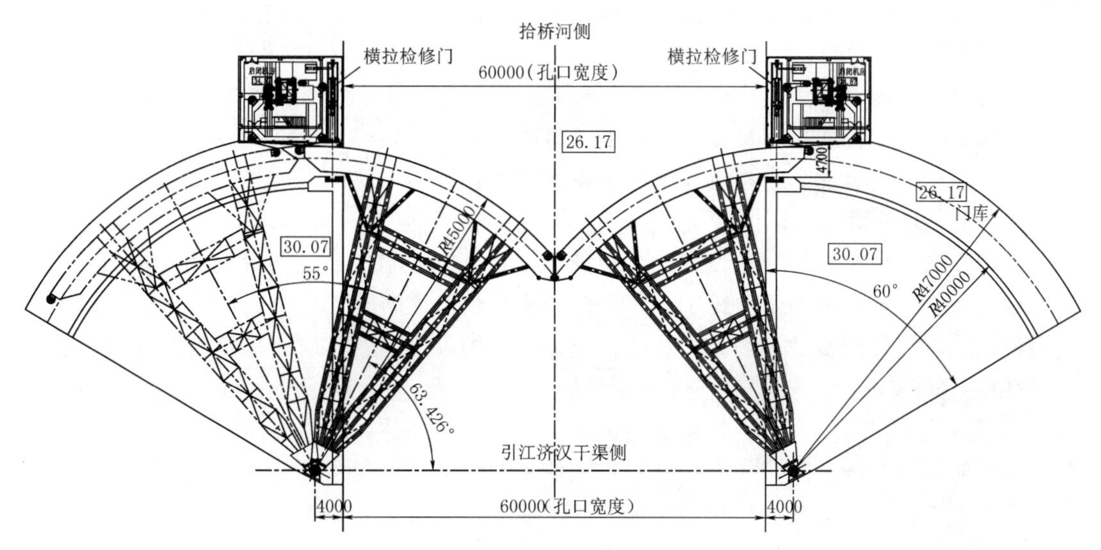

图1 闸门平面布置图

门体主材Q235B，为增加闸门的整体刚度，保证闸门的刚度满足规范要求、保证闸门止水的可靠性，门叶整体采用箱型结构，但门叶在水中也必然产生浮力，因此，可利用门体内的部分空箱作为水舱，部分空箱作为设备舱，通过内置充排水系统调节舱内充水量，控制闸门对轨道的下压力，减小闸门启闭运行时的摩擦阻力。

闸门在水平面内设双支臂结构，为尽量避免支臂长期浸没水下，设计中尽可能地将支臂和支铰高程抬高，支铰高程为32.67m。支臂是传力的唯一体系，也是闸门安全运行的关键所在。由于支臂长细比较大，为解决支臂刚度和失稳问题，其截面采用稳定的三角形桁架结构，支臂在面板系受力段沿总水压力作用线对称布置，采用3根ϕ520mm×18mm钢管组成的等腰三角形桁架格构杆，下面两根钢管最大中心距3m，上、下钢管中心距：端部3.0m，跨中3.3m。3根ϕ520mm之间的联系弦杆采用ϕ245×15mm钢管，两个支臂单元之间设两道格构连接杆以提高支臂的刚度和整体稳定性。

闸门挡洪时，由于在支铰位置不仅要承受较大的径向力，也要承受一定的轴向力，支铰最大径向力为4656kN，最大轴向力约为370kN（主要由支臂的自重引起的）。因此，支铰采用自润滑球关节轴承，轴的直径600mm，材质为45号钢，铰座和铰链的材质为ZG310－570。支铰在水平面内的最大转动角为55°，支铰中心距底槛高度为6.5m，安装高程32.67m。

为满足闸门双向挡水的需要，侧止水和中缝止水采用双P头，底止水采用双L形止水橡胶对称布置，侧止水、底止水和中缝止水形成一道密封圈。闸门门叶的底部支承型式采用弧面滑块，工作曲面半径300mm，为自润滑复合材料。由于弧门埋件长期淹没水下，检修困难，为避免埋件锈蚀，同时，也为了减小门底滑块对底槛的摩擦阻力，弧门埋件的表面采用复合钢板（1Cr18Ni9Ti/Q235B），钢板表面为不锈钢复合层。因单扇闸门结构重量达600t，如果不采取其他措施而直接启门，其启闭力将达2000kN，导致选择启闭机十分困难。因此，通过对门体内的充、排水调节，控制闸门作用在滑块上的总下压力，以尽量减小滑块运行过程中的摩擦阻力，从而选择合适的启闭容量，初步确定滑块上的总下压力控制在 1000kN 左右，必要时可进行调整。

闸门静水启闭，最大启闭水压差不能超过 0.5m。根据本闸门的结构型式，启闭机型式最终选定绳鼓卷扬式启闭机。绳鼓卷扬式启闭机采用单根钢丝绳双向出绳的方式，双向卷筒使一根钢丝绳收而另一根钢丝绳放，钢丝绳通过转向滑轮的定位和导向，从而完成对平面弧门的启闭操作。

绳鼓卷扬式启闭机每侧各设 1 台，容量均为 800kN，启闭机运行速度为 1m/min，钢丝绳直径为 60mm，运行绳长约 45m，闸门绕支铰由门库转至挡水位置约需 45min。因钢丝绳较长，可通过配重进行约束，解决钢丝绳松弛的限度问题。启闭机设在上游侧的平台上，高程为 34.87m。

为尽可能减小启闭力，拟采用两种措施清淤：一是门体内配备高压水枪，沿门端部方向进行喷射；二是改变闸门底部端头结构，使其自然形成一套犁形挤淤装置。

闸门平常存放在旁边的扇形门库内，防洪或河道检修时才启用。因受该门型限制，闸门长期处于水中，给检修带来一定的困难，故将闸门支臂设在门高的上半部，其下面两根钢管的中心线高程为 31.57m，而最低通航水位为 29.37m，因而可以考虑在闸孔口两侧各设一道混凝土边墙，边墙顶部高程为 30.97m，离支臂下部的净空为 340mm，以保证边墙顶部混凝土不干扰支臂在水平面内的旋转，边墙上游端弧形门叶通行处设一个宽 4.7m 的通道，并设置检修闸门，检修闸门平时放置门库内，以免干扰工作闸门的正常运行。当枯水期（11 月至次年 2 月）弧形工作门需要检修时（检修水位不能高于 30.57m，水深 4.4m），将检修闸门推出封闭门库通道，通过水泵将门库内的水抽干，满足工作闸门的无水检修条件。

4.2 超大型平面对开弧形闸门的主要研究内容

4.2.1 超大型闸门结构及支臂动力稳定性研究

通过有限元模型分析计算闸门结构静动力特性，并与模型试验结果进行对照。根据模型试验及计算分析成果，论证闸门运行的可靠性及适宜的运行条件。

4.2.1.1 有限元分析模型

显示单元形态的有限元模型图如图 2 所示。

4.2.1.2 闸门结构动力特征部分

闸门在自由状态下一阶振动基频为 4.8389Hz，考虑水体流固耦合条件下闸门结构模态分析 2.439Hz，反映闸门整体弯曲变形振动；考虑支铰部位约束状态下闸门一阶振动基频为 3.5153Hz，反映闸门整体扭转变形振动，考虑水体流固耦合条件下闸门结构模态分析 2.439Hz；若同时考虑支铰和底部导轨约束时闸门的振动频率上升，一阶基频上升为 4.1152Hz，反映支臂的一阶弯曲振型，考虑水体流固耦合条件下闸门结构模态分析 2.4388Hz，如图 3 所示。

4.2.1.3 闸门结构静力特征部分

通过考虑支铰闸墩部位的闸门结构应力与位移分析，取得了闸门在正向和反向挡水状态的静态特征，主要结果如下：

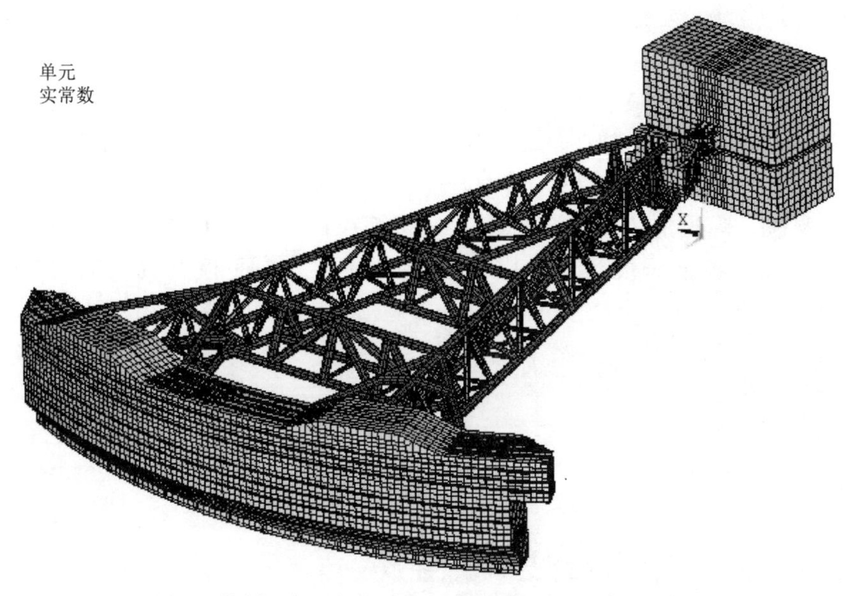

图 2　拾桥河枢纽闸门有限元模型图（显示单元形态）

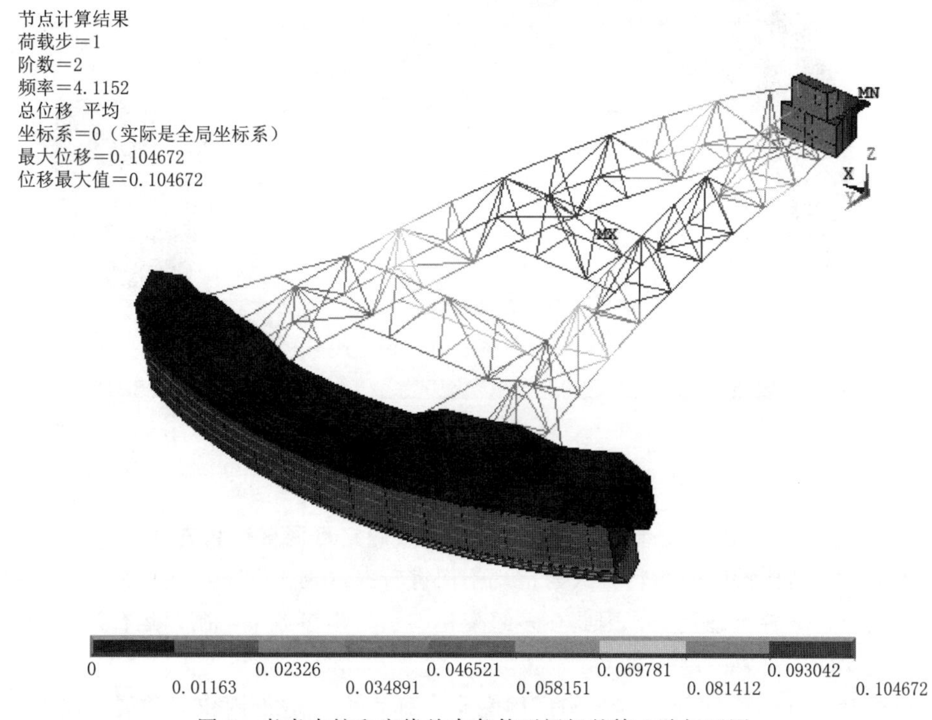

图 3　考虑支铰和底缘约束条件下闸门的第 2 阶振型图

（1）在拾桥河校核洪水位 33.45m，下游（引江济汉干渠）水位 31.21m 的情况下，闸门上总支反力 $F=5366642\mathrm{N}$。闸门最大变形值为 21.619mm，位于近河岸端闸门上游面板底部。最大应力值为 74.773MPa（为压应力），位于闸门 3 号截面底甲板下方纵隔板（腹板）与上游面板交接之处，各纵隔板截面底甲板下方腹板与上游面板交接处应力值基本都接近于最大应力值。支臂三向综合挠度 12.5mm，垂向单向挠度位移 8.1mm，为向上弯曲变形。如图 4 所示。

(2) 当考虑反向挡水最不利工况［闸上水位（拾桥河）26.17m，闸下水位（引江济汉干渠）31.92m，水头差－5.75m］，此时闸门上总支反力合力 F＝5774042N。该工况下闸门最大变形值 28.23mm，位于近河岸端闸门上游面板底部；最大应力值为 132.769MPa，为拉应力，位于闸门 3 号截面纵隔板（腹板）底甲板下方腹板与上游面板交接之处。各纵隔板截面底甲板下方腹板与上游面板交接处应力值均接近于最大应力值。支臂三向综合挠度 14.86mm，垂向单向挠度位移 11.31mm，为向下弯曲变形。

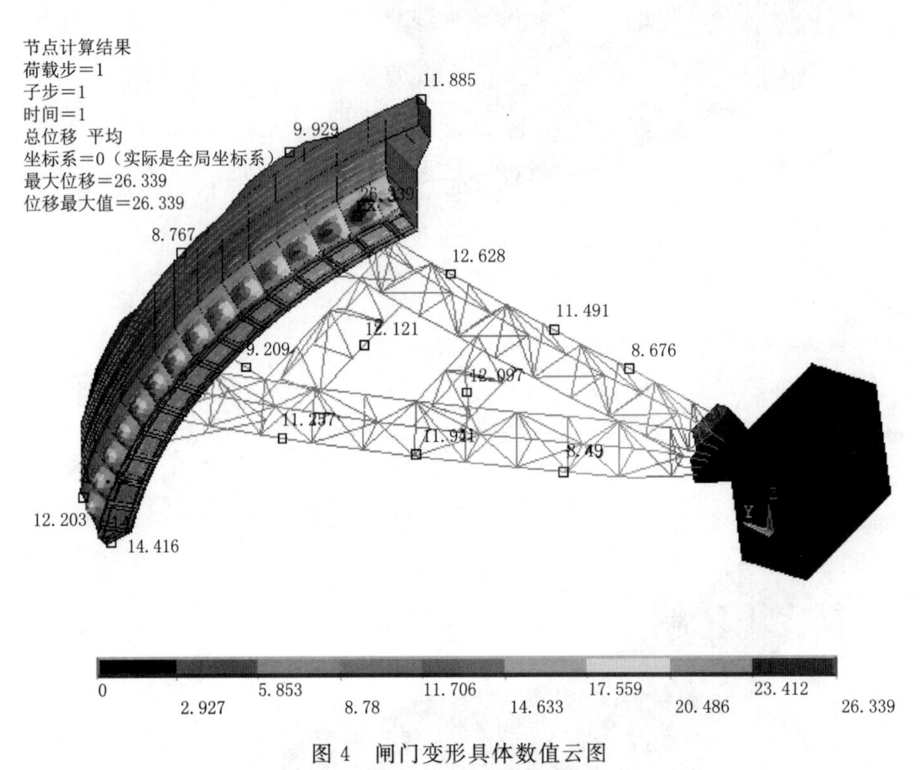

图 4　闸门变形具体数值云图

4.2.2　闸门结构的流激振动特性及抗振措施研究（确定可调重调频方案）

由于该闸门结构特殊，运行方式与常规闸门有较大区别，除平面内启闭外，还有门缝过水的可能性，下游流态复杂，因此在多组变化的水力学参数下，闸门运行过程中可能出现的不利振动问题需要高度重视。

模型试验的闸门门体及支臂结构采用完全水弹性模型进行制作，并展开动水作用下闸门流激振动特性研究。通过对闸门的水弹性模型试验，研究动水作用下闸门流激振动特性。重点测试了门内水位与下游水位持平、闸门处于稳定状态下并逐渐减少箱体内水位直至闸门浮起情况的振动加速度及应变数据，主要用以说明闸门自重的变化（即通过对门内液位的控制，调整闸门的自重和浮力的关系，改变闸门对底槛的压力值）对闸门振动性质（强振/弱振，高频/低频）的影响，并为计算启闭力时所获取的

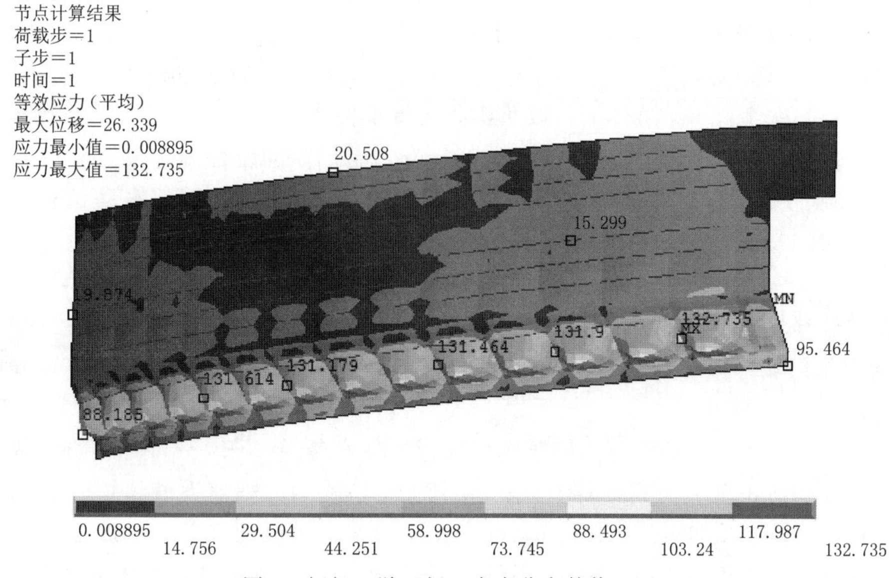

图 5　闸门上游面板上应力分布数值云图

不稳定状态做参考。

试验的主要目的在于：分析不同工况下的位移振动特性；确定合适的门内液位的控制值；为闸门操作提供参考，如图 5 所示。

流激振动模型试验数据表明，随着门内液位的降低，门体的振动加速度、振动应力加大。闸门端部的脉动压力与门内液位的关系较弱。随着闸门轨道处的垂向下压力下降到某一临界值时，闸门首先出现低频小幅度的上下方向的振动，当门内水体进一步略微减小时，闸门出现低频大幅度的振动，闸门较强振动的主能量主要集中在 0.25～0.53Hz，由于门体尾部在门槽内，且起到一定锁定作用的钢丝绳尾部也在相近位置，因此闸门振动时门槽及钢丝绳组对门体有一定约束作用，门体端部（河道侧）与尾部（门库侧）振动不在一个水平面内。闸门出现大幅度振动时，一方面对上下游水流造成较大影响，上下游水面波动加剧；另一方面，从振动响应来看，闸门自身在振动后，对金属结构部分如闸门结构、活动轨道、侧止水处必将造成严重破坏，从而影响工程安全。因此这种振动状态必须予以避免。

为获取闸门结构振动特性，用以说明不同上下游水位、闸门开度，门内液位下不同位置的振动位移的分布特点，并结合观察从振动位移幅值、均方根值和频谱的角度给出评价，从而确定合适的运行区间以及下压力范围。

不同水位差条件下，出现的振动位移均方根值和峰峰值量值有较大差异，目前测量范围内的观测发现：

下压力 3000～4000kN 条件下，水位差小于 0.8m，闸门端部振动位移均方根值范围：0.018～0.030mm，尾部振动位移均方根值范围：0.016～0.03mm；闸门端部振动位移峰峰值范围：0.133～0.259mm，尾部振动位移峰峰值范围：0.111～0.386mm。

下压力 2000～3000kN 条件下，按照实际运行条件水位差小于 0.6m 的情况来看，闸门端部振动位移均方根值范围：0.019～0.064mm，尾部振动位移均方根值范围：0.016～0.052mm；闸门端部振动位移峰峰值范围：0.133～0.306mm，尾部振动位移峰峰值范围：0.111～0.342mm。

下压力 1000～2000kN 条件下，按照实际运行条件水位差小于 0.6m 的情况来看，闸门端部振动位移均方根值范围：0.018～0.065mm，尾部振动位移均方根值范围：0.016～0.063mm；闸门端部振动位移峰峰值范围：0.133～0.310mm，尾部振动位移峰峰值范围：0.111～0.392mm。

下压力 500～1000kN 条件下，按照实际运行条件水位差小于 0.6m 的情况来看，闸门端部振动位移均方根值范围：0.018～0.067mm，尾部振动位移均方根值范围：0.016～0.092mm；闸门端部振动位移峰峰值范围：0.133～0.316mm，尾部振动位移峰峰值范围：0.111～0.565mm。

下压力 200～500kN 条件下，按照实际运行条件水位差小于 0.6m 的情况来看，闸门端部振动位移均方根值大值到 0.045mm，尾部振动位移均方根值大值到 0.278mm；闸门端部振动位移峰峰值大值到 0.274mm，尾部振动位移峰峰值大值到 1.619mm。

下压力 0～200kN 条件下，按照实际运行条件水位差小于 0.6m 的情况来看，闸门端部振动位移均方根值大值到 0.074mm，尾部振动位移均方根值大值到 0.211mm；闸门端部振动位移峰峰值大值到 0.676mm，尾部振动位移峰峰值大值到 2.004mm，表明在计算下压力 0～200kN 时已经有较多工况下发生较强烈的振动，在多个水位差条件下并不稳定，已经不是线性变化。

当下压力小于 0 后条件下，由于存在浮起的工况，对于位移来说更不稳定，按照实际运行条件水位差小于 0.6m 的情况来看，闸门端部振动位移均方根值大值到 0.288mm，尾部振动位移均方根值大值到 0.361mm；闸门端部振动位移峰峰值大值到 3.087mm，尾部振动位移峰峰值大值到 4.154mm，表明在计算下压力小于 0 的情况下时已经有较多工况下发生较强烈的振动，这是需要值得注意的。当水位差加大发生强烈振动后，出现的值更大。

在下压力 2000～3000kN 情况下，当水位差加大后，闸门振动位移量值上升较快，尤其是在水位差大于 1.5m 后振动位移量值迅速加大，可以认为在此后发生的振动量值较大。在下压力 1000～2000kN 情况下，水位差加大到 1.2m 后振动位移量值迅速加大。

结合流态观测，初步确定闸门振动位移的分级，按良好、容许、可容忍、不允许分为 4 级。在小于 0.6m 水位差下，如果从试验情况认为良好等级对应闸门压力约在 1000～2000kN 情况下所出现的最大值，而容许工况时对应闸门在小于 0.6m 水位下压力约在 500～1000kN 情况下所出现的最大值，可容忍工况对应闸门在小于 0.6m 水位下压力约在 0～500kN 情况下所出现的最大值，则可建立位移量值等级表，见表 2。但事实上，闸门振动分级是及其复杂的，牵涉到材料结构破坏机理等各个方面，目前仅是从观察到的现象对应闸门振动位移的大小，实际上从模型试验归纳出的闸门振动分级需要接受原型观测的相互验证，可以根据观测结果，进行比对等方法提出，本表提供的允许振动位移量值表供参考。

表 2　　　　供参考的允许振动位移量值　　　　单位：mm

尾部均方根值				
分级	良好	允许	可容忍	不允许
闸门浮运	<0.063	0.063～0.092	0.092～0.278	>0.278
尾部峰峰值				
分级	良好	允许	可容忍	不允许
闸门浮运	<0.392	0.392～0.565	0.565～1.904	>1.904

由于本工程闸门结构巨大，各测量部位之间的量值差异非常明显，局部与整体之间的关系密切，但局部间出现较大振动位移的时候并不直接表明整体即将面临破坏，可以肯定的是当各测点均出现较大且异于平常的量值的时候，必然出现了异常情况，需要关注。因此从实际出发，按照实际测量得到的数据进行分析，可供试运行阶段采用，而将来具体用以实际运行中的分级振动位移值应通过原型观测结果验证后确定。

从试验结果来看，闸门在局部开启运行或运行到局部开度范围内的情况下：

(1) 如果不考虑浮运，也不考虑水位差大于 0.5m 的情况，在上游水位大于 30.5m 的情况下，则闸门可以在考虑下压力为 1000kN 左右的情况下运行。

(2) 如果考虑到水位差可能加大，则可以考虑下压力适当加大，如果水位差可能达到 1.0m 作用，则下压力可以考虑为 2000kN，如果水位差还有可能加大到 1.5m 及以上，则下压力可以考虑为 3000kN 或更大。

(3) 闭门过程中，上下游水位差可能会逐渐增大，门内液位需要考虑适当增加。开门过程中，上下游水位差通常是逐渐减小的，对门内液位不需要特殊考虑，但如果上涨过快，可能存在浮力过大的情况，仍然对门内液位需要考虑适当增加。

4.2.3　闸门对底槛压力值的确定及调控措施

因单扇闸门结构重量达 545t，如果不采取其他措施而直接启门，其启闭力将达 2000kN，因本闸门布置型式特殊，无法采用动滑轮组，钢丝绳的牵引力倍率只能为单倍率，导致选择启闭机十分困难，启闭机的制造难度和投资也将大为增加。因此，寻求通过对门体内的充、排水调节，控制闸门作用在滑块上的总下压力显得尤为重要，以尽量减小滑块运行过程中的摩擦阻力，从而选择合适的启闭容量。

4.2.3.1　启闭时闸门对底槛压力值的确定

根据闸门流激振动模型试验成果，闸门对底槛的压力值越小，闸门振动位移值就越大，对闸门结构就越不利，而对启闭机的容量选择来说，闸门对底槛的压力值越小，启闭力就越小，工程投资就越节省。

分以下两种启闭工况讨论：

(1) 闸门启闭时全部浮起，闸门对底槛无下压力。闸门流激振动试验表明，当下压力小于 0 后条件下，由于存在闸门浮起的工况，已经有较多工况下发生较强烈的振动。当水位差加大发生强烈振动后，出现的值更大。因而这种工况不可取。

(2) 闸门启闭时不浮起，闸门对底槛有下压力。根据闸门流激振动试验数据结论，在下压力 1000～2000kN 条件下，按照实际运行条件水位差小于 0.6m 的情况来看，闸门振动位移均方根值及振动位移峰峰值均在允许振动位移量值范围以内，闸门振动位移的分级为允许。从流激振动测量的角度出发，在水位差较小的情况下，控制下压力在100～200t均可满足要求；但在水位差较大的情况下，各部位的动水作用加大，控制下压力宜大一些（150～200t）；若控制下压力为200t，按照0.2的摩擦系数考虑，仅摩擦力转换的钢丝绳拉力约为40t，占启闭机总容量的50%，考虑实际的端部水作用力转换为钢丝绳拉力后，在不考虑淤泥、不确定因素产生的其他额外作用力的情况下，总启闭机容量仍有一定的安全裕度。因此，确定闸门启闭时滑块上的总下压力控制在1000kN、1500kN两种工况，闸门最大启闭水压差不能超过0.5m。

4.2.3.2 控制闸门启闭时对底槛压力值的措施

不考虑浮力作用，闸门自重对底槛的下压力为4820kN，现在需要将闸门启闭时滑块上的总下压力控制为1000kN或1500kN的基本恒定值，就必须借助闸门的浮力。为此，闸门门叶整体须采用浮力可调式浮箱结构，利用门体内的部分空箱作为水舱，部分空箱作为设备舱，通过内置充排水系统调节舱内充水量，控制闸门对轨道的下压力在不同水位工况条件下基本恒定，既减小闸门启闭运行时的摩擦阻力，又能保持门体平稳移动。每扇闸门设2个设备舱，每个设备舱内均设置立式自吸泵（设2套，一用一备，必要时2台水泵可同时运行以加快排水速度）、电磁阀、闸阀、压力表、进排水管道等设备。水泵启动为远程控制。门叶内的水泵设备舱平面布置见图6，水泵设备舱截面见图7。

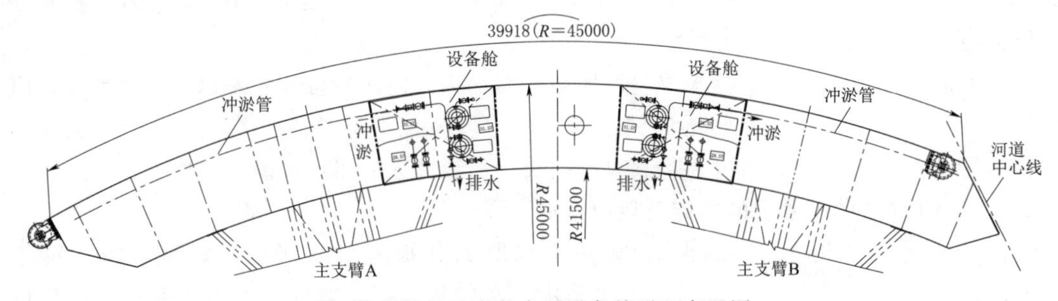

图6 闸门门叶内的水泵设备舱平面布置图

闸门基本上为静水启闭，通过渠道上下游的其他节制闸来充水平压，最大启闭水位不得超过0.5m。通过计算编制闸门对底槛的不同下压力下渠道上下游水位、门叶内部液位高度的对应关系表，作为指导闸门充泄水操作的依据。上下游水位、门叶内部液位高度经数据采集，传送到中控室，中控室管理员可以根据上下游水位通过控制水泵运行，调节门内液位达到表中的对应水位，以保证在启闭过程中闸门对底槛压力值基本恒定，使闸门平稳运行。

通过门内液位的调控来控制下压力，对于闸门启闭十分有利，其设置的初衷是可以有效减小闸门启闭力数值。但同时尽量加大门内液位高度，增大下压力，对于减小闸门振动、保持闸门稳定运行又有着重要意义。在实际控制中需要密切关注水位变化并快速响应门内液位的控制以利安全，尤其是在运行中由于诸多原因（如突降大雨、突然来流等）出现的水位突变时更加需要快速控制门内液位。

在上下游均为高水位且可能泄水的条件下，门内液位的控制更显重要，因为由于上下游的浮力较大，一旦上下游某一侧水位迅速壅高的话，浮力将迅速加大，而如果液位控制

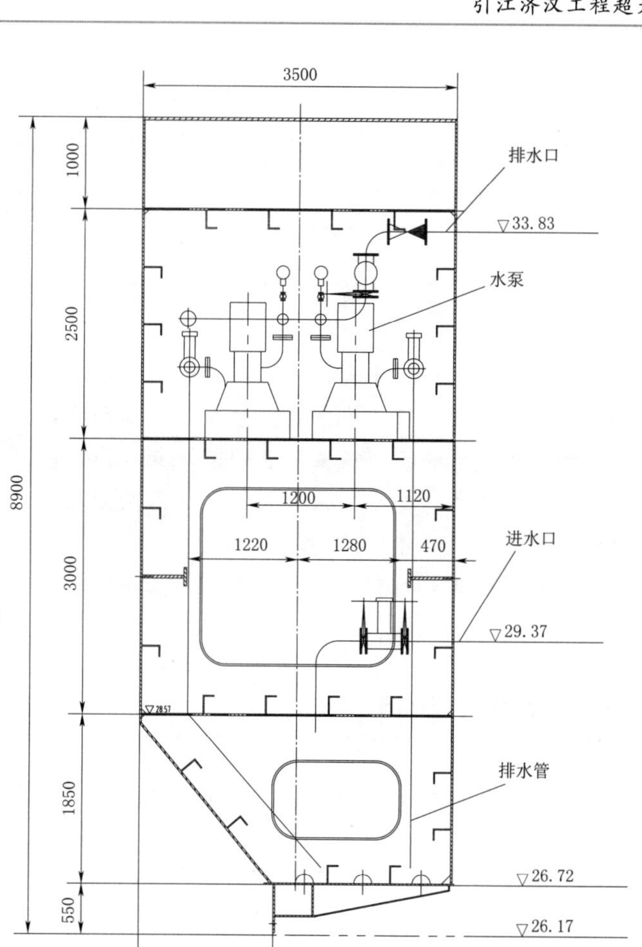

图 7　闸门门叶内的水泵设备舱截面图（单位：mm）

没有跟上时将可能导致闸门浮起并可能发生振动破坏情况。

5 结语

在广泛收集国内现有资料的基础上，根据工程运行管理的要求，对门型的选择进行了全面的比选和研究，借鉴荷兰鹿特丹马斯兰特阻浪闸的优点，采用了一种介于三角闸门和横拉门之间的一种新门型——超大型对开弧形闸门。迄今为止，该门型在国内国际水利水电工程中仅有类似的一例（已运用在常州钟楼防洪控制工程上）。在确定工程基本门型的基础上，对闸门的结构型式、启闭装置（包括检修闸门）等进行了设计研究和优化布置，采用了浮箱式门体结构、管系空间桁架式支臂结构、自润滑球铰、闸门对底槛压力值的测定传感装置等一系列技术和方法，使闸门具有更好的可靠性和实用性。本工程超大型对开弧形闸门在设计思路、结构动力稳定性、抗震、冲淤措施等关键技术方面均有所创新和突破，对于大跨度低水头的河道防洪景观工程具有一定的应用价值。

高压闸门水封的研究与应用

杨威　罗华　吴传惠　丛景春　肖云鹏

［摘要］ 本文介绍了我国高压闸门水封的研究历程以及前沿研究理论，并以此为基础提出了高效的闸门水封研究方法，即计算机仿真与模型实验相结合，先通过计算机仿真比较选出最佳的止水断面型式再通过模型实验实际验证其水封性能。笔者认为，在实际工程中，运用计算机仿真与模型实验相结合的方法，能够在高水头闸门水封设计过程中提高设计效率、缩短设计周期、减少实验成本。

［关键词］ 高水头；闸门；橡胶水封；材料特性；有限元仿真；止水断面；研究方法

1 高压水封研究的意义和目的

止水装置是水工金属结构一个重要的组成部分。闸门水封系统虽然在整个水工金属结构设备中占比较小，但是其拆卸安装耗时长、难度大，检修维护耗时耗力。闸门水封的效果不好会导致闸门漏水，造成水资源浪费，无法起到挡水要求。尤其是在高水头闸门的情况中，水压极大，细小的缝隙就会形成缝隙气穴，不仅会造成埋件的气蚀，还会引起闸门的振动威胁到闸门甚至整个水工建筑物的安全性。因此，对闸门水封尤其是高水头闸门安全性和可靠性的研究就显得十分重要。

随着我国水利事业不断发展，我国水电工程的建设规模也不断增大，许多在建或待建的水电工程都涉及高水头闸门的止水问题。特别是2000年后，国家提出了“西部大开发”战略，水电作为国家优先发展的绿色可再生能源，西部地区今后将会出现许多高水头、特高水头的水电站，这将会对高水头闸门的水封技术提出更高的要求。

2 高压水封研究的发展历程

目前，对高压闸门水封的研究一般有两个方向：①对水封材质的研究；②对水封结构型式的研究。

2.1 国内闸门水封材质的研究历程

在中华人民共和国成立初期，由于技术落后，闸门孔口、水头较小，曾经采用过木质和麻织物作为水封材料。20世纪60年代初，随着技术不断成熟，闸门孔口增大、水头增高，水封开始逐步选用橡胶材料。在闸门运行过程中，将橡皮预压2～5mm，利用橡胶的受压变形使闸门封水。但是，由于长期处于挤压变形的状态下，橡胶处于剧烈的拉裂和磨损状态，严重影响其使用寿命，而且，橡胶的挤压变形形成的接触面增大和橡胶的高摩擦系数都加大了闸门启闭力，提高了工程投资。

进入 20 世纪 80 年代后，南京橡胶厂与上海材料研究所合作，完成了聚四氟乙烯橡塑复合水封的研制，开启了我国第二代止水橡胶的研发阶段。之后，蜀都水利水电工程配件总厂在此基础上改进了工艺，将传统配方中的有机防老剂替换为无机防老剂，大幅增加了聚四氟乙烯薄膜与橡胶的黏结强度，同时将短节薄膜改为长薄膜生产工艺，增加了水封的使用寿命。90 年代初，蜀都水利水电工程配件总厂又与相关科研单位及院校一起，研发了喷涂型聚四氟乙烯橡塑复合水封，解决了整体模压水封的搬运问题。橡塑复合水封的应用，极大地减小了止水橡皮与埋件之间的摩擦力和闸门启闭力，同时该材料表面张力很小，不易黏附其他物质，水封的耐磨寿命也极大地延长。

2.2　国内高压闸门水封结构型式的研究历程

国内对于高压闸门水封结构型式的研究开始于 20 世纪 80 年代。为完成黄河上游龙羊峡水电站泄水底孔弧门和事故检修门的水封设计，原陕西机械学院水利水电研究所首先开展了高压闸门水封技术的研究，通过对 T 形、E 形、“山”形等众多型式橡胶试件的受力变形研究，发现“山”形止水无论在受力稳定性还是装夹配合性上的表现相比其他型式都更加优异。在确定了“山”形后，该所又通过对不同体型和尺寸的比较，最终确定了十多种“山”形止水断面型式。

1987 年，原武汉水利电力大学水工摩擦、磨损实验室受西北院的委托，又对陕西机械学院水利水电研究所同组试件进行了变形与摩擦实验，测试了不同材质橡胶水封在多种压力下的压缩量和变形量，在空气中、清水中和各种含沙量浑水中的摩擦情况，以及多种压力、滑行速度、承压时间下止水橡胶摩擦系数的变化规律。

之后，为解决小浪底、三峡、卢瓦提、水布垭等一系列高水头闸门水封问题，南京水利科学研究院、云南水利水电科学研究院、中国水利水电科学研究院也相继进行了高压水封结构型式方面的研究，验证了多种材质和断面型式的闸门水封在水密性实验中的止水效果。

3　前沿研究理论

过去，闸门水封的研究方法主要是模型实验，通过对不同材质和不同截面型式的水封试件进行测试，利用测点的实验结果来分析各种类型止水元件的应力-应变关系、滑动摩擦系数以及不同介质对止水元件摩擦力和使用寿命的影响等。这种方法的缺点是，对材质和截面型式的选择具有一定盲目性，研究人员只能凭借经验和猜测去尝试各种截面型式与材质的组合，不仅费钱费时，而且还不一定能选到最优组合。

随着计算机技术的发展和有限元理论的不断完善，闸门水封的研究方法也从单纯的模型实验发展到计算机仿真与模型实验相结合的方法。首先对不同截面型式与材质的组合进行非线性有限元仿真计算，然后在仿真计算的结果中选取相对较优的组合有针对性地进行模型实验。将计算机仿真技术与传统模型实验相融合，可以对闸门水封的变形、应力分布、封水宽度、接触压缩量等模型实验难以测量的参数进行全面的模拟，同时又能大幅减少模型制作的时间和费用。

要对闸门水封进行非线性有限元计算，首先就要对水封材料的物理特性，受压变形特性进行模拟和建模，得到其基本变化规律。除了材料的初始弹性模量、初始剪切模量、泊松比、材料硬度摩擦系数等材料基本力学特性之外，橡胶材料由于其特殊的高弹性物理特性，使得闸门水封的计算机仿真还涉及材料非线性（超弹性性质、黏弹性性质）问题、止水橡胶受压发生大变形时的几何非线性问题以及止水元件与压板、止水面板之间的接触非线性问题等，因此，闸门水封的有限元仿真建模需要基于特殊的非线性理论模型。

3.1 橡胶水封的材料非线性问题

3.1.1 橡胶材料的超弹性特性

闸门开始下闸封水到闸门完全关闭的过程中，止水元件承受短期荷载，产生较大变形，此时其应力与应变的关系虽不是线性的，但与荷载时间无关，可以看做是超弹性材料，其变形具有以下特征：①应力和应变的关系是非线性的；②材料体积具有不可压缩性，即在加载时，只发生变形但总体积不发生变化；③材料可承受大变形，不能简单用小变形理论描述其变形过程。

对于超弹性材料的本构关系，通常根据 Green 法进行建模，从势能函数出发得到弹性体的本构方程：

$$\begin{cases} I_1=\lambda_1^2+\lambda_2^2+\lambda_3^2 \\ I_2=\lambda_1^2\lambda_2^2+\lambda_2^2\lambda_3^2+\lambda_1^2\lambda_3^2 \\ I_3=\lambda_1^2\lambda_2^2\lambda_3^2 \end{cases} \tag{1}$$

其中，λ_1、λ_2、λ_3为拉伸比。

3.1.1.1 Mooney - Rivlin 模型

Rivlin 在 Green 法模型的基础上提出了橡胶在形变前和体积不可压缩状态下，其弹性行为是各向同性的，并由此将材料应变能密度函数表达为

$$W=W(I_1,I_2)=\sum_{i,j=0}^{n} C_{ij}(I_1-3)^i\ (I_2-3)^j \tag{2}$$

Rivlin 模型的一般形式较为复杂，研究时通常采用其基于I_1 和I_2 展开的一阶二项模型，即 Mooney - Rivlin 公式：

$$W(\lambda_1,\lambda_2,\lambda_3)=C_1(\lambda_1^2+\lambda_2^2+\lambda_3^2-3)+C_2(\lambda_1^2\lambda_2^2+\lambda_2^2\lambda_3^2+\lambda_1^2\lambda_3^2-3) \tag{3}$$

式中：C_1、C_2 可视为材料特性参数，但没有明确的物理含义，仅作为实验回归系数处理。

3.1.1.2 Ogden 模型

在 Rivlin 模型中，为了限制函数形式，Rivlin 假设应变能只能是拉伸比的偶次幂函数。但这一假设是没有物理依据的，只是单纯为了计算方便而提出。因此，Ogden 教授首次放弃应变能只能是拉伸比偶次幂函数的假设，提出了以级数的形式描述体积不可压缩

材料的应变能函数，即 Ogden 公式：

$$W=\sum_{n}\frac{\mu_n}{\alpha_n}(\lambda_1^{\alpha_n}+\lambda_2^{\alpha_n}+\lambda_3^{\alpha_n}-3) \tag{4}$$

式中：α_n 为常数，可取任意值；μ_n 为材料待定常数。

实验证明，在一般应变范围内的单向拉伸和纯剪实验中，采用二项的 Ogden 公式已经能够很好地模拟超弹性材料的应力-应变关系，但为了表示三种应变，需要用 Ogden 公式的三项表达式，即

$$\sigma_i=\sum_{n}\mu_n\lambda_i^{\alpha_n}+\sigma_0 \tag{5}$$

$$\sigma_1-\sigma_2=\sum_{n}\mu_n(\lambda_1^{\alpha_n}-\lambda_2^{\alpha_n}) \tag{6}$$

式中：σ_0 为任意静水压力值。

3.1.2 橡胶材料的黏弹性特性

刘礼华在《高水头弧形闸门伸缩式水封的黏弹性仿真计算方法》一文中提出橡胶类材料不仅具有超弹性性质，同时也具有一定的黏弹性性质，即在闸门封堵的持续期间，止水元件受长期的荷载下其应力应变表现出与时间相关的黏性性质。反映在橡胶水封材料上就是蠕变和松弛两个方面，其流变特性可以通过改进的 Mooney - Rivlin 公式进行模拟。刘礼华认为，材料的蠕变和松弛是由 Mooney - Rivlin 公式中材料的特性参数随时间变化所引起的。因此改进后的公式可以表示为

$$\sigma_{ij}(t)=\frac{\partial I_1}{\partial E_{ij}}C_1(t)+\frac{\partial I_2}{\partial E_{ij}}C_2(t) \tag{7}$$

式中：$C_1(t)$、$C_2(t)$ 均为随时间变化的材料特性函数。

根据 Mooney - Rivlin 的改进公式，可以得到单轴拉伸、压缩情况下应力与应变的关系函数：

$$\sigma(t)=2(\lambda-\lambda^{-2})C_1(t)+2(1-\lambda^{-3})C_2(t) \tag{8}$$

式中：λ 为单轴拉伸比。

由于准确的 $C_1(t)$ 和 $C_2(t)$ 函数无法确定，只能根据实际经验假定其函数形式，再由实验数据计算函数中的待定参数，进而得到实验材料近似的 Mooney - Rivlin 黏弹性函数 $C_1(t)$、$C_2(t)$。因为橡胶材料的应力流变规律为先快后慢、随时间的推移趋于平稳，因此刘礼华假定其黏弹性函数的形式为

$$C_k(t)=C_k-D_k(1-e^{-q_k t})=C_k-D_k(t)\quad(k=1,2) \tag{9}$$

将假定的橡胶黏弹性函数代入其应力应变关系函数中可得到：

$$\sigma(t)=2(\lambda-\lambda^{-2})C_1+2(1-\lambda^{-3})C_2-2(\lambda-\lambda^{-2})D_1(t)-2(1-\lambda^{-3})D_2(t) \tag{10}$$

根据实验可测得一组 σ、λ 关于时间的试验数据 $\sigma(t_i)$、$\lambda(t_i)$，可利用最小二乘法，将试验数据代入上式中求得近似的 C、D、q 值，从而得到止水材料的 Mooney - Rivlin 黏弹性函数。

3.2 橡胶水封的几何非线性问题

高水头闸门工作时，橡胶水封受力产生大变形，其平衡条件应该建立在变形之后的形

态上，因此其应力应变的关系式中应包含位移参数的二次项。对于这类涉及几何非线性的问题，一般采用增量分析法。假定材料各点在时间 0、t、$t+\Delta t$ 的坐标和位移，然后再表示出 $t+\Delta t$ 位置时的平衡条件和力边界条件状态关系。

该关系可采用完全拉格朗日法或更新的拉格朗日法进行求解。两种方法的区别在于：完全 Lagrange 格式（T. L. 格式）中，所有变量的参考位形为初始时间 0 的位形；更新的 Lagrange 格式（U. L. 格式）中，所有变量的参考位形为任意时间 t 的位形并在求解过程中不断更新。

3.3 橡胶水封的接触非线性问题

由于闸门水封的受力结构中包含止水橡胶与水封压板、门槽止水面板之间的接触，而这一接触面将使得止水整体结构的受力响应与荷载的关系不再保持线性的关系，这种因接触面而产生的非线性关系称为接触非线性问题。解决这类非线性问题的方法有拉格朗日乘子法、罚函数法、增广拉格朗日乘子法及直接约束法等。

拉格朗日乘子法的原理是在原状态函数中引入一个拉格朗日乘子 λ，该乘子的物理意义即为接触力，从而将接触面上的约束与原状态函数联系在一起，但是由于拉格朗日乘子的引入，状态方程的求解也变得更加复杂了。罚函数法可以理解为在接触面上引入了一个弹簧力为罚因子 α 的弹簧，将该弹簧做的功加入系统总势能中进行求解。通过设置合适的 α 值，将求解有约束最优化问题转化为求解无约束最优化问题。但罚函数的弊端是罚因子 α 的取值难以把握，取值太小难以模拟出真实的接触约束，取值太大可能会造成方程求解困难。增广拉格朗日乘子法是将拉格朗日乘子法与罚函数法结合在一起，它改善了线性方程因罚因子取值过大而造成的不适应性和罚因子的选取限制。直接约束法则是利用有限元分析软件直接约束物体运动，当探测到发生接触时，直接将运动约束（如法向无位移）和接触力作为边界条件引入到接触点上。

4 高水头闸门水封设计实例

4.1 拉西瓦水电站导流洞封堵闸门水封

拉西瓦水电站位于我国青海省内黄河干流上，是黄河上游龙羊峡至青铜峡河段规划的一座大型梯级电站，总库容 10.56 亿 m^3，共 6 台机组，总装机容量 420 万 kW。其施工导流洞的封堵闸门孔口尺寸为 6m×11.574m（宽×高），强度设计水头高达 165m，总水压力达 11.75 万 kN。封堵闸门原止水方案为“山”形充压压紧式水封，利用库水位压力向水封背面压力腔加压，使水封头部紧贴水封座板止水。但由于门槽埋件安装时偏差超标，原设计无法达到止水要求，设计单位西北水电设计院选择将原止水方案更改为伸缩式水封，其断面形式如图 1 所示。

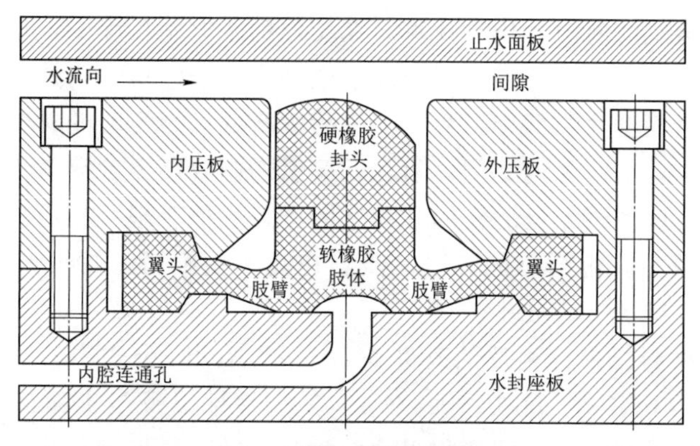

图1　伸缩式水封断面

设计单位首先对拟选取的橡胶水封截面型式进行了非线性有限元仿真计算，分析止水元件在止水过程中的应力分布状况以及止水橡皮与水封压板、水封垫板、水封座板之间的接触应力分布状况。因为门槽埋件安装偏差超标，计算时设计者按照水封与水封座板之间间隙量划分为0、4mm、8mm、12mm、16mm、20mm共6组进行计算比较。实验结果显示，只需将水封与水封座板之间的间隙量控制在12mm之内，伸缩式水封就能保证闸门有效封水。

在计算机仿真结果满足工程需求的情况之下，工程参建单位对水封试件进行了打压模型试验，水封试件断面比例为1∶1。试验测试了不同水封与水封座板之间间隙量和不同库水位下水封试件的水密性，得出了该水封试件能够满足本工程封水要求的结论，而且试验数据与计算机仿真计算的结果也有较高的吻合度。

4.2　瀑布沟水电站放空洞弧门水封

瀑布沟水电站位于四川省汉源县和甘洛县境内的大渡河中游，是一座以发电为主、兼有防洪拦沙等综合效益的特大型水利水电枢纽工程，电站总装机容量3300MW。瀑布沟水电站放空洞弧门孔口尺寸为6.5m×8.6m（宽×高），强度设计水头126.28m，设计单位为成都勘测设计院。通过比较，设计单位最终选择了充压伸缩式水封作为放空洞弧门止水型式，止水元件断面选择“山”形。为验证所选止水断面和止水材料的适用性，设计单位对所选止水型式进行了非线性有限元计算仿真。共比较了9种翼头型式和15种封头型式，最后选取了最佳的水封断面组合，并对该断面的水密性能、位移时程、应力应变时程、接触应力时程进行了仿真计算，计算结果显示所选取的止水型式能够满足工程止水要求。为了验证水封仿真计算的结果，设计单位随后对推荐的最优断面水封进行了模型实验。实验选取了1∶1原型断面、中心距0.9m×0.9m的方形水封模型。实验结果表明，模型实验的检测数据与仿真计算数据基本吻合。

5　结语

可以看出，在上文中提到的两个高水头闸门水封设计中，设计单位都是在模型实验之前首先进行了止水型式的有限元仿真计算。在拉西瓦水电站工程中，是运用有限元仿真计算验证所选断面的方案可行性。而在瀑布沟水电站中，设计单位则是通过计算机仿真比较选出了最佳的止水断面型式。两个工程中，之后进行的模型实验的实验数据都验证了非线性计算仿真结果是可信的。无论是测试值与计算值的吻合度还是数值变化规律的一致性都达到了仿真计算与实验测试相互验证的效果。因此，我们有理由相信，在实际工程中，运用计算机仿真与模型实验相结合的方法，能够在高水头闸门水封设计过程中提高设计效率、缩短设计周期、减少实验成本。

在描述橡胶类材料黏弹性性质的改进 Mooney - Rivlin 公式中，对橡胶黏弹性函数的假定衰减形式：$C_k(t)=C_k-D_k(1-e^{-q_{kt}})$。其合理性以及与实际情况的贴合度还有待进一步论证。在今后的研究中，还要加强橡胶类材料的理论模型分析，为水封的非线性有限元计算和应用提供更坚实的理论基础。

参 考 文 献

[1] 刘礼华，欧珠光，陈五一，方寒梅. 高压闸门水封的非线性计算理论与应用 [M]. 北京：中国水利水电出版社，2010.

[2] 刘礼华，熊威，顾因，张宏志. 高水头弧形闸门伸缩式水封的黏弹性仿真计算方法 [J]. 水利学报，2006，37 (9)：1147 - 1150.

[3] 李自冲，薛小香，吴一红，张东. 高水头平面闸门 P 型水封非线性有限元模拟 [J]. 水利水电技术，2012，43 (4)：33 - 36.

[4] 贾爱军，吕念东，张万秋. 瀑布沟水电站金属结构设计 [J]. 四川水力发电，2011，30 (5)：117 - 119，122.

[5] 薛小香，吴一红，李自冲，曹以南，张东. 高水头平面闸门 P 型水封变形特性及止水性能研究 [J]. 水利发电学报，2012，31 (1)：56 - 61，92.

[6] 孙丹霞，朱增兵，方寒梅. 拉西瓦水电站高水头闸门伸缩式水封研究及运用 [J]. 水利发电，2009，35 (11)：54 - 56.

碾盘山智能水电厂体系架构研究

刘伟　刘学知　梅岭　黄戬

［摘要］ 结合碾盘山水利水电枢纽工程提出了基于一体化平台为核心构建智能水电厂的总体设计思路。通过研究智能水电厂“安全分区、网络专用、横向隔离、纵向认证”的总体构架和技术特点，提出了主要建设内容并对技术优势进行了初步分析。

［关键词］ 智能水电厂；体系架构；一体化平台

1 引言

水电是最主要、最成熟并且能源效率最高的可再生能源。2018 年我国水力发电总装机容量和年发电量均位居世界第一，其中总装机容量约 352GW，占全球水电装机总量的 27.2%；年发电量约 1202.4TW·h，占全球水力发电量的 28.7%。从我国的能源结构来看，2018 年水力发电量占电力产量的 16.9%，占再生能源发电总量的 65%。因此，水力发电在我国的能源结构特别是再生能源发电中占据重要地位。

经过多年的技术积累和积极推广，我国现有水电厂已普遍部署计算机监控、微机继电保护、在线监测、安全监测、水情水调等面向各类业务应用的自动化系统。但各系统基本采用独立构建的方式，缺少统一的接口标准和数据模型，使得系统的整体性和协调性不足、数据信息共享困难，业务流程耦合性差，运维成本居高不下，无法满足电力生产过程的智能控制、流程运行、智能管理、优化调度等需求。

在水电厂智能化技术的系统性研究与应用方面，国内外都还处于起步阶段，问题很多，难度很大。国外研究重点集中在区域数据共享与可视化辅助运维技术的应用方面。国内在技术体系方面的研究进展较快，部分自主研发的关键技术将逐步进入应用研究阶段，但完成全面推广与应用将是一个长期的过程。

2 理论

智能水电厂以一体化平台为核心，制定各类自动化系统和管理信息系统的技术规范和标准，全面耦合电调、水调、安全监测、状态检修等水电厂核心业务，研究覆盖设计阶段、制造阶段、基建阶段、运营阶段、退役阶段等水电厂全生命周期的建设方案。

2.1 体系架构

根据《电力二次系统安全防护规定》的要求，系统采用“纵向分层、横向分区”的架构，实现“安全分区、网络专用、横向隔离、纵向认证”。

纵向分层从逻辑上分为“过程层—单元层—厂站层”三个层级，各层级内部及各层之间采用安全、可靠、高速的通信机制。横向分区划分生产控制大区和管理信息大区。生产控制大区划分控制区（安全区Ⅰ）和非控制区（安全区Ⅱ），安全区Ⅰ实现对电力一次系统的实时监控，安全区Ⅱ部署在线运行但不具备控制功能的业务系统。管理信息大区部署其他类水电厂管理业务系统。

生产控制大区与管理信息大区之间设置横向单向安全隔离装置，隔离强度接近或达到物理隔离。生产控制大区内部的Ⅰ区和Ⅱ区之间采用具有访问控制功能的网络设备、防火墙等实现逻辑隔离。纵向认证采用认证、加密、访问控制等技术措施实现数据安全传输及边界防护。

智能水电厂体系架构如图1所示。

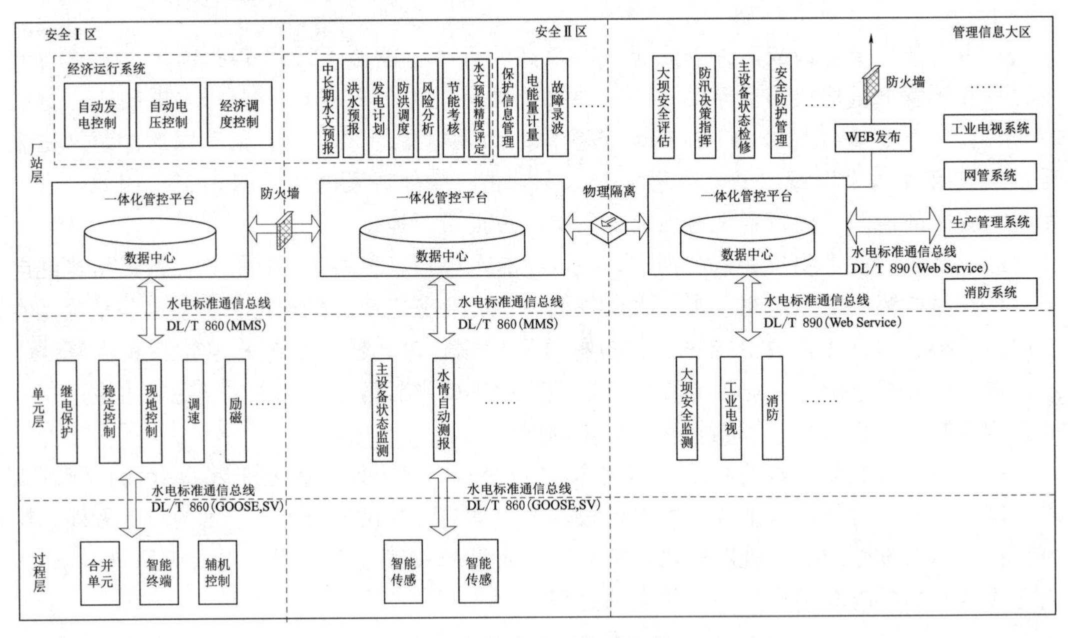

图1 智能水电厂体系架构

2.2 纵向分层结构

（1）过程层。过程层对电厂生产过程进行全面检测和感知。将配置智能组件及智能电子装置（IED）的各类机电设备的关键参数、设备状态及其他信息以数字化格式进行高效处理和智能传输，为单元层和厂站层提供数据支持。过程层将各智能终端采集的测点信息通过GOOSE网发布，订阅并执行单元层控制命令；采样电流/电压互感器的一次值，通过SV网发布。

（2）单元层。单元层部署二次系统主控设备，实现使用一个单元的数据并且作用于该单元机电设备的功能。各单元的智能控制器、同期装置、采样装置、励磁、调速等通过GOOSE/SV网采集和处理过程层的各类信息，接收厂站层通过MMS网发出的控制指令。智能单元设备根据预先设定的逻辑算法和控制闭锁流程对数据和指令进行判断，通过GOOSE网下发到过程层智能终端。

（3）厂站层。厂站层完成厂级运行监视、分析评估、自动发电控制、优化调度、经济运行等功能，部署各类工作站、服务器、一体化平台、业务系统、管理系统等各类硬\软件设施，实现发电控制、运行决策、生产管理的智能化。

2.3 横向分区结构

（1）控制区（安全区Ⅰ）。安全区Ⅰ中运行电厂监控系统的核心业务。运行人员通过业务系统直接实现一次设备的数据采集和控制，具有最高安全级别，是安全防护的重点与核心。

（2）非控制区（安全区Ⅱ）。安全区Ⅱ中的业务系统在线运行，但不具备控制功能，是电力生产的必要环节，各系统与安全区Ⅰ中的系统或功能模块联系紧密。

（3）管理信息大区。管理信息大区中的业务系统不具备控制功能，不在线运行，实现电力信息管理和办公自动化等功能。

3 应用案例

湖北省碾盘山水利水电枢纽工程位于汉江中下游湖北省钟祥市境内，是国务院批复的《长江流域综合规划》中推荐的汉江梯级开发方案中湖北境内的第8级，已纳入国务院确定的172项节水供水重大水利工程。碾盘山枢纽为二等大（2）型工程，电站总装机容量6×30.0MW，年平均发电量6.16亿kW·h，年利用小时数3421h。电站110kV出线两回，采用分散接入方式，发变组接线采用两机一变扩大单元接线。碾盘山水电厂的电气设计采用统一的标准、协议、模型，实现一次设备智能化、二次设备网络化、信息平台一体化。核心建设内容包括监控、保护、一体化平台等。

3.1 监控与保护

3.1.1 监控系统

监控系统采用“三层两网”的逻辑结构。三层结构包括过程层、单元层、厂站层，两层网络分别是MMS网、GOOSE/SV网。“三层两网”结构如图2所示。

过程层主要由电子式互感器、合并单元、智能终端、智能传感等构成，完成现场终端数据的采集、测量、控制，主要包括实时运行电气量的采集、非电气量的采集、设备运行状态在线监测、控制指令执行等。

单元层负责现地数据采集和监控，各单元的智能装置实时获取SV网的模拟量数据和GOOSE网的开关量及SOE量数据。本层可脱离厂站层直接对现地设备监控。

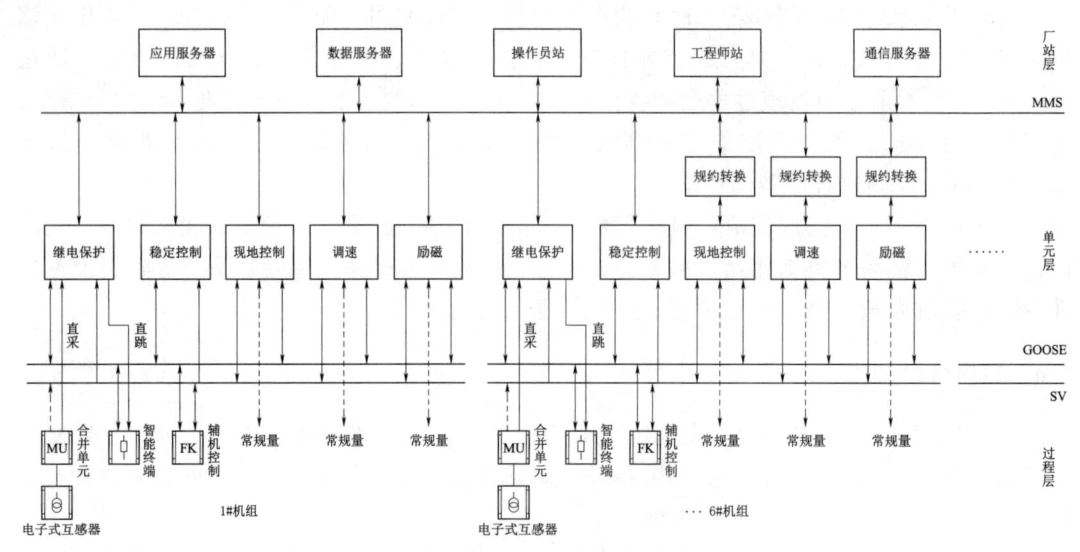

图 2 监控系统“三层两网”结构

厂站层完成实时数据处理、历史数据存储与备份、设备管理与控制以及与其他智能系统通信。系统以 MMS 网为核心，实现各服务器、工作站功能分担，数据分散处理；各工作站/服务器在系统中处于平等地位。厂站层设备以 IEC 61850 标准接入 MMS 网，直接从 MMS 网读取关联数据并下发控制指令。

3.1.2 继电保护系统

智能水电厂的继电保护系统应满足“可靠性、选择性、灵敏性、速动性”的要求，并对保护的性能和智能化水平有更高要求。继电保护装置处于“三层两网”结构的单元层，通过连接 GOOSE/SV 网与过程层设备交互，实现对一次设备的数据采集与控制；并通过连接 MMS 网与站控层进行信息交互及数据共享。各保护装置具备满足 IEC 61850 规约的通信接口，实现与厂站层设备的信息交互；具备满足 GOOSE/SV 网规约的通信接口，采集 GOOSE/SV 网设备信息。

3.2 一体化平台

水电厂生产过程中涉及大量设备及海量数据，各应用系统的数据需求、控制方式存在差异，因此需要建立统一完整的管控平台。一体化管控平台以水电公共信息模型（Hydropower Common Information Model，HCIM）和水电标准通信总线（Hydropower Standard Communication Bus，HSCB）为基础，实现不同电力二次安全分区之间的可靠数据信息同步机制。以数据中心、基础服务、一体化应用为主体，基于面向服务的体系架构（Service - Oreinted Architecture，SOA）进行系统的整合与集成，规范传统水电厂中孤立、异构的应用系统和数据，提供统一的存储、访问、控制和预警平台，实现水电厂全景数据监视，为计算机监控、水调自动化、安全监测等基本业务提供应用服务；对外提供标准化的二次开发接口，实现与第三方模型及业务系统的相互接入和有效协同，为不同安全区内的各类系统提供统一的运行平台并实现不同系统间的友好互动。

一体化平台软件架构如图 3 所示。

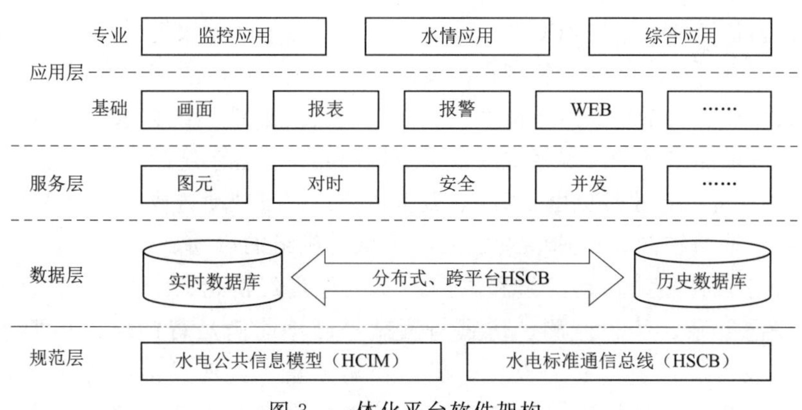

图 3　一体化平台软件架构

（1）规范层。规范层包括水电公共信息模型（HCIM）和水电标准通信总线（HSCB）两部分。其中，水电公共信息模型（HCIM）依据水电厂对象及其属性特征，对 IEC 61850（DL/T 860）标准进行扩展，实现水电厂生产运行设备及资源统一规范定义的模型，具有面向对象组织、全厂统一建模、信息自描述等特点。水电标准通信总线（HSCB）则采用 IEC 61850（DL/T 860）和 IEC 61970（DL/T 890）标准，实现单元层设备和厂站级应用系统与一体化平台数据交互，确保了系统的统一性和开放性。

（2）数据层。水电厂生产运行过程中涉及大量不同类型的数据，并且不同应用间对于数据的实时性、数据量要求差异较大。因此，数据层的设计应充分考虑各类水电厂不同应用的数据需求，对海量、实时数据的需求均提供可靠的解决方案。数据层采用基于 HCIM/HCIS 规范，以 IEC 61970/IEC 61850 标准为参考，建立水电厂统一的数据模型和横跨安全区、管理区及电调与厂站间的数据交换总线。提供对实时数据库、关系数据库、文件数据库的标准接口，从而实现计算机监控、水情、水调、生产管理、安全监测等系统的信息交换与共享。数据层包括实时数据库和历史数据库两部分，通过具有分布式、跨平台特性的 HSCB 实现两者之间的双向信息同步。

（3）服务层。服务层实现图元、对时、安全、并发等各类后台服务，需采用分布式的服务组件管理模式。

（4）应用层。应用层细分为基础应用和专业应用两个子层，基础应用实现画面、报表、报警、WEB 等通用可视化界面，专业应用则实现针对不同业务的差异性可视化界面。其中监控应用部署在安全Ⅰ区；水情应用部署在安全Ⅱ区；综合应用部署在管理信息大区。

3.3　技术特点

（1）统一建模及管理。遵循 IEC 61850 标准，针对自动监控、水情测报、水库调度、安全监测、状态检测等专业领域所需要的设备、数据建立模型，形成标准、稳定、唯一的数据表示和访问的路径，构建水电监控、调度专业的标准化模型库。此外，平台与各个系统进行数据交换的接口采用 IEC 61970 系列标准，这样平台可实现生产运行控制相关系统的整合，确保整个电厂的信息单点维护、自动同步、统一使用。

（2）标准通信总线。基于 IEC 61850/61970 国际标准建立水电厂统一、标准的数据模型，建立横跨安全Ⅰ区、Ⅱ区、管理信息大区以及集控与厂站之间的数据交换总线，同时提供对实时数据库、关系数据库等标准接口，从而实现监控系统、水情水调、状态监测、生产管理、大坝监测以及 OA 等系统的信息交换与共享，各系统间的数据传输更加全面且不占用硬件 IO，可以有效避免由于 IO 点调整或接口数量变动造成的各种变更。

（3）精细化调节控制。调速、励磁系统承担着机组的启动、停止、工况转换、负荷调整等重要任务，直接关系到机组和电网的安全稳定经济运行。传统的 TCP/IP 网络、GPS 对时、信息冗余、状态监测、仿真与测试等已不能满足智能电网的要求。采用先进的智能传感技术、冗余可靠的设计、高级控制策略、方便灵活的仿真测试接口和高速可靠的通信网络，实现调速、励磁系统等的数据交换和设备调节，大大提高了水电经济运行水平。

（4）成本控制。传统水电厂的保护、励磁、调速、辅机控制等设备都是通过现地 LCU 接入计算机监控系统，而智能水电厂在过程层部署智能终端、智能传感、合并单元等装置，现场数据通过 GOOSE/SV 网实现信号共享。智能设备（Intelligent Device）在水电厂的应用将减少重复配置的各类变送器和相应的 IO 模件，降低二次系统设备成本。智能设备间采用光纤（双绞线）连接，传统的 IO 信号电缆将大大减少，可显著降低现场信号电缆采购和施工成本。

4 结论展望

国内水电厂的勘测设计单位、计算机监控系统研发企业、发电企业等正在积极开展智能化水电厂建设的研究工作，相关技术的研究及工程实践正在积极推进。本文在广泛调研新建、改建水电厂对生产过程智能化的需求和设备制造商的自主创新能力基础上，针对碾盘山水利水电枢纽工程提出了基于一体化平台的智能水电厂总体设计思路，深入研究智能水电厂“安全分区、网络专用、横向隔离、纵向认证”的总体构架和主要建设内容。在此基础上，总结并分析了智能水电厂在统一建模、标准通信、精细化调节、成本控制等方面的技术优势。作为水电智能化技术的发展趋势，文中阐述的建设方案遵循 DL/T1547《智能水电厂技术导则》，但需在工程实践中不断创新与完善。

参 考 文 献

［1］ 刘吉臻，胡勇，曾德良，等. 智能发电厂的架构及特征［J］. 中国电机工程学报，2017，22（37）：6463-6470.

［2］ 芮钧，徐洁，李永红，等. 基于一体化管控平台的智能水电厂经济运行系统构建［J］. 水电自动化与大坝监测，2014，4（38）：1-4.

[3] 郑健兵，花胜强. 智能水电厂一体化管控平台关键技术研究［J］. 水电与抽水蓄能，2017，3（3）：24－28.
[4] 智能水电厂技术导则：DL/T 1547［S］. 北京：中国电力出版社，2016.
[5] 尹峰，陈波，苏烨，等. 智慧电厂与智能发电典型研究方向及关键技术综述［J］. 浙江电力，2017，10（36）：1－6.

基于 BIM 技术的水利水电工程三维协同设计

解凌飞　李德

［摘要］　随着科技的发展，水利水电工程中传统二维设计在技术和流程上的缺陷日益显露，而 BIM 的出现使得工程项目中各专业之间的三维协同设计成为可能。本文论述了基于 BIM 的三维协同设计的优点、协同平台的选择、BIM 技术标准、协同设计模式和校审流程。以欧特克三维设计平台为例，对水利水电工程主要专业的三维协同设计应用要点进行了概括。文中的实施模式可以为水利水电行业三维协同设计的推广普及提供借鉴。

［关键词］　BIM；三维协同设计；水利水电工程；欧特克

1　引言

水利水电工程项目都需要针对特定的地形、水文、地质等方面的特点进行几乎全新的设计，通常情况下水电工程项目的设计和建造过程非常复杂，涉及部门和专业众多，生产组织机构庞大，协调困难，很难达到计划的精确管理。以常规的水电工程设计流程为例，在不同深度的设计阶段，都需要水工、地质、水文、水能、机电、金结、施工、土建甚至概预算等诸多专业间的往返提资和变更确认。其中任何一个专业数据精度和方案变更都会影响到相关的其他各专业，而传统的基于文件形式的资料互提系统容易出现差错和遗漏或设计变更通知不及时的情况，从而直接影响整个水电工程的设计质量和进度。其次，现行的生产组织形式在跨区域、跨部门、多专业的协作情况下效率偏低，项目设总需要通过各科室、专业负责人才能了解和掌握整个工程设计进度和运行的大体情况，不能根据项目情况变化及时做出调整和安排。特别是由于方案设计数据缺乏统一关联和管理，进行多方案优化比选时工作量大而烦琐、重复劳动多、耗时长且校核难度大。

从某种意义上讲，传统设计的技术和流程在一定程度上制约了企业在水电业务上的发展。因此，近年来水利水电工程中三维设计也得到越来越多的认可和重视，而 BIM 的出现使得工程项目中各专业之间的三维协同设计成为可能。

本文以欧特克三维设计平台为例，简要论述了基于 BIM 的三维协同设计的优点、平台选择、BIM 技术标准、协同设计模式和校审流程，并对水利水电工程各专业三维协同设计的要点进行概括说明。

2 基于BIM技术的三维协同设计实施模式

2.1 BIM与协同设计

BIM（Building Information Modeling）是建筑信息模型的总称，它是通过计算机图形学、数字信息化等关键技术建立起来的，包含了建筑工程全部信息数据的三维建筑模型。它具有信息完备性、信息关联性、信息一致性、可视化、协调性、模拟性、优化性和可出图性八大特点。

三维协同设计准确地说应该是基于BIM三维模型设计的协同效应。根据BIM三维模型的特点，协同平台下各专业可从唯一的BIM三维模型中获取项目信息，从而保证了项目信息的连续性和成果的可积累性。BIM三维模型为设计的可视化、精准性提供基础平台，而协同效应则带来高效率、高质量。三维协同设计的出现为工程设计尤其是数字化工厂设计带来了新的设计方法和手段，对实现建筑的智能化也提供了基础条件。

2.2 三维协同设计的优点

三维协同设计实现了单点效率向整体效率的过渡，解决了沟通瓶颈和信息孤岛问题，实现了设计效率和质量相互促进提高的良性循环。

首先，三维协同设计实现了传统的专业间的配合从串行向并行的转变，实现了各专业间的协同和配合的实时同步，设计人员可以把大量耗费在传统设计流程下各专业间往返协调、会签等工作上的时间花在更高层次的设计优化和设计创新上，从而提高设计水平和产品质量。

其次，协同设计环境中，资料和设计数据具有唯一性和可追溯性，保证了各专业设计所需"原始数据"的及时有效，也保持了各设计阶段设计成果的连续性和可积累性，从而大大降低了设计的错误率，减少了设计修改的工作量，提高了设计效率。

此外，三维模型设计成果信息丰富多样但相对于二维剖面而言却简单明了，提高了专业配合的沟通效率和沟通质量，无形中进一步提高了设计质量和设计效率。

2.3 三维协同设计平台的选择

与机械行业和一般意义上的土木工程设计不同，水电行业的三维设计具有其独特性，简单地说有如下几点：

（1）涉及专业较多，需要多专业协同设计、并行设计，专业之间接口复杂，往返提资管理复杂。

（2）水电工程三维设计中涉及大量的企业知识的积累和重用。

（3）与地质专业息息相关，地质专业的精度和效率直接影响到整个三维协同设计的质量和效率。

（4）水电工程具有唯一性，除机电和金结专业外，其他专业标准化程度较低，绝大多数情况下难以标准化套图。

上述水电工程的特殊性对三维协同设计基础平台提出了较高的要求，主要体现在以下几个方面：必须与水电行业设计技术应用和发展相一致；必须具有良好的协同能力；必须能覆盖水电工程所有专业，支持专业模块的定制与开发；必须具有良好的数据兼容性；必须支持设计经验和企业标准的积累、重用和保护；必须具备易用性、普及性和可开发性。

目前国内水利水电行业采用的BIM三维协同平台主要有欧特克、Bentley、达索系统等，这些软件的BIM技术解决方案各有特色。随着信息化的发展，没有一款软件可以解决各专业设计中的所有问题，上述协同平台均是由不同功能的软件构成，而设计人员需在协同平台搭建的软件环境下并行工作。

2.4 BIM技术标准

清华大学软件学院BIM课题组参照美国NBIMS标准提出了中国国家BIM标准—CBIMS标准框架体系。目前为止，国家级的BIM标准共发布实施了四部：《建筑信息模型应用统一标准》《建筑信息模型施工应用标准》《建筑信息模型分类和编码标准》《建筑信息模型设计交付标准》。陆续发布的国标还将有《制造工业工程设计信息模型应用标准》《建筑信息模型存储标准》。

根据标准框架，我们可以把BIM标准体系分为三层：第一层是作为最高标准的《建筑工程信息模型应用统一标准》；第二层是基础数据标准，包括《建筑信息模型分类和编码标准》《建筑工程信息模型存储标准》；第三层为执行标准，即《建筑工程设计信息模型交付标准》《制造工业工程设计信息模型应用标准》《建筑信息模型施工应用标准》。

在《中华人民共和国标准化法》中规定，以国家标准、行业标准、地方标准为依据，指导企业标准的实施。中国BIM标准体系应覆盖这4个层次，形成一个相互联系、相互融合却又不失层次性的一个系统框架体系。建筑、市政、交通、铁路等行业BIM应用起步较早，已经不同程序形成了行业标准和实施指南。为促进水利水电行业BIM应用，2016年10月中国水利水电勘测设计协会在北京成立中国水利水电BIM设计联盟，目前已经发布了《水利水电BIM标准体系》，BIM分类和编码标准、实施指南等陆续在编制中。

2.5 BIM三维协同设计模式

以欧特克三维设计为例，该平台上BIM三维协同设计由协同管理平台和设计平台组成（图1）。三维协同管理平台（Vault）负责协同设计的流程组织、角色分配、权限管理、模型和文档的管理与维护、数据安全性等方面的协同和管理。三维设计平台由满足各专业三维设计需求的软件客户端组成。其中Civil 3D负责三维地质建模、土石方工程设计等；Inentor负责水工、机电金等复杂模型设计；Revit负责建筑、结构和管路的设计；NavisWorks负责模型整合、浏览、校审、碰撞检测、施工模拟、动画制作；Infraworks负责早期规划设计、方案比选、大场景模型可视化。基于统一平台架构的协同设计系统，简化了协同流程，减少了数据入口，能有效避免差错和重复劳动，提高了设计效率。

基于BIM的三维协同设计平台要建立一套完整成熟的三维协同工作流程。首先，基于项目划分角色、权限、行为、关系及节点，明确各参与方及相互关系；其次，进行各方协同工作总策划，明确各方工作界面、信息沟通、建设阶段、专项应用等具体工作；再次，协调各方组织关系，严格依据各方协同工作策划开展工作，加强文件及工程变更等信息管理，规范变更程序；最后，依据工程项目策划阶段制定项目数字化交付规定，开展数据整理、文件归档及数据交付工作。图 1 为基于欧特克平台的水利水电行业各专业间的三维协同设计流程。

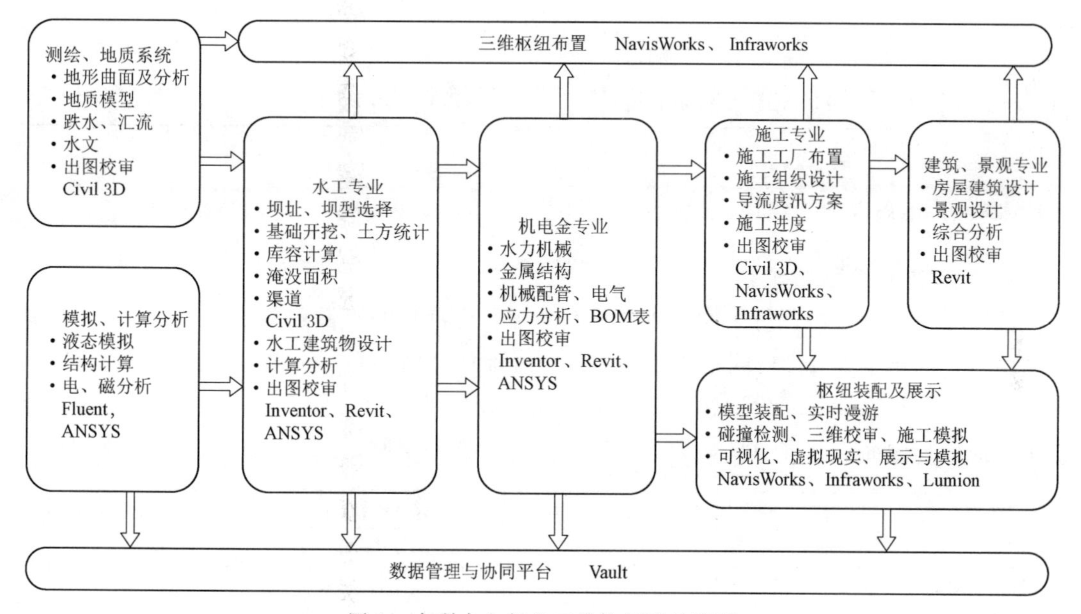

图 1 水利水电行业三维协同设计流程

水利水电工程设计一般都经过可研设计、初步设计、施工设计几个阶段，在这些过程中外部相关专业提出的资料数据变化是难免的。在传统的 CAD 制图条件下，这种数据变化，可能需要重新布置和绘制结构相关图纸，但在三维协同设计条件下，无论外部专业数据参数如何变化，只要重新设定相关参数，可实现三维模型自动更新，相关二维图纸也自动更新，这就大大提高了工作效率。

2.6 三维协同设计下的校审流程

BIM 模型是各专业三维协同设计的产物，最终成果是虚拟的三维数字化模型，而现行设计标准与规范、提交成果的模式、贯标体系等都是建立在二维设计的基础上的，在这些体系尚未进行大幅改革之前，三维模型必然要以二维方式输出呈现。传统二维设计校审模式是结合贯标体系的要求，对设计成果进行审查与验证，校审对象是计算书、设计报告和二维设计图纸等内容。对于 BIM 三维模型的整体化设计方式，需要调整校审模式才能适应这一变化。

与传统校审内容不同的是，面向的对象是三维模型，只要模型本身正确，在出图、标注、工程量统计、计算分析、各专业间碰撞冲突等方面就具有内在逻辑的一致性，这将减轻大量繁琐的传统复核工作，从而能将精力和工作重心转移到对 BIM 模型的建立、完善与验证上。BIM 校审的重点内容是三维模型的完整性、合理性，以及专业内部和专业之间是否存在相互冲突碰撞的问题。

根据三维协同设计的特点，单专业的设计成果不需要改变原有的质量校审方法。当各专业设计工作达到一定程度时，对于协同平台上的多专业整合模型进行集中校审，并将通过校审修改的最终整体模型作为各专业出图的依据，各专业出图后再进行图纸的校核即可，无须审查和其他专业会签。

3 基于BIM技术的水利水电工程三维协同设计

3.1 测绘、地质专业三维协同设计

3.1.1 三维地形曲面制作

测绘专业将无人机正射影像生成的具有地理影像信息的点云数据导入 Civil 3D 生成地形曲面，并上传至 Vault 协同平台。创建的三维地形曲面满足了下游专业在渠道设计、土方开挖、力学计算、可视化创建等工作上对曲面精度的要求（图 2）。在 Infraworks 中添加生成的地形曲面、配准卫星影像及原地面地物要素创建原始三维实景，然后再添加设计

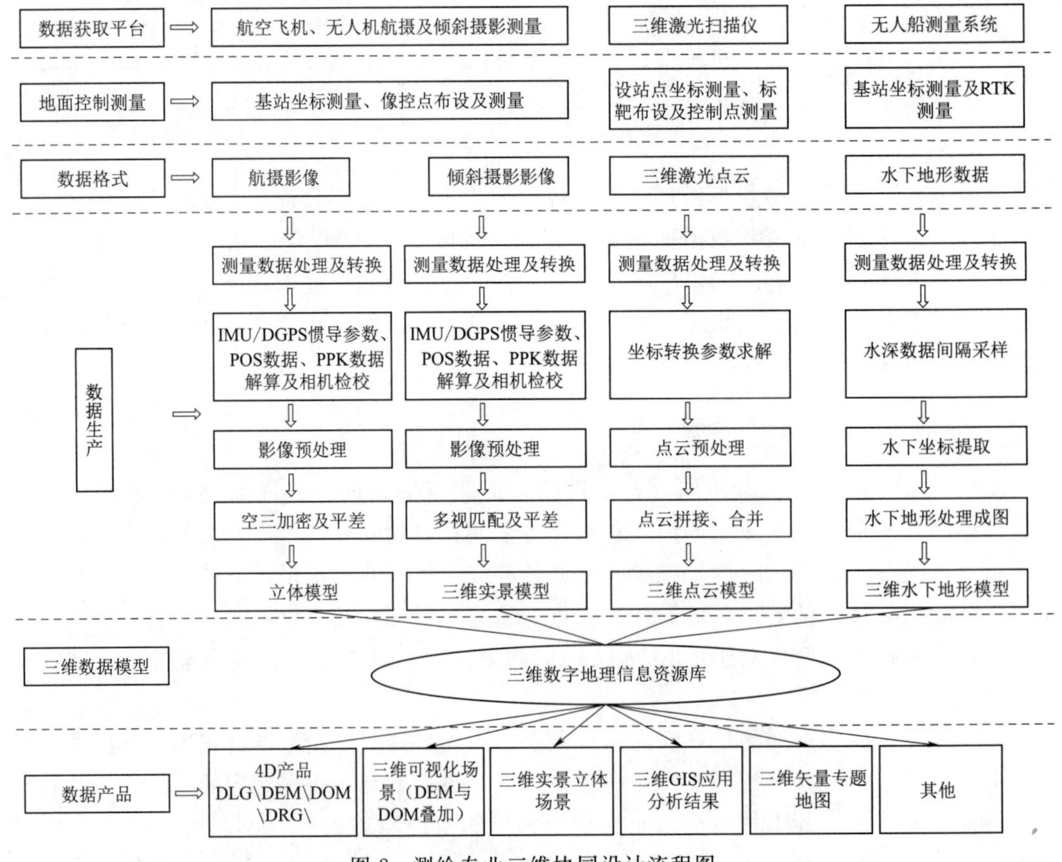

图 2 测绘专业三维协同设计流程图

开挖曲面，水工、机电金及建筑景观专业三维模型，创建设计三维场景，用于项目的站址分析、初步概念设计、效果展示、方案比选以及后期的施工及运维管理。

3.1.2 BIM+GIS应用

结合GIS系统在模型管理、三维分析以及系统开发等方面的应用优势，可以将Inventor、Revit模型以及Infraworks场景模型导入到GIS系统中，应用BIM+GIS技术开发出数字移交平台。这就把BIM模型和各类施工、建设管理和运维数据关联起来，实现了BIM模型与视频监控系统、水文监测系统、防洪调度系统等的信息共享。BIM+GIS打通了设计、施工、运维的全生命周期流程，提高了工程信息化质量，节省了工程投资，保障了工程工期，在具有大场景特点的水利水电项目中具有广泛的应用前景。

3.1.3 地质三维建模

地质专业可以通过移动终端进行地质外业数据的测量、收集、整理，再把采集到的地质信息直接导入Civil 3D中，并根据测绘专业生成的地形曲面，通过地质数据管理库自动建立各地层三维曲面和地质体模型，实现了下序专业设计人员直观、快速、准确地了解项目工程区域地质情况（图3）。该三维地质模型基于Civil 3D平台，可自动生成地质分析成果与报告报表，也可方便、快捷地完成地质体剖切出图，最后通过Vault平台与下序各专业进行协同。

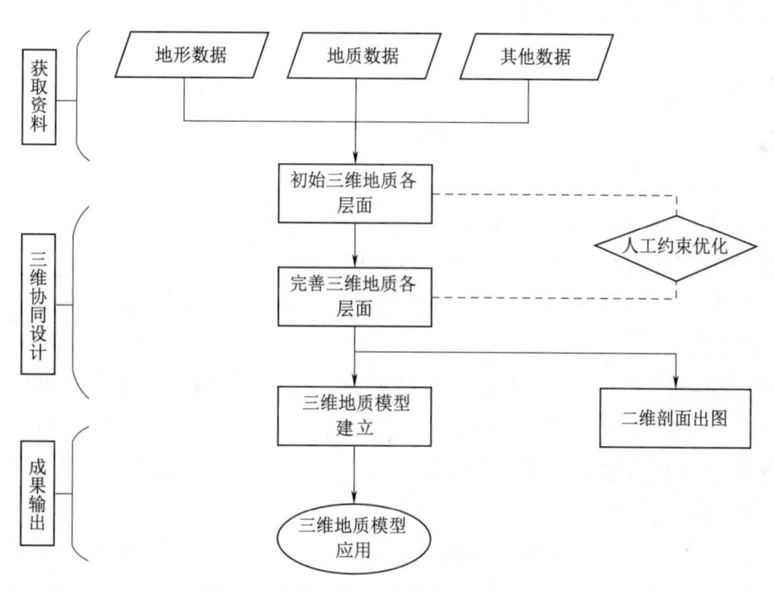

图3　地质专业三维协同设计流程图

3.2 水工专业三维协同设计

水工专业承担主体建筑物的设计，也是其他设计专业的基础，BIM三维协同设计的主要任务有枢纽布置、基础开挖、建立三维实体模型、结构分析、与其他专业进行数据协同和二维出图（图4）。

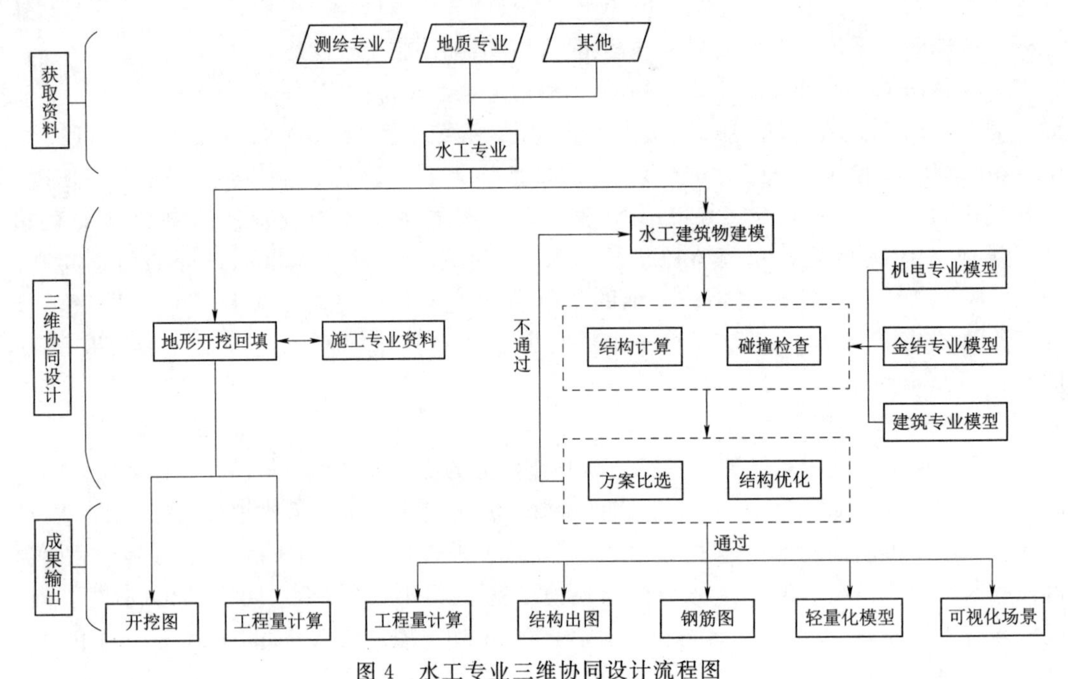

图 4 水工专业三维协同设计流程图

3.2.1 水工三维模型及工程量统计

水工专业建模方式多种多样，有些结构具有独特性，有些结构具有一定的共性，因此水工结构建模时要注意对结构的划分，并对具有共性的结构运用参数化草图和族库模板进行设计，模板建完后可以通过修改参数对结构进行快速修改，并且可在类似工程中重复运用，可大为减少重复建模所花费的时间。

BIM 模型所见即所得，且自带属性信息，方便查询。Inventor、Revit 建立的三维实体模型可通过特性查询实体体积。利用 Civil 3D 的放坡和道路装配功能，可实现基础开挖、回填以及渠道、道路等的设计工作，进而可以快速求出基础开挖、回填方量。

3.2.2 二维工程图

从可研到技施阶段均要出大量的二维结构图，传统 CAD 绘制的二维图之间缺少关联，易出错，且专业间的干涉不易查找，方案变更时可能要重新绘图。而参数化的 BIM 模型可直接剖切生成具有逻辑关联二维图，三维模型修改后二维图也相应更新，有效提高了设计效率，保证了设计质量。

Inventor 和 Revit 中有工程图设计模块，通过“样式和标准编辑器”可以方便地定制符合设计要求的工程图样式，这样就能快速、便捷地生成符合行业标准的二维工程图。在 BIM 所出的二维剖面图的基础上增加三维轴侧图（图 5），使图纸表达更加直观，工程人员更容易理解设计人员的意图。

3.2.3 枢纽整合布置

水电站前期设计主要是对各种方案进行比较，比如坝线比较、正常蓄水位比较、装机容量比较、机组台数比较、枢纽布置比较、坝型比较等。BIM 三维协同设计能高效、真实地把这些方案归集在一起，并且以尽可能直观的方式来体现。在三维设计中最能体现枢

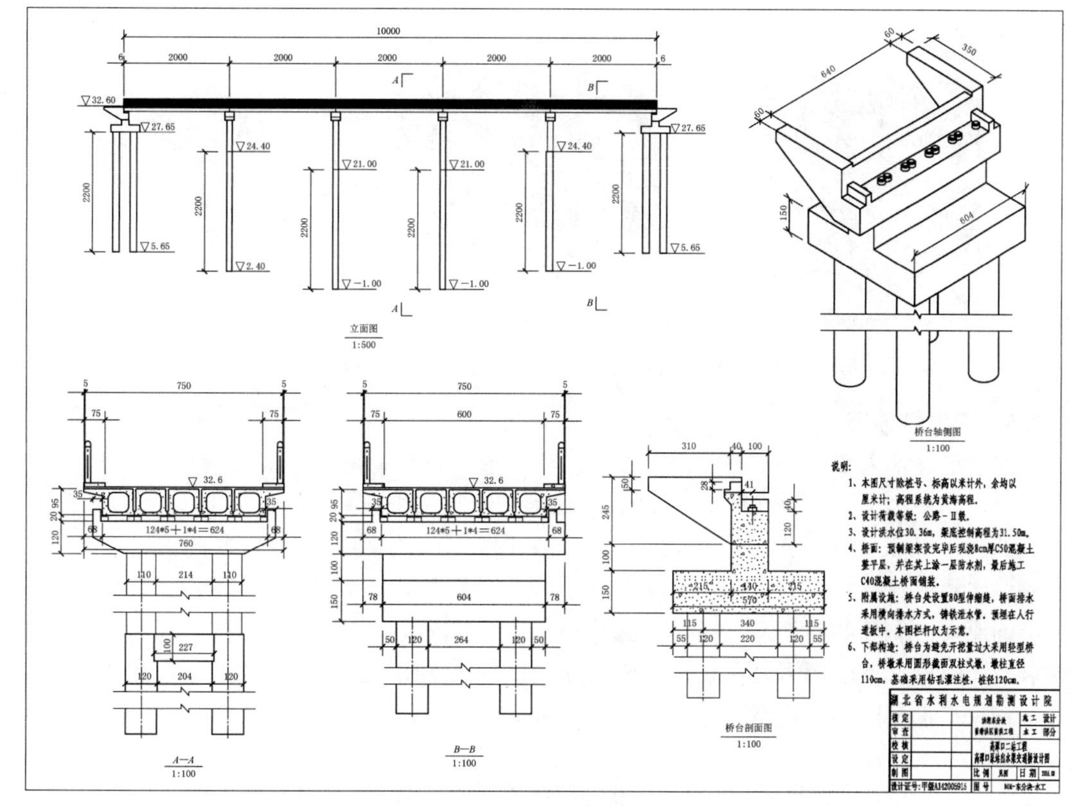

图5　基于BIM的三维建模及二维出图

纽布置设计精髓的就是骨架的搭建。枢纽整合之前，先由牵头专业沿枢纽轴线建立包含地理坐标信息的整体骨架，该骨架作为各专业三维设计整合的基础。同样，各专业为了方便建模也可以建立子骨架。各专业BIM模型设计完成后，由牵头专业负责把各专业的三维模型与整体骨架装配约束在一起，再与地质三维模型一起导入NavisWorks进行枢纽整合、浏览、校审、碰撞检测、虚拟漫游（图4）。整合模型是一种轻量化的模型，它包含所有的BIM模型信息以及NavisWorks特有的数据，如审阅、标注、测量等。

由于采用参数化设计，当各专业的三维模型的控制长度发生变化时，整合后的建筑物将根据整体骨架自动更新，而不需像常规二维设计那样进行索资、提资，有时还由于通知不及时而忘了根据新提资进行布置和修改，避免耗费大量的时间在资料流通的环节上，极大地节约了设计时间和提高了工作效率。

3.2.4　数值计算仿真

目前主流的BIM软件均与ANSYS、ABAQUS等大型有限元软件实现了无缝对接。采用Inventor软件进行三维设计建模，然后一键导入ANSYS Workbench软件中进行划分有限元网格和计算分析（图6），计算结果和模型数据再导入《水工三维配筋软件》进行配筋，配筋结果可以直接转化为二维CAD图纸。通过三维设计的方式，一次建模，由一套模型数据完成设计、分析和配筋的所有工作。这就实现了水电三维协同设计和三维钢筋图设计有机结合起来，避免了另起炉灶在其他软件中进行有限元计算费时费力的问题，极大简化了设计流程，体现了高效、集约的设计思路。

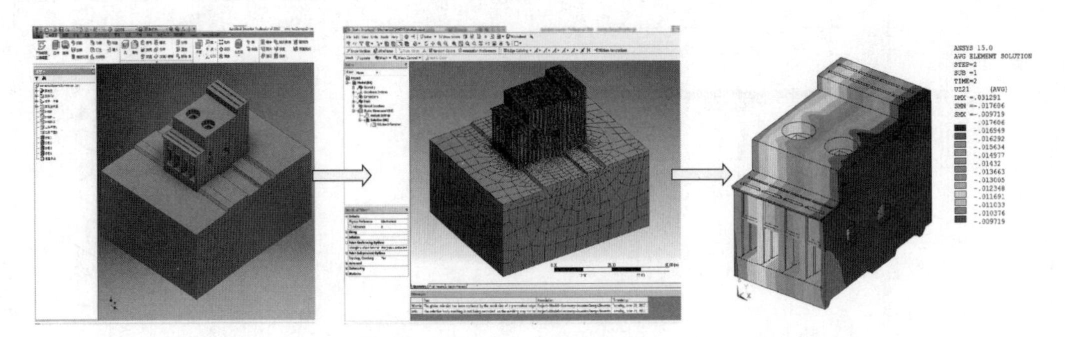

图6　Inventor模型导入ANSYS Workbench进行有限元计算

3.2.5　三维钢筋图

对水工设计来说，施工图阶段工作细、任务重，尤其是钢筋制图是一项十分费时费力的工作，几乎占设计总时间的60%以上。采用《水工三维配筋软件》可以导入BIM软件生成的.sat格式文件，用户通过在三维结构上创建钢筋模型，经过切取剖面，自动生成钢筋详图和信息表（图7），满足施工详图阶段钢筋图的供图。当模型结构发生了修改时，不影响原来已布设的钢筋，只需修改因结构变动而需改变的钢筋。在对二维图做了编辑调整后，若因设计修改而需要在三维中修改钢筋，原二维图已做过的编辑调整位置可以被记录，避免了重复劳动，使整个软件性能达到了工程实用化水平。

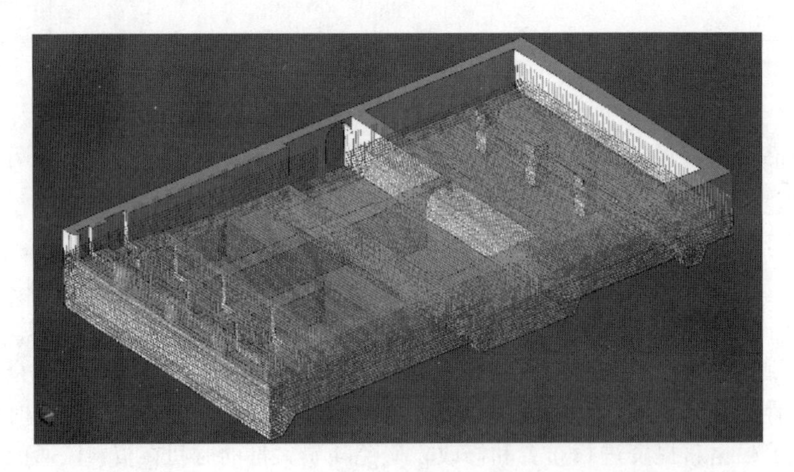

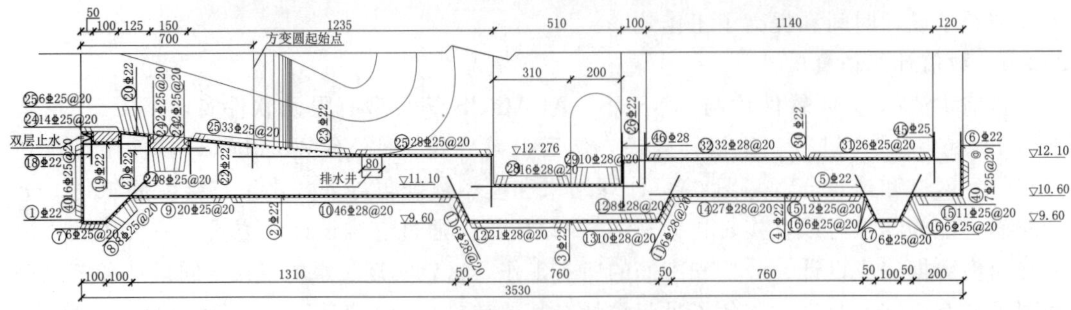

图7（一）　某泵房底板三维配筋及二维出图

钢筋表

编号	直径/mm	形　状	单根长/cm	根数 1#、2#机组	根数 5#、6#机组	根数 3#、4#机组	总长/m	备注
①	⌀22	40 110° 318 135° 227 92	677	105	105	105	2132.55	
②	⌀22	1486	1486	105	105	105	4680.90	
③	⌀22	196 116.6° 752 116.6° 196	1144	105	105	105	3603.60	
④	⌀22	936	936	105	105	105	2948.40	
⑤	⌀22	196 116.6° 92 116.6° 196	484	105	105	105	1524.60	
⑥	⌀22	245 283	528	105	105	105	1663.20	
⋮	⋮	⋮	⋮	⋮	⋮	⋮	⋮	⋮
㊷	⌀28	2064	2064	0	0	48	990.72	
㊸	⌀28	2070	2070	0	0	10	207.00	
㊹	⌀20	100/70	100/70	900/120	900/120	900/120	2952.00	插筋，外漏30cm
㊺	⌀25	200	200	720	720	721	4322.00	插筋，外漏100cm
㊻	⌀28	212	212	483	483	483	3071.88	插筋，外漏100cm
㊼	⌀16	164	164	1084	1084	1084	5333.28	插筋，外漏100cm

图7（二）　某泵房底板三维配筋及二维出图

在统一的协同设计平台和唯一的数据源下，设计人员可方便而准确地调用各专业设计完成的三维模型进行三维数值分析或配筋设计，同时数值分析的成果亦可反馈至数据库，指导三维配筋设计或三维模型的修正，实现最优化设计，实现了水利水电设计中三维模型设计、三维数值分析、三维配筋设计环节的高度集成和有机结合。

3.2.6　虚拟展示

利用BIM技术把场地周边的房屋建筑信息和场地信息全部提取，在Infraworks中真实还原一个完整的周边建设场地模型。然后将整合后的整体枢纽导入Infraworks与场地模型整合于一体，可实现建设方案的枢纽布置和多方案比选分析（图8）。结合VR技术，可以突破空间限制，三维可视化浏览工程布置情况，并能实现不同天气的场景切换，浏览模式多样。逼真展现工程的完建场景，通过人机交互进行场景漫游，使观看者有如身临其境，提高参与方对工程整体的认识。

3.3　水机、金结、电气专业三维协同设计

3.3.1　专业模板库的积累

机电金专业的三维设计（图9）主要是在三维空间状态下布置已经定型、成熟的机电设备、管路零件以及其他部件。机电专业的特殊性决定了它不需要每一次都对设备进行三维建模，而是在项目中通过总结和归类，把不同类型、型号和功能的设备都建模录入到机

图 8　某泵站枢纽整体效果

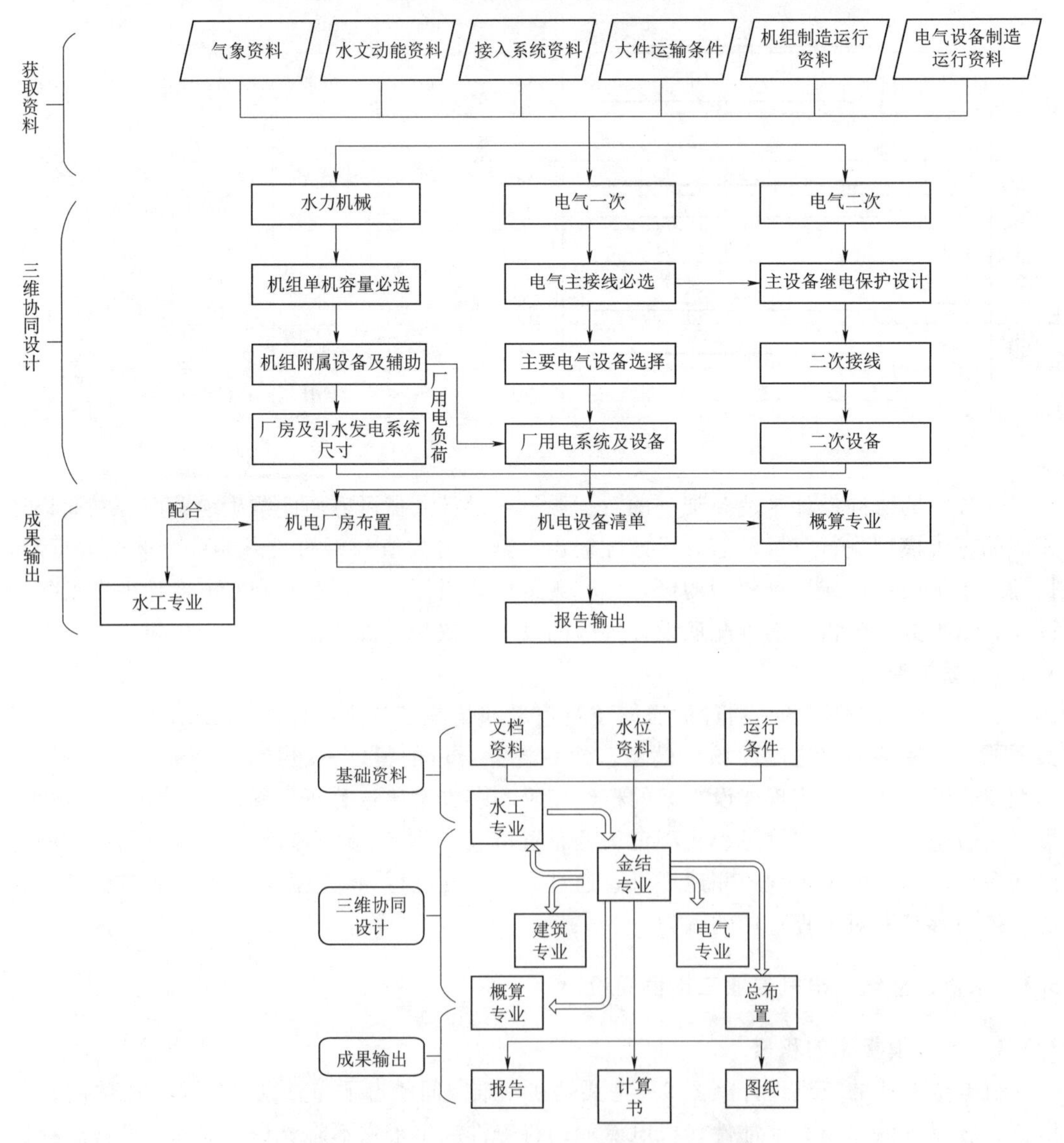

图 9　机电、金结专业三维协同设计流程图

电设备库中，在今后的设计使用过程中，只需根据设备的参数就可以方便地调用相应的设备模型并进行布置。机电金设备的参数化建模与入库在Revit软件的族库模块中完成，对模型进行参数化设计，创建与模型参数相关联的设计表格，定义零件类型、属性、编码等信息。Revit可以自动提取模型的属性参数，并以表格的形式显示图元信息，从而自动创建、输出各类构件、材质统计明细表。对于模型的任何修改，明细表都会自动更新。

3.3.2 与水工专业的协同

水机、电气、金结专业三维建模主要在Revit中实现，与水工专业的协同主要通过数据传递和骨架约束。当水工专业三维模型、专业骨架确定以后，生成adsk文件并链接到Revit中生成中心文件，并将生成的中心文件放置在Vault协同管理平台中。机电金专业将其副本下载到本地生成本地文件并进行设备及管线布置，最后通过与中心文件同步，水机、电气专业可以在布置管线设备时看到其他专业实时进度，在设计中最大程度避免线路碰撞，从而达到整体的协同，大幅提高工作效率。

3.3.3 碰撞检测及校审

牵头专业通过NavisWorks软件的碰撞检测功能（图10），可以检查专业与专业间及专业内部的空间碰撞与干涉情况，从而趁早解决与水工、建筑等土建专业的冲突，实现精确预留预埋，使布置更优，减少返工。碰撞检测功能可对硬碰撞、最小间隙检查和净空进行设置，碰撞结果可生成检测报告。通过检测结果可以快速找出碰撞部位，相关专业点击碰撞部位后可返回Revit中进行修改更新。

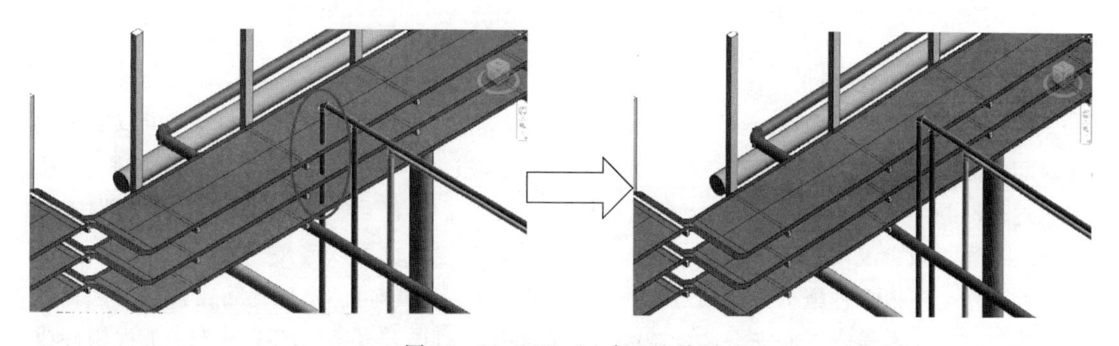

图10 NavisWorks中碰撞检测

通过NavisWorks的审阅菜单，校审人员可进行三维模型浏览、尺寸测量和碰撞结果预览，对问题部位进行红线批注、标注、注释，校审结果可实时反馈给设计人员。

3.4 施工专业三维协同设计

3.4.1 施工三维设计

施工专业在协同设计平台上引用测绘、地质、水工等专业的BIM模型，在Civil 3D中可以实现施工导流建筑物、施工道路、边坡开挖、土方平衡、料场开采、生产加工系统以及施工布置等相关设计（图11）。Civil 3D自带的部件编辑器功能可以实现复杂模型创建，通过标签、样式定义可生成符合设计要求的二维剖面图。通过BIM的可视化和协同功能，在Infraworks和NavisWorks中可对地形、地貌、各专业模型、渣场、料场、道路、施工机械等汇总生成可视化的施工总布置，并进行三维漫游、4D施工模拟，进而实现了可视化的施工监督，方便各参建方了解施工过程中的技术工艺、工程造价、工程关键技术、工程重点环节等，优化了施工管理效率，提高了施工质量。

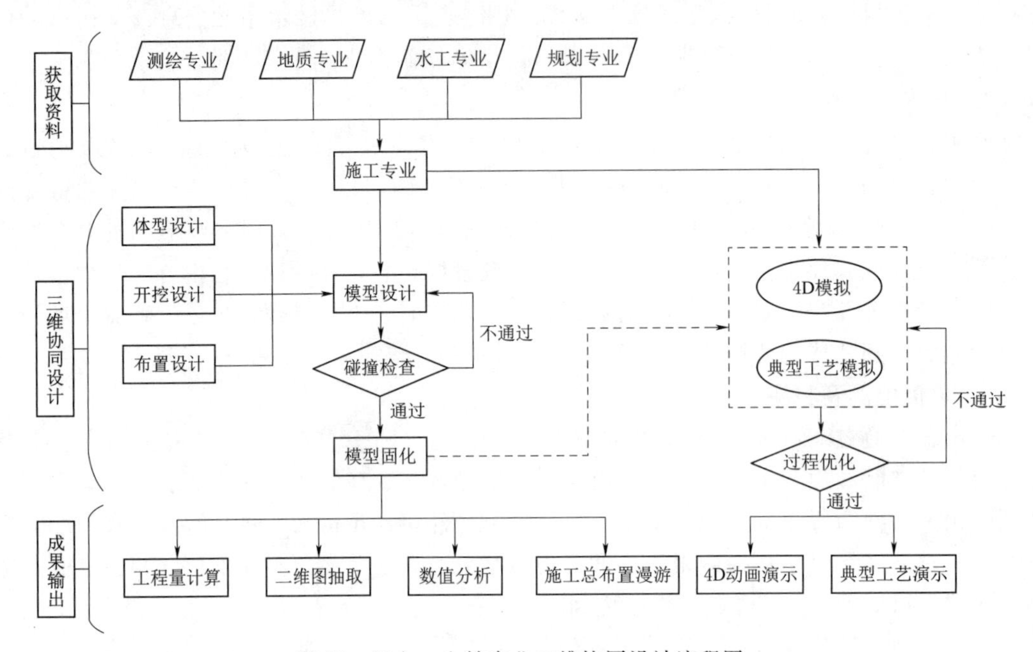

图11 机电、金结专业三维协同设计流程图

3.4.2 施工过程4D模拟

将各专业建立的BIM模型按施工控制节点进行划分并导入NavisWorks中，可以实现包含时间参数的4D施工过程和工艺模拟（图12）。根据任务分解关系，自动生成甘特图和4D施工过程动画。通过4D模拟可以充分展示设计意图，了解施工全貌和整体布局，掌握工程的施工过程，减少因技术错误和沟通不畅带来的协调问题。也可以定义机械设备和施工人员的各种动作，模拟多种施工方案的可操作性，及时发现施工中可能出现的问题，进而选择最优的施工方案，增强施工的安全性，减少返工现象。针对比较复杂的施工工艺、工程构件或难以二维表达的施工部位，利用4D施工模拟进行三维交底，从而保证施工质量。

图12 某水利枢纽4D施工模拟

NavisWorks中通过BIM三维模型和进度控制技术的信息录入，可以自行统计汇总，实现快速精确的成本核算、预算工程量动态查询与统计、限额领料与进度款支付自动管理等功能，从而达到以施工预算控制人力资源和物资消耗、造价信息实时跟踪等目的。

4 结语

本文依托欧特克三维设计平台，讨论了基于BIM技术的三维协同设计实施模式，并对水利水电行业主要专业的三维协同设计要点进行了归纳总结，为水利水电行业中三维协同设计的推广提供借鉴。

（1）在基于BIM技术的三维协同设计架构内，通过不懈探索和大胆创新，可实现水利水电各专业三维模型设计、三维数值分析、三维配筋设计、4D施工模拟及虚拟展示等环节的高度集成和有机结合。在统一的协同设计平台和唯一的数据源下，运用BIM技术可以高效地完成设计、施工、运维全生命周期管理，可实现三维技术（包括三维设计、分析及虚拟现实技术）向水利水电业务各层面、各专业、各环节的渗透，极大地提高了水电工程设计进度和质量水平。

（2）基于BIM的三维协同是一种设计方法，更是一种“文化”，不仅需要先进的协同设计管理软件和设计方法，还需要与协同设计相适应的标准管理体系、生产管理流程、技术支撑标准和专业设计手册等企业管理环境的支持，以及强有力的、可持续创新的实施应用团队。

（3）BIM应用一方面要进行全专业间的三维协同设计，另一方面要深度挖掘BIM内在隐含的信息。将BIM与互联网、云计算、大数据、3D打印、VR/AR/MR技术以及3D GIS等结合在一起，使BIM技术平台有了更为广阔的市场。

参 考 文 献

［1］ 李德，宾洪祥，黄桂林．水利水电工程BIM应用价值和企业推广思考［J］．水利水电技术，2016，47（8）：40-43．
［2］ 何关培．BIM总论［M］．北京：中国建筑工业出版社，2011．
［3］ 建筑信息模型应用统一标准：GB/T 51212—2016［S］．北京：中国建筑工业出版社，2016．
［4］ 建筑信息模型施工应用标准：GB/T 51235—2017［S］．北京：中国建筑工业出版社，2017．
［5］ 建筑信息模型分类和编码标准：GB/T 51269—2017［S］．北京：中国建筑工业出版社，2017．
［6］ 建筑信息模型设计交付标准：GB/T 51301—2018［S］．北京：中国建筑工业出版社，2018．
［7］ 王华兴，严飞，王家骐．上海市水利工程BIM技术及应用标准研究［J］．城市道桥与防洪，2018（8）：40-43．
［8］ 中国水利水电勘测设计协会．水利水电BIM标准体系［S］．2017．
［9］ 石俊杰．基于BIM技术的三维协同设计研究［J］．上海水务，2018，34（4）：68-69．
［10］ 杨健．BIM设计的校审模式探索［J］．建筑工程技术与设计，2017（25）：530-531．
［11］ 解凌飞，李德．基于BIM技术的螺山泵站主泵房三维配筋设计［J］．水利规划与设计，2018（2）：9-13．
［12］ 刘辉．水利BIM从0到1［M］．北京：中国水利水电出版社，2011．
［13］ 中国中铁股份有限公司．中国中铁BIM应用实施指南［M］．北京：人民交通出版社，2016．

中小型水电站机电金设计创新研究

胡新益　刘学知　王力

［摘要］ 本文提供了湖北院水机、电气和金结专业的创新设计方案及其特点。
［关键词］ 中小型水电站；机电金结；设计

1 引言

湖北省地处中原，从高山到平原，地形地貌特点明显。雨量充沛，植被良好，山川河流密布，水电站星罗棋布。中小型水电站的水头范围宽广，水库调节性能从径流式的无调节到大中型水库的多年调节，中小型水电站的建设从无到有，从小到大，水力机械、电气和金属结构专业跟随电站的建设稳步发展，取得了有目共睹的骄人成绩。

中小型水电站的机电金设计，在设备选型上优先考虑高可靠性，其次考虑节能环保。在布置上尽可能地考虑电站枢纽与自然的和谐统一，尽可能的少占地，建筑物和机电设备布置紧凑有致、美观大方。机电设备新技术、新产品在湖北水电站得到了广泛的应用。

通过中小型水电站的建设，机电和金属结构专业积累了丰富的经验。

2 水力机械

2.1 水轮发电机组

湖北省中小型水电站的水头范围在5～1000m，几乎包罗了水轮机的所有机型。中型水电站水轮发电机组的选型方法和大型水电站水轮发电机组的选型方法基本一致，但中小型水电站水轮发电机组的选型更多地考虑采用国内生产厂家拥有的水轮机模型，一般不研制新转轮。

对于水轮机型式的选择，特别是在高水头段的冲击式和混流式、中低水头段的混流式和轴流式、低水头段的轴流式和贯流式的临界面上的机组选型，需进行技术和经济比较，并结合国内生产厂家的制造水平综合确定。

对于多泥沙河流上的电站，模型水轮机的使用水头段应降低2档使用，机组转速应比常规机组的转速低2档，同时应考虑所有过流部件采取抗泥沙磨损的措施。对于20m以下的多泥沙低水头电站，由于灯泡头、发电机竖井、管型座等过流部件容易受损导致发电机事故或大大增加发电机过流部件的修复工程量，因此尽量不采用贯流式机组，而应优先考虑采用轴流式机组，以利于机组的检修。

在水轮机主要部件的材料选用上，采用了可焊性能好、抗空蚀性能优良的0Cr13Ni4Mo等材料。在结构设计上，应用了大量的高可靠性技术，如无接触主轴密封、导叶摩擦装置、泵板结构、主轴中心孔补气装置等。尾水管一般采用钢板焊接的弯肘形或椭圆形尾水管。

在导叶（喷针/折向器）接力器的操作油压设计上，从2.5MPa提高4.0MPa、6.3MPa，现在已大量使用16.0MPa。在轴流转桨和灯泡贯流机组上，采用双油压配置，即导叶接力器的操作油压采用16.0MPa，桨叶接力器的操作油压采用4.0MPa或6.3MPa。

关于机组安装高程的确定，应充分考虑所选转轮模型的空蚀性能，不同模型试验台提供的转轮模型的空蚀修正系数是不同的，空蚀修正系数的取值还与水头和材质有关。对于高原地区，同时应考虑高海拔修正。

水轮发电机为立式或卧式三相同步发电机，采用静止励磁方式和带空气冷却器的全封闭循环空气冷却系统，当机组容量较小时采用管道式通风。功率因素一般根据电力系统的要求，采用0.8～0.92。电压等级一般采用10.5kV、6.3kV，根据机组容量的大小合理选用。

立式水轮发电机一般采用悬式结构。在结构设计时，根据运输条件的要求，考虑定子等大件采用合理的分瓣、现场叠片或整体结构型式，考虑转子等大件采用现场热套轮毂、现场叠片、现场挂磁极或整体结构型式。

卧式水轮发电机一般采用两支点结构，整体运输。根据机组容量的大小，考虑轴承冷却结构是采用内置式还是外置式。

弹性金属塑料瓦推力轴承在立轴中小型机组上得到了广泛应用。由于该型推力轴承具有耐磨损、耐高温、不需现场刮瓦、无需运行油模等优点使得在不加机械制动也可以满足机组惰性停机的要求而提高了机组运行的可靠性。

发电机转动部分的飞轮力矩应满足调节保证计算的要求。发电机结构强度应满足电厂所在地地震烈度的要求。

2.2 水轮发电机组配套设备

调速器控制水轮机导叶的开启和关闭，控制机组的启停及出力大小的调节。励磁装置给水轮发电机转子磁极提供可控的直流电源，在运行中形成磁极产生磁力线切割定子线圈，使发电机发电，控制发电机端电压和无功。因此，调速器和励磁装置是水轮发电机组必不可缺的配套设备。中小水电站使用各种进水阀门既作为水轮机进水口启闭，又具有发生事故时能快速关闭进水口的事故安全阀用。

2.2.1 调速器

大型调速器广泛采用比例阀型或步进电机型调速器，操作油压为4.0MPa或6.3MPa，小型调速器广泛采用高油压调速器，操作油压为10.0MPa或16.0MPa，单调节高油压调速器在中型水电站上的应用已很成功，调速器的调节功达到500000N·m，得到了用户的欢迎。

在轴流转桨和灯泡贯流机组上，调速器采用双油压配置，即导叶接力器的操作油压采用16.0MPa，桨叶接力器的操作油压采用4.0MPa或6.3MPa。

由于高油压调速器的应用，取消了高压气系统，减少了气系统设备布置的场地，降低了常规油压装置自动补气的故障率，提高了调速系统的可靠性。

小型高油压调速器为机电一体式，布置在发电机层、主机间或运行层，大中型高油压调速器为机电分柜，电气柜布置在发电机层，与机旁屏一列布置，机柜布置在水轮机层。

2.2.2 励磁系统

励磁系统采用静止式可控硅全控桥自并激励磁系统。

整流器采用三相桥式全控整流电路，可控硅元件采用进口产品，容量较小的机组采用国产可控硅元件。功率整流桥由两支路并联组成，当机组容量较小时采用单桥。可控硅整流装置采用强迫风冷，每个整流柜设置进口低噪声风机，当机组容量较小时采用国产风机。

励磁调节器为双套微机励磁调节器，并带有独立的手动控制单元及辅助功能单元。当机组容量较小时采用单微机励磁调节器。

灭磁开关采用进口设备，当机组容量较小时采用国产灭磁开关。

励磁系统带电力系统稳定器（PSS）。

励磁变压器采用三相户内式带铝合金外壳的环氧树脂浇注的铜芯干式励磁变压器，其冷却方式为自然空气冷却，柜体的防护等级为IP20以上。

2.2.3 进水阀

水轮机进水阀一般采用球阀、蝴蝶阀、闸阀。小型水电站进水阀采用手电两用型，大中型电站进水阀采用液控站液压操作，操作油压为16.0MPa。

对水头较高电站的进水阀主密封应采用金属硬密封。大型蝴蝶阀不推荐采用具有工作密封和检修密封的双密封结构。

伸缩节布置在进水阀下游侧以方便伸缩节漏水检修。

2.3 水力机械辅助设备

2.3.1 供水系统

供水方式的选择根据电站水头确定，多采用自流供水、自流减压供水、水泵供水等。减压阀采用进口产品可靠性较高，安全泄压阀与减压阀配套使用。离心水泵、深井泵应用较多，采用水泵供水时应设置备用供水泵。全自动滤水器产品已很成熟，使用情况良好。对机组技术供水总管的控制，以设置进口双线圈双稳态的电动开关阀较好。对多泥沙的径流式电站，供水系统采用带尾水冷却器的循环供水方式。

2.3.2 排水系统

潜污泵、深井泵和离心泵常用，在水泵出口应配缓闭止回阀。检修集水井作为渗漏集水井的备用也常用到，但同时应设置安全措施，防止水淹厂房。

2.3.3 油系统

绝缘油库有逐步被取消的趋势，但真空净油机还是常备。透平油系统按常规设置。透平油过滤机，精密滤油机使用较好。油系统阀门及管路采用不锈钢材质。

2.3.4 气系统

常规的高压气系统设计压力为6.3～4.0MPa，配有中压空气压缩机、储气罐、气水分离器等气系统设备，在用气对象如调速器油压装置和主阀油压装置上设自动补气阀等以实现油压装置的自动化运行要求。这种传统的设计方法存在补气阀失灵不能自动补气、空压机频繁启动导致电厂用电量大、噪音大等缺点，在湖北大部分中小水电站建设中已不再使用，在调速器和主阀均改为16.0MPa用皮囊式蓄能器，这种蓄能器胶囊的密封极为可靠，氮气极少漏失，运行中无需补气，因此不需设置高压气系统。

低压空压机采用螺杆式空压机取代活塞式空压机。由于螺杆式空压机具有效率高、运行平稳、噪音小等优点，取代低效率、高噪音的活塞式空压机成为必然。

2.3.5 水力监测系统

配置多功能水力机械监测装置。系统功能及要求如下。

（1）机组动态在线监测：监测多路振动、摆度、蜗壳进口压力、顶盖压力、尾水管出口压力、水轮机工作水头、水轮机流量、机组效率、水轮机运行工况点等。

（2）在线谱分析功能：跟踪水轮机运行工况点在水轮机运转特性曲线图上的动态位置、机组效率、发电洞进口拦污栅差压。

（3）机组轴心轨迹图。

（4）在线监测数据存储、机组事故数据录波。

（5）越限报警功能。

（6）通信功能：提供水机监测装置与计算机监控系统的通信接口（RS-485口）。

（7）机组性能测试功能：机组稳定性性能测试、导叶漏水量测试。

（8）机组性能综合评价功能：机组振动摆度发展趋势分析、机组效率变化趋势分析、作出真机运转特性曲线图和机组振动区域图。

3 电气、控制保护和通信

相对大型水电站而言，中小型水电站单机容量和总装机容量均较小，装机台数不多，设计要求、设备配置及选择、枢纽布局与大型水电站也有所不同。但电气部分设计项目与大型水电站基本一致，涉及电气、控制保护和通信等，限于篇幅，一些与大型水电站相似或比较简单的内容不再详述，着重就中小型电站的电气主接线、主接线主要形式、主要电气设备选择与布置、厂用电系统和梯级水电站接线方式、控制保护和通信等方面的特点及采用的方案作一些说明。

3.1 电气主接线

3.1.1 电气主接线的特点

电气主接线与电力系统、电站规模、枢纽布置、地形条件、动能参数以及电站运行方式等因素密切相关，且对电气设备布置、设备选择和数量、继电保护和控制方式都有较大的影响。电气主接线设计优劣关系到电站运行调度的灵活性和长期安全稳定运行，影响电站效益最大化。可见，电气主接线是水电站总体设计中的一个主要项目。中小型水电站电气主接线有如下特点：

(1) 接入电力系统的电压等级一般为 35kV、110kV 和 220kV，且出线回路数较少。实践表明，电站与电力系统连接的输送电压宜采用一级电压，35kV 的出线回路数不宜超过四回，110kV 的出线回路数不宜超过两回，220kV 的出线回路数一般为一回。

(2) 电站规模确定后，一般不考虑扩建和分期建设问题。

(3) 电站地处山区多，地形地貌复杂，电气设备的配置受到地形和工程土石方开挖量等因素的制约，有时配电装置不能采用开敞式，而选用占地面积小、运行安全可靠、又能减少土石方开挖量的金属封闭组合电器。

(4) 同一条河流的梯级水电站或分布在同一条河流的干、支流的水电站，互相之间既有电的联系又有水的联系，要充分考虑这一特点。

(5) 电气主接线设计时，往往需考虑电站的近区、坝区和生活区等地的供电。对高雷电日数地区从防雷需要和安全供电出发，往往采用隔离变压器的接线方式。

3.1.2 电气主接线方案

3.1.2.1 发电机与变压器接线

一般中小型水电站的主变压器数量多为 2 台，有的只采用 1 台，因此，发电机与变压器的接线常用的有以下三种形式：

(1) 单元接线方式。发电机和主变压器容量相匹配，接线清晰，事故影响范围最小，运行可靠、灵活，电气设备布置和继电保护均较简单。但增加了高压侧的进线回路，投资较大，只在装机台数较少的中小型水电站中采用。如恩施市老渡口水电站装设 2 台单机容量为 50MW 水轮发电组，利川龙桥水电站装设 2 台单机容量为 30MW 水轮发电组，发电机电压接线都是采用单元接线。总的来说，单元接线在中小型电站采用不多。

(2) 扩大单元接线方式。中小型水电站，尤其是容量较小的电站，若有 2 台发电机，往往采用扩大单元接线方式，只用 1 台主变压器，而大中型水电站若采用扩大单元接线，需注意发电机电压的短路容量对断路器选择的影响。扩大单元与单元接线相比较，能减少主变压器台数及其相应的高压配电设备，可节约投资、简化电气设备布置。但是，当变压器检修或故障时，将使 2 台发电机停机，造成发电损失。该接线方式适用于 2 台机组，总容量不大、装机利用小时不高、在电力系统中所占的比重较小、对供电的可靠性要求不高的电站。例如，利川云口水电站、恩施市罗坡坝水电站总装机容量都是 30MW，装设 2 台单机容量为 15MW 水轮发电组，10.5kV 侧 2 台发电机与 1 台变压器接成两机一变扩大单元接线，到目前为止运行良好。

(3) 单母线与单母线分段接线。这种接线清晰，对应性强，各操作单元之间互不影响，易于实现自动化，运行方便，配电装置投资少，便于扩建，又可采用成套配电装置，简化电气布置。例如，竹山小漩水电站，总装机容量 50MW，装设 3 台单机容量为 16.7MW 水轮发电组，低压 10.5kV 侧 3 台发电机与 1 台变压器接成单母线接线。只有 3 台机组，总容量较小，在电力系统中所占的比重较小，对供电的可靠性要求不高。但是，单母线接线在母线检修或故障时，将造成全厂停机。因此，有的电站采用单母线分段的接线方式，可靠性比单母线高，当一段母线检修或故障时，能保持另一段母线的发电机组向系统供电。

3.1.2.2 升高电压侧接线方式

中小型水电站升高电压侧接线方式一般有以下三种：

（1）变压器——线路组接线方式。该接线简单，设备少，布置简单，占地面积小，继电保护简单，但在主变压器、线路发生故障或检修时均停止向电网送电。

（2）单母线与单母线分段接线方式。这种接线在中小型水电站最为常见。单母线接线的变压器、线路，各自有自己的断路器，互不影响，继电保护简单，便于实现自动化、远动化；电气布置简单，扩建方便。但若线路断路器检修或故障、母线故障或检修，需全厂停电。为了克服这个缺点，可采用单母线分段接线。单母线或单母线分段接线，若要求提高可靠性，可增加旁路母线或旁路隔离开关，使线路侧断路器检修时不需停电。

（3）桥形接线方式。桥形接线方式适用于"两进两出"的水电站，在中小型水电站电气主接线设计中，经常与单母线或单母线分段接线相比较。桥形接线有外桥接线与内桥接线两种形式。当两回线路有较大穿越功率时，若采用单母线接线方式，穿越功率必须经过两个断路器，而且单母线故障时，水电站全部容量不能送出，因此往往优先考虑采用穿越功率只经过一个断路器的外桥接线方式。外桥接线对主要担任调峰、调相和事故备用的任务、利用小时数较低、主变压器投切的机会较多，且 110kV 或 220kV 送出线路较短，雷害事故概率也较少的电站较为合适。内桥接线适用于电站利用小时数较高、主变压器不经常切除或线路较长、故障率较高的电站。

3.2 主要电气设备选择与布置

所有电气设备选择与布置都要严格遵守相关设计规范规定，满足规范要求。文中所述设计中的经验，仅供参考。

3.2.1 主变压器选择

中小型水电站主变压器容量不大，不存在制造和运输问题，应采用便于布置且节省空间、降低造价的三相新型节能变压器，容量与其连接的发电机容量相匹配。当发电机电压母线上连接有近区负荷时，可扣除近区最小负荷选择主变压器容量。当主变压器有穿越功率通过时，主变压器容量还应加上最大穿越功率。

3.2.2 发电机出口设备选择

应选用定型成套柜。断路器优先采用真空断路器或 SF_6 断路器。在选择发电机出口断路器时应校验断路器的直流分断能力。

3.2.3 高压配电装置选择与布置

35kV 配电装置宜采用户内式布置。110kV、220kV 配电装置宜采用户外式布置。当技术经济指标接近时优先选用占地少、可靠性较高的 GIS 或开敞式组合电器配电装置。例如，利川云口水电站装设 2 台单机容量为 15MW 水轮发电组，高压 110kV 侧接线采用单母线接线，110kV 出线二回。电站厂房距河口开阔地带有一定距离，处于峡谷之中，开关站在厂房附近就地布置困难较大，如采用开敞式常规中型布置配电装置，土建开挖、回填量大，几乎不太可能，经设计研究，采用节省工程投资的敞开式组合电器，布置在电气副厂房屋顶上，解决了开关站布置困难问题。

3.3 厂用电系统

水电站的厂用电负荷较小，一般不从电站升高电压侧引接，有时备用厂用电源还考虑从地区配电网引接或保留施工用电来解决。但是，有的装机容量较小的水电站，为了厂用电源安全可靠、降低系统倒送电时的电能损耗和电压损失，也将1台厂用变压器接至升高电压侧的母线上。厂用电一般采用二级电压实现。厂用变压器不应超过2台。装设2台厂用变压器时，并与外来电源连接。厂用变压器优先采用干式变压器。

3.4 中小型梯级水电站

中小型梯级水电站应统一考虑各电站的机电设计及相互间的连接方式。如开关站的设置，经技术经济论证后也可设置联合升压站，对相距近的电站，宜优先考虑设置联合开关站的方案。例如，罗田天堂梯级电站，主要电能从四级水电站送出，使二级、三级、五级电站的电气主接线简化，而且采用联合开关站，便于集中调度管理，缩减生产维护管理人员。

对梯级各电站不一定都设置一套完整的计算机监控系统，整个梯级可设置一套功能齐全的计算机监控系统，并对梯级电站进行统一调度管理，这样既节省了投资，又利于梯级电站效益最大化。由于目前中小型水电站的开发投资渠道不相同，开发时间有先有后，管理体制较复杂，这给中小型梯级水电站电气设计的“统一考虑”带来困难。

3.5 控制、保护及通信

中小型水电站控制一般采用分层分布式控制方式，即中控室与现地控制模式。中控室配置监控工作站、工程师工作站、通信服务器等；现地控制采用以PLC为核心的控制方式。中控室与现地控制之间通信主要采用以太网通信方式。随着技术进步和计算机可靠性的提高，监控系统由常规控制方式、计算机与常规控制结合方式到现在的全微机控制方式。

中小型水电站发电机、变压器、线路的继电保护均采用全微机保护。除220kV线路和主变压器保护要求按双重化配置外，其他情况保护配置满足《继电保护及安全自动装置技术规程》和《继电保护及安全自动装置运行管理规程》规定即可。

中小型水电站通信采用调度通信与行政通信相结合的方式，通信介质以普通有线和光缆为主，电力载波通信和微波通信为辅。

4 金属结构

中小型水电站工程的金属结构是整个水电工程的重要组成部分。各水工建筑物的闸门必须能灵活和可靠地启闭，才能实现它们的功能，发挥电站的效益，并保证整个工程的安全运行。在中小型水电站中，闸门、启闭机械、压力钢管、拦污栅及其他金属结构与机械设备在工程总投资中占有较大的比重。大型工程和中小型工程金属结构之间没有本质上差别，相对大型工程而言，由于中小型工程多为地方项目，在规模、影响范围和资金渠道各方面存在一定的差异，所以在设备配置、枢纽布局和外观风格上以及考虑问题的侧重点有所不同，主要体现在以下 6 个方面：

（1）坝顶门机。由于工程规模相对较小，坝上泄水闸门的孔数不多，工作闸门多采用一门一机配置。除少数河床式电站外，中小电站很少采用高大的坝顶门机，大坝外观没有大工程那么雄伟壮观。电站尾水检修门多采用移动台车，规模较小的采用移动电动葫芦启闭。

（2）通航设施。由于中小型水电站工程大坝一般修建在各流域的支流上，而且大多地处大山深处，不涉及重要黄金水道，其通航规模本身较小，通航需求也不多，加之近年公路运输发展迅猛，水路运输功能萎缩。除了王甫洲、崔家营、高坝洲和兴隆枢纽外，近 10 年新建的工程基本没有考虑通航设施，有些工程原有的通航功能也逐渐退化，从一个侧面反映了社会发展和交通运输格局的变化趋势。

（3）导流封堵闸门。中小型水电站工程导流洞的特点是，下闸后水位上涨比较迅速，闸门的承受水头受封堵后门后堵头施工进度控制，一旦堵头混凝土达到设计要求强度，闸门就完成了自己的历史使命。这期间闸门最高挡水水头一般都有 50～70m，高的可能到达 90m。虽然封堵闸门的 $F\times H$（面积×水头）指标具备一定规模，但大多还是低水位下闸，下闸时一般只有 3～6m 水深，相当于静水闭门。所以大多采用临时启闭设备，闸门不考虑回收。实际下闸一般采用简易排架加临时启闭机，采用多台手拉葫芦联合操作下闸的工程实例也屡见不鲜。

（4）压力钢管。小型电站的引水系统采用明钢管高水头的比较普遍，比较有代表性的工程有：锁金山（$D=1.6$m，最大静水头 613m）、东流溪二级（$D=1.2$m，最大静水头 520.9m）、桃花山三级（$D=0.864$m，最大静水头 686.0m）、长丰（$D=0.8$m，最大静水头 581.16m）、响水洞（$D=0.81$m，最大静水头 422m）、四方洞（$D=0.7$m，最大静水头 896.4m）和红瓦屋一级（$D=1.0$m，最大静水头 466m）。尽管这些压力钢管的管径不大，但承受的最大静水头却已达 896.4m，最大动水压力已达 1000m。其中桃花山三级和响水洞压力钢管首次采用了微合金控轧钢 X65 主材制作，比选用普通碳素钢节约钢材 25%，取得了比较好效果，对类似高水头水电站工程具有一定借鉴价值。

（5）清污机。由于中小型水电站工程的进水口大多在水下 30m 以下，污物堵塞进口拦污栅的现象不算严重，一般都采用停机提栅清污，中小型水电站工程设置清污机的工程不多，但在河床式电站上设置拦漂排的比较普遍。

（6）泄洪表孔。表孔溢洪道工作闸门型式在我国应用最多的是直升平板闸门和弧形闸门。近几十年来，规模稍大一点表孔闸门基本上采用的是弧形闸门，配液压启闭机，在中小型工程中这种配置渐渐成为常规首选。

闸门规模大型化。随着技术进步和水电资源开发难度加大，与大型工程一样，中小型水电站泄水闸门的规模也有向大型化发展的趋势，其中有的甚至可以进入大型工程闸门的行列。已建工程中规模较大的表孔弧门有老渡口电站 12m×20m、白水峪电站 12m×18.5m、三里坪电站 12m×18m、古洞口一级电站 11m×22m 和小漩电站 15m×15m；规模较大的深孔弧门有陡岭子电站 7.5m×7.5m－70m 和洞坪电站 5m×6m－72m。

5 结语

经过几十年的发展，中小型水电站机电金专业的设计水平不断提高，各专业的设计创新研究成果得到了广泛的应用，解决了工程设计中出现的各种复杂问题，提高了电站运行的可靠性和自动化程度。随着科学技术的日新月异，新工艺新材料不断涌现，设备制造有了长足进步，有利于水电建设得到更好的发展，我们也会与时俱进，继续进行中小型水电站机电金专业的设计创新研究，推动水电事业进入先进水平。

水保移民与施工

水土保持“天地一体化”监管技术研究及应用

陈芳

［摘要］ 本文介绍了“天地一体化”的概念和特点，以及“天地一体化”在水土保持领域中的应用，论述了生产建设项目“天地一体化”监管工作的技术路线、实施过程。随着“天地一体化”技术逐步走向成熟，生产建设项目水土保持监管工作将得到更好的技术支撑。

［关键词］ “天地一体化”；水土保持监管；防治责任范围

1 引言

随着我国现代化进程和城镇化速度不断加快，各类生产建设活动日趋频繁，由此导致的水土流失日益严重，对生态安全构成了严重的威胁。党的十八大以来，党中央、国务院把生态文明建设摆在十分突出的位置，要求用法律和制度大力推进生态文明建设，到2020年基本形成源头预防、过程控制、损害赔偿、责任追究的生态文明制度体系。国家严禁各类环境违法违规行为，对在建设过程中造成水土流失的项目加大了监督执法力度。目前，生产建设项目监督检查一般采用地面调查的手段进行实地勘测，外业工作量大、效率低、精度有限，特别是对一些监测人员难以到达的区域，无法获取数据，很难实现对生产建设项目进行全面监督检查。随着现代空间技术的快速发展，“天地一体化”技术在资源环境等领域已经试验先行，为生产建设项目水土保持监管提供了借鉴。

2 “天地一体化”技术及其在水土保持领域的应用

2.1 “天地一体化”技术

传统的陆地信息系统已难以满足现代社会纷繁复杂的信息需求，而空间信息系统在覆盖面积、接入速度、时效性、精度等方面都具有明显的优势，因此必须充分利用空间信息传输的优势，建立起集信息获取、分析、管理、传输、存储、应用于一体的科学技术体系。随着遥感等空间信息技术日益成熟，逐渐形成了能够满足多种应用需求的对地观测体系，通过航天航空飞行器、卫星应用系统等多种平台对地球进行探测，能够获取地球表面的各种信息，为不同用户的数据提取与分析提供基本保证。

“天地一体化”是综合利用多尺度遥感、GIS、空间定位、互联网、移动通信等技术的新型信息化技术。该技术将地理信息系统中彼此独立或相关的各种空间信息系统与地面应用、控制系统等地面基础设施深度融合，充分发挥天、地信息技术各自的优势，根据不同用户的需求对天地采集、传输、处理的多源时空信息进行集中管理、分析、存储，使得原来封闭、孤立的信息能够进入通达的信息系统，实现复杂时空环境下信息资源的互联互通、综合处理和高效利用，更好地为用户服务。

2.2 “天地一体化”技术在水土保持领域的应用现状

随着航空航天及对地观测技术的发展，“天地一体化”技术结合了空间技术与地面技术的优势，具有实时性强、覆盖面积广、准确、快速、高效等特点，在资源环境等领域已经得到了广泛的应用。目前该技术在水土保持领域的应用主要体现在土壤侵蚀普查、水土流失动态监测等方面。广东省先后三次运用遥感技术进行了土壤侵蚀现状调查，并对后两次的调查成果进行了对比分析，掌握了不同时期的土壤侵蚀状况及动态变化趋势，同时建立并完善了土壤侵蚀数据库。李斌斌等在定位监测的基础上采用遥感调查的方法，获取了动态监测西气东输二线工程中重点地段、重点对象的水土流失状况施工前后的水土流失精确数据，并对土地利用及土壤侵蚀情况进行了分析。周乐群等运用“3S”技术，对整个三峡库区 20 世纪 80 年代中期、世纪之末两期的土地利用状况、水土流失状况及水土保持治理等进行了全面动态监测，并利用监测成果建立了水土保持数据库，同时开发了水土保持遥感动态监测系统，辅助水土保持监测监管工作。

3 “天地一体化”监管技术特点

“天地一体化”监管的技术突破主要是实现现代空间技术、信息技术与水土保持监管业务的深度融合。

在高空监控技术方面，实现了国产高分辨率遥感影像在生产建设项目水土保持监管中的广泛、深入应用。国产高分辨率遥感影像推广使用的优势：一是信息源在各级政府部门的管理工作中可免费使用；二是高分辨率能够满足水土保持精准监管、精细监控的需要，特别是高分三号采用雷达、微波技术，突破了云雨天气、夜晚对遥感监控形成的制约，大大提升了遥感资源的信息量和可用量。

在低空监控技术方面，充分发挥无人机监控所具有的近地表、时效性强、操作简便易行的特点，特别是国产无人机性能强、成本低的特点，为生产建设项目水土保持监测、监督检查等提供了及时、快捷的技术支持。

在信息集成与使用方面，一是对全国水土保持监督管理系统进行了升级改造，全面提升了该系统的信息处理和服务能力，增加了矢量数据录入、传输、存储、共享等功能，通过高分遥感和无人机遥感等取得的信息在该系统中也可运行和进行管理。二是系统的运行环境突破了原来只能在专网或内网运行的局限，可在互联网上运行，给各级、各类用户的使用带来了极大的便利。三是通过信息的科学、规范管理，使生产建设项目的水土保持方案信息、工程建设信息、水土保持监理和监测信息、技术评估及验收信息等，能够通过网络在系统中快速汇集、流通、互联和共享。

在野外移动使用平台方面，研究并开发了监督管理信息移动采集终端，在技术支撑单位复核生产建设项目现场信息、水行政主管部门监督检查中，可现场填写信息、定位勾绘扰动地块、采集图片、视频等信息，还可查询生产建设项目基本信息，为复核、监督工作提供支持。现场信息可随时上传信息系统，实现野外工作与大数据平台的信息交换、共享。

为实现上述目标，“天地一体化”监管重点在以下几方面实现了技术突破：①遥感影像的生产建设项目专题信息增强技术，特别是针对生产建设项目的信息增强、影像融合及影像镶嵌等技术，更加突出生产建设项目的相关信息，可为后续工作的开展提供针对性强的基础信息源。②生产建设项目遥感解译标志库的建立，可提高解译的准确率和工作效率，对涉及水土保持的36类生产建设项目分别建立了解译标志，形成了强大的智库。③扰动图斑识别与生产建设项目提取技术，将非生产建设项目的扰动图斑进行排查，可减少不必要的遥感解译和野外调查工作量，提高生产建设项目的识别率和准确率。④生产建设项目水土流失防治责任范围（红线）上图技术，结合以往水土保持方案数据、图件的实际情况，研究红线矢量化的技术方法，最大限度地实现过往项目的红线上图，对今后红线上图提出了标准和方法，为开展生产建设项目水土保持“天地一体化”监管提供了基础信息。⑤生产建设项目合规性自动判别与预警技术，通过对红线、黄线的解译、判别，提出了疑似违规、违规、发生变化等判别方法和标准。⑥建设项目动态跟踪监测技术，借助卫星遥感、无人机遥感等技术，实现监测结果与审批红线的自动定位、对比，对超出红线的扰动图斑进行预警，并在监督管理系统中警示，提示水行政主管部门开展检查。⑦多源空间信息快速采集技术，对“天地一体化”监管中使用的高分遥感信息、无人机遥感信息、野外现场视频信息、移动终端采集信息等进行及时、规范采集、入库。⑧基于云服务的生产建设项目现场信息采集技术，利用大数据平台支撑的野外现场终端，快速、准确地调查生产建设项目相关信息，全面服务于野外调查、监督检查、验收评估等工作。

4 生产建设项目“天地一体化”监管工作

4.1 监管方法及技术路线

以经过专题信息增强、影像融合、影像镶嵌等预处理的遥感影像为数据源，提取研究区内扰动地面，结合扰动图斑样本数据，通过人工判读筛选出研究区范围内生产建设项目扰动图斑。将防治责任范围与之叠加，判断生产建设项目的合规性，并对合规性分析的结果进行现场复核。

4.2 遥感调查主要过程

进行生产建设项目扰动状况遥感调查工作，主要包括扰动图斑解译、防治责任范围上图、合规性分析、现场复核、扰动图斑动态更新等方面。

4.2.1 扰动图斑解译

采用目视解译的方法对生产建设项目扰动图斑进行遥感解译，在通过野外调查建立不同类型生产建设项目解译标志的基础上，根据遥感影像特征并参照Google Earth对扰动面积在0.1hm^2以上的扰动地块进行全部勾绘。

4.2.2 防治责任范围上图

通过水保方案等资料获取项目位置、经纬度坐标等信息，结合Google Earth等地图软件，初步确定项目在遥感影像上的大致位置。通过扫描将纸质防治责任范围图件转为电子图件，利用ArcGIS软件，在统一的坐标系下，以遥感影像为参考进行地理配准，勾绘防治责任范围边界、录入属性数据，完成防治责任范围的矢量化。由于收集的防治责任范围资料技术标准不统一，可针对不同的资料采取不同的配准方法：

（1）带有准确坐标信息或者拐点坐标明确的防治责任范围图，直接通过坐标转换，提取防治责任范围矢量数据。

（2）具有公里网的防治责任范围图，直接以公里网格交点的X、Y坐标作为校正基准点进行配准，然后再勾绘防治责任范围矢量边界。

（3）对无法获取坐标信息的防治责任范围图，采用基于特征点的配准技术。在防治责任范围图和遥感影像上找到同名地物点或者特征点（如道路、河流交叉点，建筑物角点等）作为控制点，通过建立控制点之间一一对应关系，将防治责任范围图配准到遥感影像中。

4.2.3 合规性分析

运用ArcGIS软件的空间叠加分析功能，根据扰动图斑与防治责任范围的空间位置关系判别生产建设项目扰动状况的合规性，并将各图斑的合规性录入到扰动图斑矢量图层的合规性属性字段。

4.2.4 现场复核

在完成合规性分析等工作的基础上，开展生产建设项目扰动状况现场复核工作。通过现场调查对项目区所有需要复核的生产建设项目的位置、面积、边界等指标进行现场采集。主要工作流程及要求如下：

（1）制作现场复核工作底图和复核信息表，准备相机、GPS等设备。

（2）在现场复核过程中，需要了解项目基本情况和建设情况，复核项目水土保持工作及存在的问题，收集项目水土保持相关资料和证明材料。

（3）复核扰动图斑边界，对于存在问题的扰动图斑在现场复核工作底图上进行标注。

（4）填写生产建设项目监管示范复核信息表，拍摄现场照片。现场复核结束后需要根据调查资料对室内的初步解译结果进行修正，主要是合并属于同一个生产建设项目且地理位置相邻的扰动图斑，对位置相连但属于不同生产建设项目的扰动图斑进行边界分割，由此得到扰动图斑分布图。

4.2.5 扰动图斑动态更新

基于遥感调查结果和对比发生变化的扰动图斑（扩大、缩小、新增、消失）进行更新和完善，主要包括调整原图斑边界、勾绘新出现的扰动图斑、删除已经建成不存在扰动的图斑。动态更新后对变化的扰动图斑再次进行合规性分析、现场复核等工作，并根据现场复核结果修正遥感调查结果，形成扰动图斑矢量数据。

5 结论

采取“天地一体化”技术对生产建设项目进行监管，能准确获取地区生产建设项目的扰动状况、数量及分布情况。同时，运用GIS技术提取生产建设项目扰动图斑并判断其合规性情况的可靠性，通过野外调查得到了验证。综合利用遥感及地面调查技术对生产建设项目进行动态监测监管，不仅能够对区域生产建设项目进行全面调查，解决由于生产建设项目数量和类型繁多而造成水土保持监管信息缺失的问题，而且能够从各类生产建设项目中确定疑似违规的项目或重点部位，然后有针对性地对造成严重水土流失的违规项目进行现场督查、动态追踪。遥感监测为生产建设项目监管提供了客观、真实的数据，对地面调查结果起辅助验证作用；地面调查可以对遥感监测能力的不足之处加以弥补，同时也能对遥感识别与提取的信息起到验证作用。两者优势互补，降低了监督检查的难度，提高了监管工作的效率和准确性。

在实际工作中，由于水土流失防治责任范围图没有统一的制图标准、缺乏规范性要求，造成防治责任范围图制图不规范，难以满足生产建设项目“天地一体化”监管工作的上图要求，建议相关部门制定规范性制图标准，以保证防治责任范围上图工作顺利开展。限于当前技术条件，土地利用信息提取仍主要采用人工目视判读的方法，不仅工作量较大，而且难以判断造成扰动的生产建设项目的类型，技术手段还有待进一步提高，这也是今后研究的重要方向。

生产建设项目水土保持“天地一体化”监管技术已经开始探索性应用，未来结合更加细化的行业需求，需要开发定制配套的应用软件，未来的水土保持监管工作也需要更多的专业技术人员。随着相关技术的发展和完善，“天地一体化”技术将逐步走向成熟，生产建设项目水土保持监管工作将得到更好的技术支撑。

参 考 文 献

[1] 姜德文，亢庆，赵永军，等. 生产建设项目水土保持“天地一体化”监管技术研究［J］. 中国水土保持，2016（11）：1-3.

[2] 尹华锋. 生产建设项目水土保持天地一体化监管研究［D］. 杭州：浙江大学，2018.

[3] 平定县水务局. 借助“天地一体化”动态监管 推动水土保持监督监测跨越发展［J］. 山西水土保持科技，2018（4）：39-40.

[4] 黄颖伟，王岩松，张野，等. 生产建设项目水土保持“天地一体化”监管技术应用［J］. 中国水土保持，2018（2）：11-15.

[5] 李斌斌，李占斌，李智广，等. 西气东输二线西段水土流失动态监测与分析［J］. 水土保持通报，2015，35（5）：123-126，132.

[6] 周乐群，孙长安，胡甲均，等. 长江三峡工程库区水土保持遥感动态监测及GIS系统开发［J］. 水土保持通报，2004（5）：49-53.

起爆点位置对台阶爆破爆堆形态的影响研究

刘亮　王述明　李小兵　梁建波　孙武永

［摘要］ 爆堆形态是评估台阶爆破效果的重要指标，为研究起爆位置对台阶爆破爆堆形态影响，采用3DEC离散元软件，建立岩体强度参数服从Weibull分布的台阶爆破三维模型，通过考虑爆轰传播方向的荷载施加方法，模拟不同起爆位置下台阶爆破的动态破碎和抛掷过程。研究结果表明：在台阶爆破爆堆形态数值模拟中，不能简单地将爆炸荷载简化为瞬态爆轰，需要考虑爆轰波的传播方向。不同起爆位置下的爆堆形态存在显著差异，起爆点位置会影响鼓包运动最先发生的位置，从而影响岩块的抛掷方向和速度，影响爆堆的最终形态。孔底起爆时，爆破开挖方量最大，抛掷距离最远，堆积高度适中，松散系数最高，具有最好的铲挖效率。

［关键词］ 台阶爆破；爆堆形态；起爆位置；离散元

1 引言

爆堆的形状是衡量爆破工程施工效果的主要指标之一，主要通过爆堆高度、爆破抛掷距离等参数反映。不仅反映了爆破参数和装药结构的合理性，而且直接影响铲装、运输的效率和经济效益。不合理的爆堆形态不仅会显著开采运输设备高效运作，还会增加相应的辅助工程的工作量，大大增加工程成本。

随着计算机数值计算技术的飞速发展，以计算机数值仿真方法来模拟爆破作用过程，进而预测爆破效果已经成为可能。苏都都等基于PFC2D采用瞬态爆轰荷载对爆堆形态与炸药单耗和台阶高度的关系进行了研究。韩亮等将Weibull模型引入BP神经网络对高台阶抛掷爆破爆堆形态进行预测。于灯凯采用高速摄像机对爆破过程进行数据采集，并利用MAS软件，分析不同起爆位置的台阶岩体的破碎过程。黄永辉等采用SPH－FEM耦合算法对高台阶抛掷爆破进行模拟，并通过现场高速摄影分析了爆炸作用下的台阶坡面岩石速度场分布特征。

关于起爆位置对爆破效果影响的研究主要集中在应力场、损伤分布以及爆破振动效应上。向文飞等采用Ls－dyna研究了起爆方式对条形药包爆炸应力场的影响；刘亮等采用损伤模型比较正向起爆和反向起爆条件下，相邻炮孔之间爆破根底的分布情况；张智宇等结合露天台阶爆破振动监测资料，分析了爆破振动信号的能量在传播过程中随着起爆方式改变的变化规律。

学者们对爆破参数对爆堆形态的影响做了大量有益研究，而关于起爆点位置对爆堆形态的影响还鲜有研究。在已有的研究中，通常将爆炸荷载简化为瞬态爆轰，以均匀荷载的形式同时作用在粉碎圈炮孔壁上，忽略了爆轰传播方向对爆堆形态的影响。

本文拟采用3DEC离散元软件，建立岩体强度参数服从Weibull分布的台阶爆破三维模型，模拟不同起爆点位置下台阶爆破的动态破碎和抛掷过程，从而对爆破方案优化提供参考。

2 爆破荷载与材料模型

2.1 考虑爆轰传播方向的荷载施加方法

炸药起爆后，随着爆炸产物的生成，炮孔空腔径向膨胀、周围岩体裂纹扩展、堵塞物移动、高温高压气体从孔口及缝隙向外飞逸。数值模拟中很难描述这种复杂的物理和化学变化过程，现有模拟中多采用半经验半理论的三角形函数、双指数型函数以及高能炸药的JWL状态方程模拟爆炸荷载。本文采用由Starfield和Pugliese提出，并由Jong改进的双指数型爆破荷载函数来描述爆炸荷载随时间的变化过程：

$$\left.\begin{aligned} P_t &= 4P_b\left(\mathrm{e}^{-\beta t/\sqrt{2}} - \mathrm{e}^{-\sqrt{2}\beta t}\right) \\ \beta &= -\sqrt{2}\ln(1/2)/t_r \end{aligned}\right\} \tag{1}$$

式中：P_t 为随时间变化的炮孔压力；P_b 为初始炮孔压力；t 为时间；β 为阻尼因子；t_r 为荷载上升时间。

双指数型爆破荷载函数既可以体现出动力荷载的波动特性，又能较好地描述爆炸应力场且简单，虽然未考虑爆生气体运动状态，忽略了爆生气体准静态作用，但是这一点可在荷载的上升时间和衰减特性中进行修正。

常用的爆炸荷载升压时间经验公式为

$$t_r = 12\sqrt{r^{2-\mu}}Q^{0.05}/K \tag{2}$$

式中：K 为岩体体积模量；μ 为岩石泊松比；Q 为单段炮孔装药量；r 为对比距离。

炸药起爆后，炮孔附近的岩石受到强大的冲击波的压缩剪切作用而形成一圈粉末化的区域，该区域范围较小，通常为炮孔半径的2～5倍，对爆堆形态模拟的影响较小。已有的爆堆形态模拟中（如3DEC、DDA、PFC方法），往往将粉碎区内的爆炸响应省略。为方便起见，在3DEC中进行爆破过程模拟时，可忽略粉碎区内的力学行为，直接将爆炸荷载等效在粉碎区边界上。

单个炮孔周围岩体中传播的应力波随距离按幂函数规律衰减，粉碎区外边界上径向应力峰值与距离的关系可表示为

$$P_b = P_0\left(r_c/r_0\right)^{-\alpha} \tag{3}$$

式中：r_c为粉碎区半径；r_0 为炮孔半径；P_0 为炮孔壁上爆炸荷载峰值；α 为爆炸应力波衰减指数。

为进一步探究不同起爆方式对爆堆形态的影响，将爆炸荷载从起爆点位置开始按爆轰波的传播方向和传播速度，依次施加在炮孔粉碎区外边界上，爆破荷载施加方式如图1所

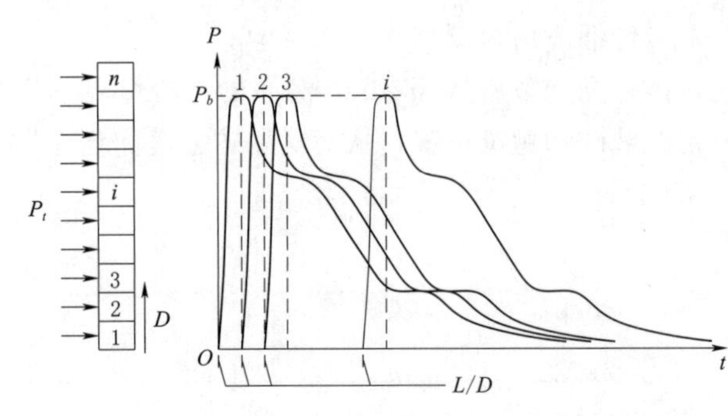

图1 考虑爆轰传播方向的荷载施加方法示意图

示。雷管起爆后，在炸药柱中，距离起爆点距离 L 处的炸药滞后于起爆点 $t=L/D$；那么在炮孔壁面轴向，在距离起爆点 L 处的荷载可以修正为以下形式：

$$\left.\begin{aligned}P_t&=4P_b\left[\mathrm{e}^{-\beta(t-L/D)/\sqrt{2}}-\mathrm{e}^{-\sqrt{2}\beta(t-L/D)}\right]\\ \beta&=-\sqrt{2}\ln(1/2)/t_r\end{aligned}\right\}\tag{4}$$

式中：D 为炸药的爆轰速度。

2.2 基于Weibull分布岩体力学参数模型

作为一种地质材料，由于岩石内部不可避免地存在的天然缺陷和孔隙，岩石的一个基本特性是非均质性，为了描述岩石的这种性质，本文采用 Monte - Carlo 方法和统计描述相结合的方法对岩石微元进行随机赋值，并假定微元强度服从 Weibull 分布，其概率密度函数为

$$P(F)=\frac{m}{F_0}\left(\frac{F}{F_0}\right)^{m-1}\exp\left[-\left(\frac{F}{F_0}\right)^m\right]\tag{5}$$

式中：F 为微元强度随机分布的分布变量；F_0、m 为 Weibull 分布参数，反映岩体材料的力学性质。根据曹文贵等的研究，参数 F_0 反映了岩体宏观平均强度的大小，m 反映了岩体微元强度分布集中程度。表1给出了模型中的岩体力学参数。

表1　　基于Weibull分布岩体力学参数

密度 /(kg/m³)	泊松比	体积模量 /GPa	剪切模量 /GPa	内摩擦角 /(°)	黏聚力 /MPa	m_c	抗拉强度 /MPa	m_t
2650	0.25	25	22.7	30	7	4.35	4.5	2.50

3 起爆位置对爆堆形态的影响

3.1 计算模型与参数

对于柱状装药的台阶爆破，并不能完全等效为瞬态爆轰，不同的起爆方式，爆生产物的作用时间和作用方向是有显著差异的，并且会影响爆破岩块的抛掷方向和抛掷速度。为进一步探究不同起爆方式对爆堆形态的影响，将爆炸荷载从起爆点位置开始依据爆轰波的传播方向和传播速度，依次施加在炮孔壁上，如图2所示。最先施加的爆炸荷载会最先造成岩体的开裂和破坏，从而在起爆点位置最先形成鼓包运动，而后施加的爆炸荷载会进一步促使岩体开裂的加剧，并最终造成岩体的破坏和抛掷。由于最先形成鼓包运动的位置不

同，岩块的抛掷方向和速度也不同，从而形成不同的爆堆形态。

为了更好地说明起爆方式对爆堆形态的影响，我们选择增大台阶高度和钻孔深度，相关的爆破参数如表 2 所示，岩体材料参数见表 1。别针对孔口起爆、中间起爆和孔底起爆三种起爆方式调整爆炸荷载施加方式，模拟不同起爆方式下的爆堆形态。

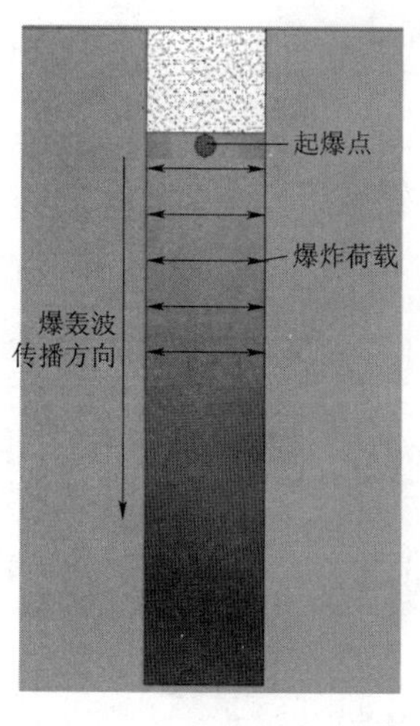

(a) 孔口起爆

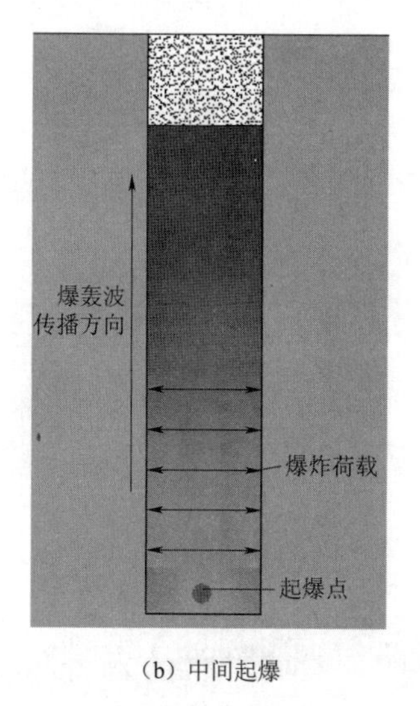

(b) 中间起爆

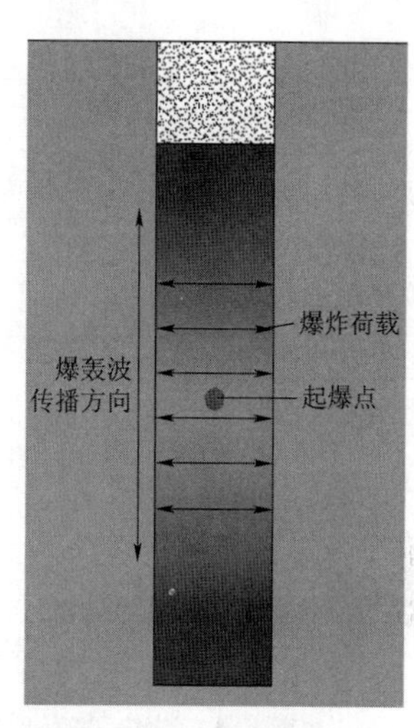

(c) 孔底起爆

图 2　不同起爆方式下考虑爆轰传播方向的荷载施加方法示意图

表 2　　台阶爆破模型参数

台阶高度	钻孔直径	底盘抵抗线	孔深	装药长度	孔距
12m	100mm	4m	12m	9m	3m

3.2　数值模拟结果分析

按照以上模型参数进行数值计算，分别得到孔底起爆、中间起爆和孔口起爆三种起爆方式下的最终的爆堆形态，从图 3 模拟结果中可以看出，孔底起爆时爆堆的抛掷距离最远，临近台阶面形成一个山丘状的形态，同时孔口处岩石破碎较为充分，形成的爆堆形态相对松散；中间起爆时爆堆抛掷距离次之，爆堆形态顶部近似一条斜面；孔口起爆时爆堆抛掷距离最近，同时有较多的岩块堆积在台阶面附近。

不同起爆方式下的爆堆轮廓线的差异如图 4 所示，孔底起爆的爆堆最大高度为 8.3m，出现在距离炮孔 2.6m 的位置，爆堆抛掷距离达到 38.4m，临近台阶面位置爆堆有一个比较明显的鼓包；中间起爆的爆堆最大高度为 8.0m，出现在距离炮孔 4.2m 的位置，爆堆形态整体呈斜线型，局部形态不规则；孔口起爆的爆堆最大高度为 8.7m，出现在炮孔左侧 0.7m 的位置，较多的孔口岩石向上抛掷后落回台阶面位置，形成一个台阶面位置最高的斜坡面。

为了描述爆堆的松散程度，定义爆堆的松散系数为

$$\psi=\frac{V_{\mathrm{muckpile}}}{V_0} \tag{6}$$

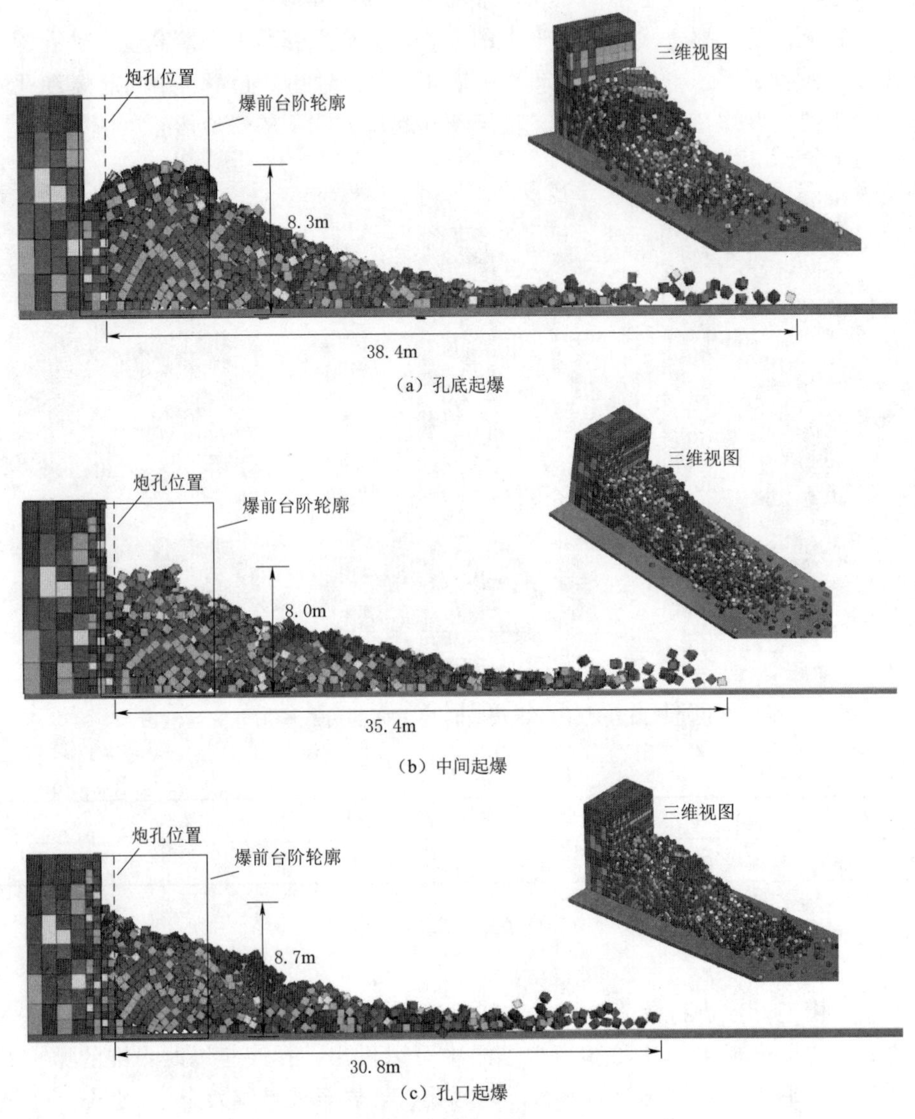

图 3　不同起爆方式下的爆堆形态模拟结果

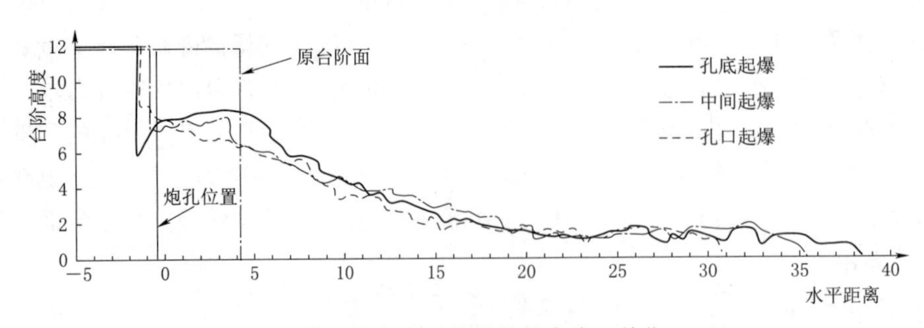

图 4　不同起爆方式下的爆堆轮廓线（单位：m）

式中：V_0 为被爆破开挖体积；$V_{muckpile}$ 为爆堆的表观体积。

统计三种起爆方式下的爆堆高度 H_b、最大抛距 L、爆堆高度和台阶高度比 H_b/H_0、爆破开挖体积 V_0、爆堆表观体积 $V_{muckpile}$、松散系数等参数，统计结果如表 3 所示。

表 3　　不同起爆点位置时的爆破形态参数

起爆方式	爆堆高度 H_b/m	最大抛距 L/m	H_b/H_0	V_0/m^3	$V_{muckpile}/m^3$	松散系数
孔底起爆	8.3	38.4	0.69	602.1	1174.1	1.95
中间起爆	8.0	35.4	0.65	540.0	961.2	1.78
孔口起爆	8.7	30.8	0.72	588.6	959.4	1.63

三种起爆方式的爆堆高度和台阶高度比 H_b/H_0 分别是 0.69、0.65、0.72，比较符合工程实际情况。三种起爆方式对应的松散系数分别为 1.95、1.78、1.63，孔底起爆对应的松散系数最高，具有最高的铲挖效率。同时在相同的孔网参数和装药条件下，孔底起爆的爆破开挖方量最大，显著高于其他两种起爆方式，这说明了孔底起爆的炸药能量利用率最高。孔底起爆可以改善了采石场、矿山爆堆松散性不足的问题，对采石场、矿山铲挖效率的提高和开采成本的降低起到重要作用。

4 结论

本文采用 3DEC 研究了不同起爆点位置对露天台阶爆破爆堆形态的影响，主要得出以下结论：

（1）数值模拟和现场试验基本吻合，验证了本文基于 Weibull 分布的岩体强度参数模型和考虑爆轰传播方向的荷载施加方法的数值模拟方法的合理性。利用数值模拟方法研究台阶爆破爆堆形态时，不能简单地将爆炸荷载简化为瞬态爆轰，需要考虑爆轰波的传播方向。

（2）在高台阶爆破中，起爆点位置会影响鼓包运动的最先发生位置，从而影响岩块的抛掷方向和速度，影响爆堆的最终形态。孔底起爆条件下，爆炸荷载作用时间最长，同时形成斜向上的爆破抛掷速度，模拟的爆堆抛掷距离最远，孔底起爆对应的松散系数最高，形成的爆堆形态也最优，具有最好的铲挖效率。同时在相同的孔网参数和装药条件下，孔底起爆的爆破开挖方量最大，炸药能量利用率最高。孔口起爆时，形成斜向下的抛掷速度，爆堆抛掷距离最小，适用于爆破开挖场地较小的情况；中间起爆则介于两者之间。

（3）对于不同的开挖目的，要选择不同的起爆方式。对于石料开采和矿山开挖，孔底起爆可以改善采石场、矿山爆堆松散程度，提高铲挖效率，降低开采成本。

参考文献

[1] LENG Zhen - dong, LU Wen - bo, CHEN Ming, et al. Explosion energy transmission under side initiation and its effect on rock fragmentation [J]. International Journal of Rock Mechanics &

Mining Sciences，2016，86：245 - 254.

[2] 苏都都，严鹏，卢文波，等. 露天台阶爆破爆堆形态的 PFC 模拟 [J]. 爆破，2012，29 (3)：35 - 41.

[3] 韩亮，刘殿书，李红江，等. 基于 Weibull 模型的高台阶抛掷爆破爆堆形态 BP 神经网络预测 [J]. 煤炭学报，2013，38 (11)：1947 - 1952.

[4] 于灯凯. 起爆体位置对台阶爆破效果影响研究 [D]. 沈阳：东北大学，2014.

[5] 黄永辉，刘殿书，李胜林，等. 高台阶抛掷爆破速度规律的数值模拟 [J]. 爆炸与冲击，2014，34 (4)：495 - 500.

[6] 向文飞，舒大强，朱传云. 起爆方式对条形药包爆炸应力场的影响分析 [J]. 岩石力学与工程学报，2005，24 (9)：1624 - 1628.

[7] 刘亮，郑炳旭，陈明，等. 起爆方式对台阶爆破根底影响的数值模拟分析 [J]. 爆破，2015，32 (3)：49 - 54.

[8] 刘亮. 基于岩石破碎过程模拟的台阶爆破效果预测 [D]. 湖北：武汉大学，2016.

[9] 张智宇，栾龙发，殷志强，等. 起爆方式对台阶爆破振频能量分布的影响 [J]. 爆破，2008，25 (2)：21 - 25.

[10] LU Wen - bo，LENG Zhen - dong，HU Hao - ran，et al. Experimental and numerical investigation of the effect of blast - generated free surfaces on blasting vibration [J]. European Journal of Environmental & Civil Engineering，2016：1 - 25.

[11] 唐廷，尤峰，葛涛，等. 爆炸荷载简化形式对弹性区应力场的影响 [J]. 爆破，2008，25 (2)：7 - 10.

[12] Starfield A M，Pugliese J M. Compression waves generated in rock by cylindrical explosive charges：A comparison between a computer model and field measurements [J]. International Journal of Rock Mechanics & Mining Sciences & Geomechanics Abstracts，1968，5 (1)：65 - 77.

[13] Jeon S，Kim D，Jang Y. Stability Assessment of Concrete Lining and Rock Bolts of the Adjacent Tunnel by Blast - Induced Vibration [J]. Journal of the Korean Geotechnical Society，2007，23 (10)：33 - 45.

[14] 冷振东，卢文波，陈明，等. 岩石钻孔爆破粉碎区计算模型的改进 [J]. 爆炸与冲击，2015，35 (1)：101 - 107.

[15] Yan Peng，Zhou Wang - xiao，Lu Wen - bo，et al. Simulation of bench blasting considering fragmentation size distribution [J]. International Journal of Impact Engineering，2016，90：132 - 145.

[16] 周旺潇，严鹏，郑炳旭，等. 爆破漏斗形成过程数值模拟的几个关键问题 [J]. 爆破，2014，31 (3)：15 - 22.

[17] LU Wen - bo，YANG Jian - hua，CHEN Ming，et al. An equivalent method for blasting vibration simulation [J]. Simul Model Pract Theory，2011，19 (9)：2050 - 2062.

[18] 曹文贵，方祖烈，唐学军. 岩石损伤软化统计本构模型之研究 [J]. 岩石力学与工程学报，1998，17 (6)：628 - 633.

[19] 杨建华，卢文波，胡英国，等. 隧洞开挖重复爆炸荷载作用下围岩累积损伤特性 [J]. 岩土力学，2014，35 (2)：511 - 518.

基于狼群优化——投影寻踪模型的水土保持综合效益研究

徐昕　孙丹丹　陈芳　李杰

[摘要] 鉴于传统的投影寻踪模型（PP）在处理高维非线性数据很难达到良好效果，本文引入生物群体智能算法中的狼群算法对PP模型进行优化，以提高投影寻踪模型的精准度。以生态效益和社会效益为准则层建立水土保持综合效益评价指标体系，并运用定量分析原理提出了水土保持综合效益的5类分级标准。将优化模型运用到湖北省郧西县三个时间段的水土保持综合效益研究中，分析结果与当地实际情况十分吻合，表明所建立的指标体系和优化模型比较合理，评价方法可行，不失为水土保持综合效益的研究提供了一类新的思路与方法。

[关键词] 水土保持综合效应；狼群算法；投影寻踪；分级

1 引言

水土保持综合效益是衡量水保措施及政策可行性的一个重要依据。1999—2013年关于水土保持综合效益的研究仍处于起步阶段，由于地域的不同特点，评价指标的体系结构和侧重点也不尽相同：

丁永杰等对黄河流域的水土保持综合效益展开了分析，张传珂等将多目标决策灰色投影法引入到山东省平邑县的水土保持效益动态评价中，取得了较好效果。姚清亮针对河北省退耕还林工程采用AHP-Delphi法对水土保持效益进行了研究；通过阅读大量文献和系统总结，1999—2013年关于水土保持综合效益的研究主要体现以下几个方面：

（1）水土保持综合效益的研究主要集中在定量与定性结合的方法评价某一特定工程的层面上。

（2）水土保持综合效益研究属多目标综合决策领域，应采用多指标综合评价法，如层次分析法（AHP）、专家评分法（Delphi）、灰色系统评价法和模糊综合评价等方法。

（3）水土保持综合效益主要囊括基础效益、社会效益、生态效益和经济效益。

本文在前人研究的基础上，将投影寻踪模型引入到水土保持综合效益的研究中，其基本思路是寻找出可以替代高维数据结构的投影向量，从而达到研究高维数据的效果。投影寻踪模型在处理高维度、小样本以及“维数祸根”问题上具有显著优势，但该模型的本身受到投影方向的限制，投影方向的选取对评价精度和结果有着决定性的影响，所以众多研究人员提出对投影指标函数进行优化的必要性，笔者曾运用免疫蛙跳算法对投影指标函数进行优化，未陷入局部“早熟”或提前收敛。生物群体智能算法在解决大规模优化问题上大有方兴未艾之势，如遗传算法、人工蜂群算法、鸡群算法、果蝇优化算法等。本文在分析狼群协同捕猎的行为基础上，尝试性地运用狼群算法优化投影寻踪模型，提出了一种新的狼群优化——投影寻踪模型（WPAPP），并将优化后的投影寻踪模型应用于湖北省郧西县的水土保持综合效益研究中，通过与实际调研结果比较，表明 WPAPP 算法客观且准确。

2 狼群优化——投影寻踪模型

2.1 投影寻踪法

投影寻踪法尤其适用于处理非正态总体的高维数据，在寻求数据的内在规律后将其投影至 1～2 维的低维子空间上，建立投影指标函数衡量系统原有系统的分类排序大小，最终探索出最能反映原有系统高维数据结构的投影向量，即通过研究分析低维空间的数据结构，以达到分析高维数据的效果。投影寻踪的模型的计算步骤主要有：高维样本数据标准化、确立数据综合特征值、构造投影目标函数、优化目标函数和计算最优投影值五个步骤。

2.2 狼群算法

狼群算法（Wolf Pack Algorithm，WPA）由学者 YANG Chen - guang 和 TU Xu - yan 等在观察狼群捕食及食物分配的基础上提出的（2007）；周强等引入领导者的策略，提出了一类基于领导者决策的狼群算法（LWPA）；吴虎胜等将狼群的捕猎行为简化为游走、召唤和围攻三种行为，并以“胜者为王”与“强者生存”为准则，更新头狼和狼群。狼群算法寻找最优值的方式主要采用迭代，且狼群的位置即为最优化问题的解，主要包括数据初始化、选取头狼、探狼向猎物奔袭、围攻行为、分配食物五个步骤。

2.3 组合模型

该模型的本质是利用狼群算法优化投影寻踪模型，以寻求最优目标值，计算步骤如下：

步骤 1：标准化处理。

设样本集为 $\{x_{ij} | i=1 \sim n, j=1 \sim p\}$，$x_{ij}$ 表示第 i 样本的第 j 评价指标值，为消除不同评价指标量纲和实际值变化范围的影响，将样本值按如下方法进行标准化：

对于正向或高优型指标：

$$x_{ij}^{*}=\frac{x_{ij}-x_{\min}(j)}{x_{\max}(j)-x_{\min}(j)} \tag{1}$$

对于负向或低优型指标：

$$x_{ij}^{*}=\frac{x_{\max}(j)-x_{ij}}{x_{\max}(j)-x_{\min}(j)} \tag{2}$$

式中：x_{ij}^*为标准化后的指标值；$x_{\max}(j)$为第j指标对应的最大值；$x_{\min}(j)$为第j指标对应的最小值。

步骤2：构造投影函数。

将p维数据$\{x_{ij}^* | j=1\sim p\}$沿着向量$a=(a_1, a_2, a_3, \cdots, a_p)$的方向投影，则存在一维投影值：

$$z_i = \sum_{i=1}^{p} a_j x_{ij}^* \tag{3}$$

式中：$z=(z_1, z_2, z_3, \cdots, z_p)$为一维投影值。

在投影时，需满足一维投影值的标准差S_z尽可能达到极大值，这样可以最大限度地提取变异信息，因此可构造投影函数：

$$S_z = \sqrt{\sum_{i=1}^{n} (z_i - E_z)^2/(n-1)} \tag{4}$$

$$Q(a) = S_z \tag{5}$$

步骤3：对构造投影函数的优化。

在评价指标等级和样本实测数据同时确立的基础上，投影方向的不同代表着数据结构的不同，所以求解最大投影指标函数值便显得尤为重要：

$$\max Q(a) = S_z \tag{6}$$

$$s.t. \sum_{j=1}^{p} a_j^2 = 1 \tag{7}$$

不难看出，求解指标函数属非线性优化问题，本文采用狼群算法来求解上述问题。

（1）数据初始化。假定初始化的狼群中狼的个数为N，最大迭代次数Max G，竞争头狼个数q，搜索方向h，最大搜索次数Maxd$h$，搜索步长$Step_a$，移动步长$Step_b$，以最大步长100和最小步长0.01展开围攻，最差狼个数为m，搜索空间维数依据指标变量个数确立，针对每匹狼的初始位置为

$$X_i = (x_{i1}, x_{i2}, \cdots, x_{id}, \cdots, x_{iD}) \quad (1 \leqslant i \leqslant N; 1 \leqslant d \leqslant D) \tag{8}$$

式中：$x_{id} = x_{\min} + rand(x_{\max} - x_{\min})$；$rand$表示区间［0，1］范围内随机分布的一个数，搜索空间上限为$x_{\max}=1$，搜索空间下限为$x_{\min}=0$。

（2）选取头狼。首先选取q匹强壮的狼作为头狼竞争者，q匹按照周边的h方向进行搜索，当搜索次数达到$Maxdh$（最大）或搜索的位置不如当前位置时，竞争狼停止搜索，在其附近h点的位置中第j点的d维位置y_{id}可以表示为

$$y_{jd} = xx_{id} + rands \times step_a \quad (1 \leqslant j \leqslant d) \tag{9}$$

式中：$rands$为区间［－1，1］范围内随机分布的一个数；xx_{id}为第i只竞争狼d维的位置。

将人工狼位置代入式（4），若得出的值大于前值，则替换之；经过搜索后，位置最优的即为头狼。

（3）探狼向猎物奔袭。狼群在觅食之前，会派出少部分精壮的狼前去试探。称之为探狼，头狼通过嚎叫发出号令召唤探狼向猎物奔袭，有些探狼发现猎物，但并不在头狼的位置，此时位置会发生更新：

$$z_{id}=x_{id}+rands\times step_b\times(x_{ld}-x_{id}) \tag{10}$$

（4）围攻行为。一旦探狼发现猎物，会反馈至头狼，头狼发出召唤命令周边的猛狼对猎物进行围攻，猛狼会自发向探狼指明的方向奔袭，展开围猎。对于这种行为，定义一个在［0，1］范围内的随机数 r_m，若 r_m 较预先设定的阈值 θ 小，则狼不移动；反之位置会发生更新：

$$X_i^{t+1}=\begin{cases}X_i^t & (r_m<\theta)\\ X_l+rands\times ra & (r_m>\theta)\end{cases} \tag{11}$$

式中：X_l 为领导者的位置；t 为迭代次数；ra 为包围步长；X_i^t 为第 t 代第 i 只狼的当前位置。

在优化过程中，迭代次数越多，当前解越接近最优解，狼群的包围步长越短，狼群有很大概率发现最优解，包围步长的变化公式如下：

$$ra(t)=ra_{\min}(x_{\max}-x_{\min})\exp\left[\frac{\ln(ra_{\min}/ra_{\max})t}{Maxg}\right] \tag{12}$$

式中：$ra_{\max}$ 为最大包围步长；$ra_{\min}$ 为最小包围步长。

（5）食物分配。狼群种族并不遵循平均分配的生存法则，而是按照“论功行赏、由弱到强”的分配方式，以达到更新整个狼群的效果。淘汰狼群中最差的狼，并随机产生新狼。

步骤 4：求解投影值。

根据优化后的投影函数可以得出最佳投影向量 a，根据最佳投影向量确立样本投影值 z_i，将投影值与评价指标等级区间进行比对，即可获取最终的水土保持综合效益等级类型。

3 郧西县水土保持综合效益研究

3.1 研究区域简介

郧西地处鄂、豫、陕三省交界，鄂西北边塞顶点，南临汉江，北依秦岭，西南接川陕边境的大巴山脉，西邻郧阳区。地势西北高，东南低，属于副热带北界大陆性季风气候，四季分明，雨量适中（年总降水量 700～800mm），日照充足，气候温和，无霜期长，严冬时间短，属丹江口水库周边山地丘陵水质维护区。全县总人口 50.42 万（2015 年），总面积 350895hm^2（其中耕地约 47000hm^2，占 11.38%；林地 264928.28hm^2，占 49.02%；可放牧荒山 46666.67hm^2，占 11.42%；水产面积 667hm^2，占 0.02%），郧西县为国家级贫困县，完成生产总值 59.5 亿元，增长 9.70%；财政收入 5.15 亿元，增长 17.69%，其中地方公共财政预算收入约 4.1 亿元，增长 19.8%；固定资产投资 67.5 亿元，增长 22.3%；城镇居民可支配收入 18550 元，增长 13.5%；农民人均纯收入 5950 元，增长 11.5%（2014 年）。

3.2 指标体系的构建

本文通过总结前人的研究成果，结合郧西县区域特点进行调整和适当补充，选择 20

个评价指标，并根据现行的《中华人民共和国水土保持法》《水土保持综合治理效益计算方法》等法律法规以及技术标准，建立了湖北水土保持综合效益研究体系，主要由目标层、准则层、因子层和指标层组成，如表 1 所示。

表 1　　郧西县水土保持综合效益评价指标体系

目标层	准则层	因子层	指标层
湖北省郧西县水土保持综合效益指标	B_1 生态效益指标	C_1 调水保土效益	D_1 流失面积指标
			D_2 土壤侵蚀强度指标
		C_2 地形地貌因子	D_3坡耕地占比
			D_4平均坡度
		C_3气候因子	D_5平均气温
			D_6平均降水量
		C_4水圈因子	D_7水体环境质量指标
		C_5土圈因子	D_8土壤孔隙度指标
		C_6气圈因子	D_9大气环境质量指标
		C_7生物圈因子	D_{10}林草覆盖率
	B_2 社会效益指标	C_8社会进步因子	D_{11}人均 GDP 指标
			D_{12}经济成分多元化指标
			D_{13}人口密度
		C_9经济发展因子	D_{14}土地利用率指标
			D_{15}土地利用结构指标
			D_{16}劳动生产率指标
			D_{17}科技成果利用率指标
			D_{18}机动道路密度指标
		C_{10}脱贫因子	D_{19}脱贫率指标
			D_{20}恩格尔系数指标

3.3　水土保持综合效益分级标准

确定等级标准是开展水土保持综合效益研究的基础，当前关于水土保持效益的量化研究寥若晨星，本文参考土壤侵蚀强度分级标准和有关学者所著论文，将 5 级标准以分值范围 [0，1] 的形式均分区间，建立分级标准。

表 2　　水土保持综合效益分级标准

评价指标	水土保持综合效应等级				
	Ⅰ（良好）	Ⅱ（较好）	Ⅲ（一般）	Ⅳ（较差）	Ⅴ（极差）
D_1	0.2	0.4	0.6	0.8	1
D_2	0.2	0.4	0.6	0.8	1
D_3	0.2	0.4	0.6	0.8	1

续表

评价指标	水土保持综合效应等级				
	Ⅰ（良好）	Ⅱ（较好）	Ⅲ（一般）	Ⅳ（较差）	Ⅴ（极差）
D_4	0.2	0.4	0.6	0.8	1
D_5	0.2	0.4	0.6	0.8	1
D_6	0.2	0.4	0.6	0.8	1
D_7	1	0.8	0.6	0.4	0.2
D_8	1	0.8	0.6	0.4	0.2
D_9	1	0.8	0.6	0.4	0.2
D_{10}	1	0.8	0.6	0.4	0.2
D_{11}	1	0.8	0.6	0.4	0.2
D_{12}	1	0.8	0.6	0.4	0.2
D_{13}	0.2	0.4	0.6	0.8	1
D_{14}	1	0.8	0.6	0.4	0.2
D_{15}	1	0.8	0.6	0.4	0.2
D_{16}	1	0.8	0.6	0.4	0.2
D_{17}	1	0.8	0.6	0.4	0.2
D_{18}	0.2	0.4	0.6	0.8	1
D_{19}	1	0.8	0.6	0.4	0.2
D_{20}	0.2	0.4	0.6	0.8	1

3.4 水土保持综合效益研究

本文分析所用现状资料主要来源于郧西县2000—2015年统计年鉴、全国第二次水土流失遥感普查（2001）、湖北省水土流失遥感普查（2006）和全国第一次水利普查水土流失普查成果（湖北省遥感复核成果）等，为充分比对水土保持综合动态效益，建立三个时间段：2000—2005年、2005—2010年和2010—2015年，以开展郧西县水土保持综合效益研究。

采用MATLAB进行编程，寻求基于狼群优化—投影寻踪模型对应的最佳投影方向，设置狼群算法的参数：初始化狼群个数为$N=50$只，最大迭代次数为$Maxg=700$，探狼个数为10只，最大搜索次数30次，搜索步长1.5，移动步长0.9，围攻最大步长100，围攻最小步长0.01，最差狼个数为10只。通过计算，并将三个时间段的水土保持综合效应投影值进行优劣性排序：

$$z_{i2000-2005}=(4.8003, 3.0468, 2.1284, 1.7570, 0.2135, 1.9856)$$

$$z_{i2005-2010}=(5.0667, 3.1056, 1.0325, 0.5648, 0.0235, 2.7724)$$

$$z_{i2010-2015}=(5.4483, 2.5486, 1.6657, 0.9439, 0.2683, 3.4247)$$

即：

等级Ⅰ＞等级Ⅱ＞等级Ⅲ＞郧西县水土保持综合效益等级（2000—2005年）＞等级Ⅳ＞等级Ⅴ；

等级Ⅰ＞等级Ⅱ＞郧西县水土保持综合效益等级（2005—2010年）＞等级Ⅲ＞等级Ⅳ＞等级Ⅴ；

等级Ⅰ＞郧西县水土保持综合效益等级（2010—2015年）＞等级Ⅱ＞等级Ⅲ＞等级Ⅳ＞等级Ⅴ。

对结果进行汇总，如表3所示。

表3　　不同年份水土保持综合效等级表

年　份	水土保持综合效益等级
2000—2005	Ⅳ
2005—2010	Ⅲ
2010—2015	Ⅱ

郧西县水土保持综合效益等级在近二十年中稳步提高，经实地测量和考察，计算结果与实际状况相符，表明该县近年来实施的一系列水土保持措施和政策取得了显著成效。

为验证狼群优化后的投影寻踪模型良好的鲁棒性，本文运用文献［4］中提出的免疫蛙跳算法优化的投影寻踪模型、未优化的投影寻踪模型和规范现行方法分别计算郧西县水土保持综合效益，结果比对如表4所示。

表4　　四类算法计算结果比对表

算　法	2000—2005年	2005—2010年	2010—2015年
狼群优化—投影寻踪模型	Ⅳ	Ⅲ	Ⅱ
免疫蛙跳—投影寻踪模型	Ⅳ	Ⅲ	Ⅱ
未优化的投影寻踪模型	Ⅳ	Ⅳ	Ⅳ
规范现行方法	Ⅳ	Ⅱ	Ⅱ

由表4可知，传统的投影寻踪模型和规范现行方法与优化后的模型计算结果出入较大，随着近几十年来地区经济条件得到较大改善，农民平均收入显著增加，经济成分的多元化发展，水保政策落到实处，在水土保持的投资和重视程度不断提高，使得水土保持综合效益稳步增长，所以，经生物群体智能优化后的投影寻踪模型在处理高维非正态和非线性数据收到了很好的效果。

4　结语

（1）水土保持综合效益和政策实施效果是一项涉及多个领域的繁复工程，为公正、客观而科学地评价区域水土保持的作用和效益，本文尝试性探索出一套基于生态和经济领域的水土保持综合效益评价指标体系，但许多问题还有待进一步讨论，如指标的前瞻性和实用性，多类方法的非一致性问题等。

（2）经狼群优化后的投影寻踪模型在全局搜索能力和收敛速度方面得到很大的提升，未陷入“提前早熟”或局部收敛，生物群体智能算法对投影寻踪模型的优化思路值得进一步推广和研究。

(3) 郧西水土保持综合效益处于稳步提升阶段，表明郧西在推广的水土保持配套技术取得了一定成效，但与高标准的水土保持效益等级尚存在一定差距。

(4) 本文仅对部分年份的郧西县水土保持综合效益进行研究，未能详尽而全面地进行长序列年份和整个湖北省展开分析，在今后的研究中将以此为重点。

参考文献

[1] 丁永杰，范彦淳．河南省黄河流域水土保持效益浅析 [J]．中国水土保持，1999 (4)：6-7.
[2] 张传珂．多目标决策灰色投影法在水土保持综合效益评价中的应用 [J]．中国农学通报，2013 (11)：164-167.
[3] 姚清亮，仝小碗，赵海祥．退耕还林效益评价指标体系研究 [J]．河北林果研究，2009 (2)：161-164.
[4] 许准，徐昕．生物群体智能优化的投影寻踪模型在灌区水资源综合效益研究中的应用 [J]．水资源保护，2016 (3)：38-43.
[5] 周强，周永权．一种基于领导者策略的狼群搜索算法 [J]．计算机应用研究，2013 (9)：2629-2632.
[6] 吴虎胜，张凤鸣，吴庐山．一种新的群体智能算法——狼群算法 [J]．系统工程与电子技术，2013 (11)：2430-2438.
[7] 李松梧．浅谈水土流失治理面积的统计 [J]．中国水土保持，1993 (1)：46-48.
[8] 姚美香，胡玉洪，汤承彬，等．典型小流域水土流失观测及土壤侵蚀模数背景值——滇池流域台地区呈贡大渔乡综合示范区 [J]．云南环境科学，2005 (S1)：119-121.
[9] 樊玉彬．小流域土壤侵蚀模数经验计算公式探讨 [J]．中国水土保持，1982 (3)：44-45.
[10] 刘多森．关于土壤孔隙度测定的商榷 [J]．土壤通报，2004 (2)：152-153.
[11] 陆庆轩，何兴元，魏玉良，等．生物指示物法评价沈阳城市森林生态系统健康的研究 [J]．中国森林病虫，2006 (1)：13-15.
[12] 齐菲．浅析人均 GDP 的现代化标准 [J]．理论学习，2005 (9)：44.
[13] 权贤佐．多种经济成分共同发展 [J]．瞭望新闻周刊，2001 (40)：21-23.
[14] 万泽刚，赵湘江．社会经济成分日益多样化 [J]．瞭望新闻周刊，2001 (40)：24-25.
[15] 何东方．合理利用土地　提高土地利用率 [J]．嘉应大学学报，1998 (3)：81-83.
[16] 王志忠．提高土地利用率的制度安排 [J]．现代经济探讨，2002 (10)：48-50.
[17] 罗昀，黄贤金，濮励杰，等．区域土地利用结构变化与土地可持续利用研究——以江苏省原锡山市为例 [J]．土壤，2003 (4)：286-291.
[18] 吴进红，张为付．劳动生产率不同计算方法的现实意义 [J]．生产力研究，2003 (4)：109-111.
[19] 庞春梅，王云卿．优势互补，提高科技成果利用率 [J]．山西科技，2001 (5)：28-29.
[20] 杨德生．农村道路建设若干博弈分析 [J]．商业研究，2003 (2)：9-11.
[21] 贠小苏．水土保持是脱贫致富的必由之路 [J]．中国水土保持，1997 (4)：7-9.
[22] 贾绪平，何崇莲．水土保持综合治理是贫困地区脱贫致富的根本途径 [J]．甘肃水利水电技术，1997 (4)：68-70.
[23] 刘淑清．关于恩格尔系数一些问题的浅析 [J]．山西财经大学学报，2008 (S2)：24.
[24] 宫春子．解析我国的恩格尔系数 [J]．辽宁财专学报，2003 (5)：14-16.
[25] 陈渠昌，张如生．水土保持综合效益定量分析方法及指标体系研究 [J]．中国水利水电科学研究院学报，2007 (2)：95-104.

国家水土保持重点工程小流域治理规划设计技术研究——以麻城革命老区项目为例

李杰　高宝林　陈芳　周全

[摘要] 小流域综合治理是我国水土流失治理的重要手段之一。本文结合麻城革命老区项目工作实践，提出了小流域综合治理实施方案的四大特点，并针对特点分析了设计思路，总结了设计过程中的细节和创新。

[关键词] 麻城革命老区项目；综合治理；实施方案

1 引言

2012 年中央 1 号文件进一步明确提出，要“加大国家水土保持重点建设工程实施力度”。2011 年底至 2012 年初，习近平同志先后三次就福建长汀、陕西延安等革命老区水土流失治理工作作出重要批示，要求总结推广长汀等地经验，推动全国水土流失治理工作。受湖北省水利厅委托，我院于 2012 年 7 月完成《国家水土保持重点建设工程湖北省实施规划（2013—2017 年）》预审稿［以下简称《规划》（预审稿）］的编制工作。7 月 20 日，湖北省水利厅会同省财政厅在武汉组织召开了《规划》（预审稿）的审查会。8 月 10 日，水利部水土保持司在北京主持召开了《规划》（送审稿）的审查会。同年 9 月，水利部及财政部以水保〔2012〕459 号文“关于国家水土保持重点建设工程 2013—2017 年实施规划的批复”对该工程进行了批复。

根据批复的《国家水土保持重点建设工程湖北省实施规划（2013—2017 年）》（以下简称“革命老区项目规划”），确定湖北省本次规划县共 11 个，包括了湖北省大别山、湘鄂赣、桐柏山、湘鄂川黔、湘鄂西等 6 个革命老区。其中麻城市为大别山革命老区的 5 个县市区之一。

麻城市位于湖北省东北部，大别山中段南麓，长江中游北岸。北与河南省商城县、新县以山脊为界，东北同安徽省金寨县依界岭分水，省内东邻罗田县，南接团风县、武汉市新洲区，西与红安县毗连。地理方位为东经 114°40′～115°28′，北纬 30°52′～31°36′。

该市地形为东北部高，西南部低，形如马蹄。大别山及其余脉龟山山系环绕于市境之北，东北、东南三面，西北、麻古为其大片地域辽阔、谷宽丘广的丘陵，麻中至麻西南为一敞开的河谷冲平原。麻城市为著名的红色将军县，“黄麻起义”的发源地。

2 项目区选择及小流域划分情况

在项目区选择上，主要遵从三个原则：①优先选择水土流失严重的一类革命老区片区；②应具有较大的开发治理优势和潜力；③当地政府高度重视，积极性高。由此确定了麻城市顺河项目区，该区位于麻城市西北部，涉及顺河镇、乘马岗镇2个乡镇，为一类革命老区，为山丘地区，属于大别山山地丘陵水源涵养保土轻中度流失区，坡耕地较多，占耕地总面积的将近一半，水土流失较为严重，项目区总面积225.60km²，其中有水土流失面积126.75km²，占总面积的56.2%，项目区总人口3.57万人，其中农业人口1.86万人。如图1所示。

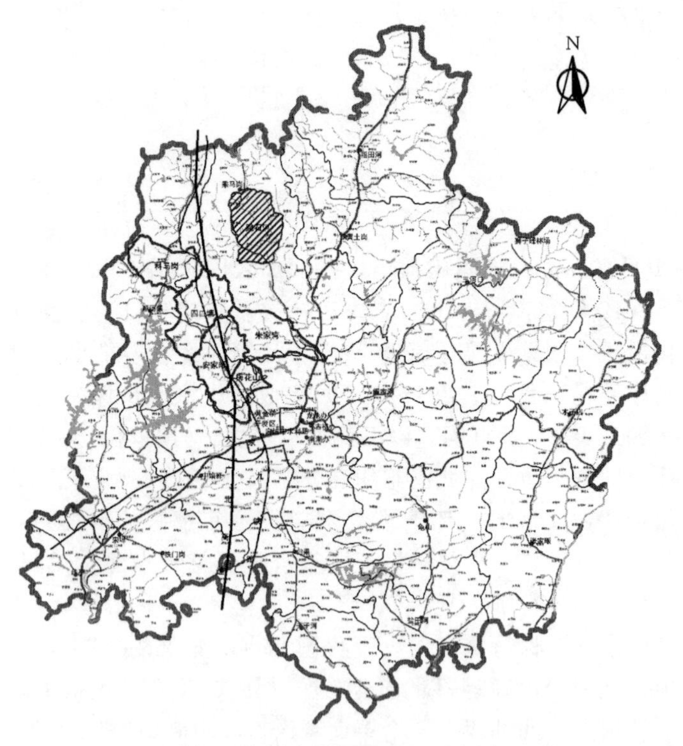

图1 麻城市顺河项目区示意图

该片区域属于“麻城市连片扶贫开发工程的乘（马岗）顺（河）片区”，该工程为麻城市2011年提出重点开发的六大亮点工程之一。以开发红色旅游资源为主线，以“一轴四园”为重点，全面推进红色旅游发展。“一轴”即修建从高速互通口——乘马会馆——许世友故居共计20km红色精品旅游公路，目前已通车。“四园”即在大广高速与红色旅游公路交会处，实施500亩土地平整，建设绿色低碳工业园；在骑路铺等村建立优质花生板块基地、优质稻示范基地、油茶基地3500亩；在王家河村新栽观赏苗木树木1万株，打造特色农业产业园；以红军主题公园为中心，打造占地3000亩的“闪闪红星城”，新修了陈再道故居等。

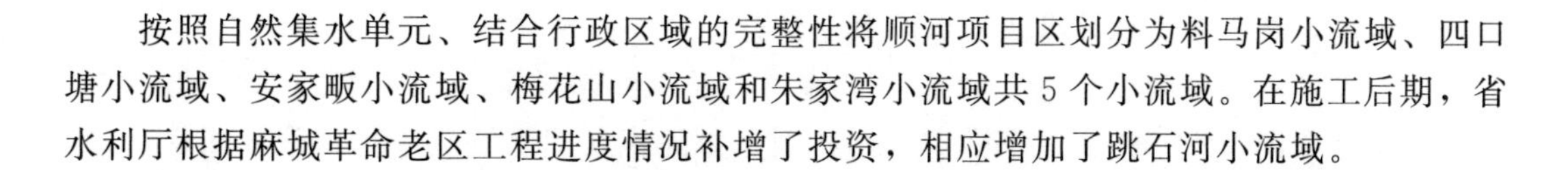

按照自然集水单元、结合行政区域的完整性将顺河项目区划分为料马岗小流域、四口塘小流域、安家畈小流域、梅花山小流域和朱家湾小流域共 5 个小流域。在施工后期，省水利厅根据麻城革命老区工程进度情况补增了投资，相应增加了跳石河小流域。

3 实施方案的特点及治理思路

3.1 实施方案的几个特点

在 6 条小流域综合治理实施方案的编制过程中，笔者总结了以下四个特点：

（1）阶段深度特点。在项目区可研报告批复后，为简化中间程序，对其中的小流域提出了实施方案阶段，根据编写提纲，实施方案的内容综合了可研与初设的要求。在《水土保持可研报告编制规程》（SL 448—2009）中提到，可研的任务第一是论述必要性，第二是确定建设任务和规模。因此可研阶段需要解决“能不能做”的问题；在《水土保持初设报告编制规程》（SL 449—2009）中提到，初设的要求是应在调查、勘察、试验、研究，取得可靠基本资料的基础上，本着安全可靠、技术先进、注重实效、经济合理的原则，将各项治理措施落实到小班（地块），设计应有分析计算，图纸应完整清晰。因此初设阶段是解决“怎么做”的问题。综上可知，实施方案应针对小流域各措施选址进行可行性的论述，并且将措施落实到地块和点位进行设计，重要图版和点措施要逐一出设计图纸，同时据实计算工程量及投资。

（2）任务限定特点。鉴于国家水土保持资金投入有限，而地方配套资金难以到位的情况下，规划内的小流域实施方案往往受限于资金安排，存在有“定量、定价”的要求。“定量”限定了小流域治理任务，即根据前期规划及年度资金安排，确定了年度治理水土流失面积。“定价”是限定了单位水土流失面积的治理单价，革命老区项目治理单价限 50 万元/km^2。此外还有其他指标限制，如“坡改梯田”等面状硬措施投资占比不得低于一定比例，塘堰整治及疏溪固堤等点状措施不得高于一定比例等。任务限定的要求往往直接影响了小流域的建设规模与措施总体布局。

（3）措施布局特点。综合治理，顾名思义，在措施布局上要体现“综合”和“体系化”。综合治理原则为因地制宜、分区防治，“山、水、田、林、路、园、村”统一规划和设计，把农村安稳致富作为根本出发点，以坡面整治为重点，科学配置水土保持各项措施，开展水土保持综合治理。

（4）特色产业特点。水土流失源于贫困，又是贫困之源，严重水土流失区必是贫困区，贫困区必会出现水土流失，水土保持综合治理应与“精准扶贫”相衔接。不同小流域都有各自的特色农业产业，措施应与产业方向相结合，形成良性互动，带动农村经济发展。

3.2 综合治理设计思路

针对“阶段深度”和“任务限定”特点，要解决的就是“能不能做”和“准备怎么做”的问题，首先要做好前期策划，尤其是选址。主要体现在以下几点：

（1）设计基础资料要最新、可靠。实施方案常见的基础资料包括1：10000地形图、土地利用现状图及水土流失遥感数据等，特别是土地现状图及流失数据建议采用最新的、官方认可的基础数据。如水土流失采用最新遥感普查数据，土地现状采用本年度更新的调查数据等。

（2）熟悉规划及年度任务要求，根据“定量”“定价”情况来初步推算建设规模，做到去现场查勘前心中有数。

（3）重要“图斑”和“点措施”的选址要细致周全。根据小流域实际情况，结合现场查勘，初选坡面硬措施位置，并现场复核需整治的塘堰及河堤位置的可行性。①坡改梯主要图斑的选址，应选择在集中连片、且交通便利能形成规模化、归属户主流转意愿强烈的地块。在实际操作中，设计单位先在地图上选好点位，然后与建设单位联合乡（镇）、村对现场进行查勘、确认后，方可定点。由于目前除水保部门之外，还有国土部门的土地整理或农林部门的相关项目。只有多方联合进行现场确认，方可避免“一地多主”的“乌龙”现象。②由于塘堰整治短期见效快，因此该点措施项目在地方上非常受欢迎，但按水保综合治理要求，塘堰往往与坡面治理措施配套整治，其点位的选址应该符合水保的技术要求，不能一味简单地按照建设单位提供的点位来确认。在塘堰整治的点位选址上，不能因为点位分散且投资占比不大予以忽视，设计单位也应与建设单位、乡（镇）、村等多方进行现场踏勘确认。③疏溪固堤工程在点位选择上与塘堰类似，应该本着水土流失治理为主的原则，点位应该选取在溪沟两侧有坡改梯等“面状”措施需要保护的岸坡处，或者是沟道顶冲面等极易产生水土流失的位置。在点位选址上，也应多方联合进行现场踏勘确认，同时也避免与地方申报的农水项目相重叠。

针对“措施布局”和“特色产业”特点，在措施布局上要体现“综合”，同时治理要与特色农业板块开发相结合。设计思路主要包括以下几点：

（1）小流域总体措施布局要与土地结构调整方向相结合。如在跳石河小流域设计过程中，首先分析了土地利用现状中存在的主要问题，经分析，该小流域人均耕地达到了0.24hm^2，但梯坪地面积较少，坡耕地（>5°的耕地）面积较大，占耕地面积的42.3%，为水土流失的主要策源地。其次，次生林和疏幼林面积大，占林地总面积的78%；经果林面积尚可，人均经果林面积达到0.11hm^2，经济林多为油茶、板栗。可见，该小流域人均耕地超过了平均水平，人地矛盾并不突出。但耕作效率较低，低产农田较多，为粮食型兼具特色经济作物土地结构。因此，在土地利用结构调整方向上，应重点治理“生产用地”，改造坡耕地，集中连片建设基本农田，改善耕作条件。对5°～15°的坡耕地有条件的集中连片坡改土坎粮梯，或结合特色农业规模地块营造经果林，其余部分采取植物篱措施保土耕作；15°～25°的坡耕地营造水保林；>25°坡耕地退耕营造水保林，对园地中还存在流失的部分采取等高植物篱保土种植，对山上的疏幼林地封禁治理，荒山荒坡全部绿化。在此基础上，充分利用地表径流，因地制宜的在水土流失坡面上布设蓄水池、沉沙池、截排水沟等坡面水系工程。

（2）措施布局要形成体系，体现综合，突出重点。①梯田地块的坡面配套工程建议逐图斑在实测的1：500大比例地形图上来进行平面布置，合理形成体系，并统计工程量。

在田间道路尽量按照山脊线布设，并兼顾整个地块的施工便利，截排水、蓄水池和沉沙池布设应形成“长藤结瓜式”体系，在坡度较陡的地方布设踏步排水沟，减轻水流造成下游冲刷失稳。蓄水池尽量布置在坡耕地地块的中下部平缓处，并与周边的截排水沟顺接。在踏步排水沟与排水沟连接处、截排水沟顺接入塘堰或蓄水池前均设置沉沙池，起到沉沙消能效果。②在塘堰、河堤等设计上，首先应说明其必要性，其次根据现状情况针对性改建。比如塘堰位于梯田地块内，整治后可恢复农田和果园的灌溉功能；河堤整治后能有效保护岸边高产农田等，同时配备现场影像资料，说明现状情况，进而针对性地进行整治措施设计，在整治改建的量和投资上应有所控制，不至于治理方向出现偏离。③治理与开发有机结合。即与特色农业板块开发相结合，与农业设施配套相结合，与土地流转相结合。该项目区小流域后期均结合了片区农业特色油茶产业进行了土地流转，引导项目区群众改善农村产业结构，提高经济收入，培育农村经济新增长点。

3.3 细节与创新

（1）在坡面水系设计中，笔者单位吸取了前期工程经验，从实效性和生态性上进行了细节优化。在排水设计中，将田间路与坡面沟结合，形成了二合一的踏步排水沟，既能消能防冲，又能兼做田间道。同时在排水沟与梯田背沟衔接处进行硬化，使得背沟水流能够有效汇入路侧排水沟，形成良好的排水系统。同时优化沉沙池设计，将进水沟入池段的沟底放坡衔接，既能有效增加沉沙效果，且利于田间生物掉入能自行爬出。

（2）GIS 辅助设计。在小流域水土保持规划中，综合治理的最小单位是小班，所谓单元小斑图是指将小流域分为许多小班，且每一小斑的土地利用现状、土壤类型、植被种类、植被覆盖度、行政区域、地貌类型、高程、坡向、坡度等属性均为单一或在某一分级范围的最小图班图。传统的做法是通过野外实地勘测来确定，效率低、精度低、成本高。而运用 ArcGIS 软件辅助设计有如下优点：提高效率；且在基础资料可靠的前提下，自动生成图斑能比现场勾绘更为精确；成图效果清晰；有利于数据库建立。如图 2 为梅花山小流域总体措施布局图。

（3）无人机辅助设计。随着科技的发展，无人机应用领域也从军用逐渐转向了很多民用行业，特别在环保水保等领域的应用，拓展了无人机本身的用途。在小流域面状治理上，相比传统照片影像，无人机更为智能，宏观性更强，非常适合针对梯田、林草措施、改垄和沟道治理等难点措施的调查，同时，也有利于数据库的建立。在目前最新的创新性成果上，采用旋翼无人机低空倾斜摄影，地面采用 RTK 或者全站仪提供控制点信息，无须外业实测，倾斜摄影影像即可快速生成 1∶500 大比例地形图，且完全满足进度要求。

笔者单位在麻城革命老区项目实施方案编制过程中，利用无人机辅助，大大增强了重要“图斑”和“点措施”选址的说服力，同时提升了工作效率。

3.4 规划完成情况

根据鄂水利保复〔2013〕96 号、〔2014〕234 号、〔2015〕150 号、〔2016〕34 号、〔2016〕94 号文，对项目区 6 条小流域设计措施进行汇总，并与革命老区项目规划中批复的工程量及投资进行对比。由表 1 可见，投资及治理面积上均超过了规划批复的投资及措施面积。根据年度资金下达情况，2013—2017 年度投资合计下达资金 4640 万元，超过规划投资 654 万元，较好地完成了规划治理任务，见表 2。

表 1　各小流域批复任务与规划情况对比汇总表

治理措施		单位	顺河项目区	安家畈	四口塘	朱家垸	料马岗	梅花山	跳石河	剩余
			规划批复措施面积	措施面积	措施面积	措施面积	措施面积	措施面积	措施面积	措施面积
一、工程措施										
1	坡面整治工程									
	土坎梯田	hm^2	592.32	82.18	90.48	141.33	99.14	82.87	107.32	−11.00
	截排水沟	km		6.4	9.2	17.0	19.9	17.5	28.1	
	田间道路	km		3.2	5.2	8.5	7.3	6.9	8.4	
2	沟道防护工程									
	谷坊	个								
	拦沙坝	座								
3	疏溪固堤工程									
	整治河堤	km								
	新建河堤	km								
4	整治塘堰	口	64	10	10	5	10	8	10	11
二、林草措施										
1	水保林	hm^2	2777.89	418.32	505.69	352.95	389.11	395.84	227.93	488.05
2	经果林	hm^2	298.51	75.86	73.29	28.47	74.76	344.24	179.60	−477.71
3	保土耕作（配置植物篱）	hm^2	1151.97	721.32	335.22	479.44	0	27.69	1228.05	−1639.75
三、综合治理措施面积		hm^2	4820.69	1297.68	1004.68	1002.19	563.01	850.64	1742.90	−1640.41
四、封禁治理措施面积		hm^2	6247.21	222.41	487.98	760.43	1935.64	673.97	1752.12	414.66
总治理面积		hm^2	11067.90	1520.09	1492.66	1762.62	2498.65	1524.61	3495.02	−1225.75
总投资		万元	3986	715.09	812.77	878.04	1011.21	1034.65	1760.19	−2225.95
单位治理面积投资		万元/km^2	36.01	47.04	54.45	49.81	40.47	67.86	50.36	

表 2　麻城市下达投资情况表

项目县	规划批复治理任务/km^2	2013—2017 年度投资/万元		
		合计	中央	省配套
麻城市	111	4640	3942	698

4 结语

小流域综合治理是以小流域为空间单元，以水土流失治理为中心，以提高生态经济效益和社会经济持续发展为目标，以基本农田优化结构和高效利用及植被建设为重点，建立水土保持兼高效生态经济功能的治理模式。其措施体系应体现在“综合”，根本目的为治理水土流失，在革命老区项目中同时结合了精准扶贫。因此，要做好实施方案的编制，必须多层次优化利用资源，综合规划，统一治理，全面发展，才能使得实施方案更具可操作性和实效性。同时，小流域综合治理也是水土保持规划的重要组成部分，其实施方案可作为水土保持顶层设计的参考和依据。

参考文献

[1] 李霞，化相国，等．遥感技术在小流域规划治理中的应用研究——以北京市南湾小流域为例［J］．水土保持研究，2014（2）：127－131.

[2] 李杰，周全，李丹．GIS技术在丹江口库区及上游水土保持重点防治工程前期工作中的应用［J］．人民长江，2010（11）：89－92.

[3] 李杰．GIS在丹江口水库上游水土保持前期工作中的应用：小流域综合治理与新农村建设论文集［C］．武汉，2008.

[4] 谢艳芳，贺林，等．选择和参与式小流域规划过程［J］．水土保持研究，2008（10）：253－255.

[5] 刘存国，李文斌．平凉市实施参与式小流域规划的体会［J］．中国水土保持，2007（7）：48－49.

[6] 孙培新．小流域综合治理措施及实践应用研究［J］．黑龙江水利科技，2012（8）：262－263.

[7] 倪含斌，张丽萍，倪含辉．基于GIS的小流域水土流失综合治理研究进展［J］．水土保持研究，2006（2）：66－69.

[8] 史亮涛，金杰，江功武，等．金沙江干热河谷区农户参与式小流域综合管理探析——以元谋小新村流域为例［J］．西南农业学报，2008（6）：1630－1633.

[9] 冯宝平，张书花，等．我国生态清洁小流域建设工程技术体系研究［J］．中国水土保持，2014（1）：16－18.

[10] 李长保．ArcGIS在小流域水土保持规划设计中的应用［J］．中国水土保持，2018（1）：65－68.

湖北省水土保持区划方法探讨

张杰　周全　陈芳　徐昕

［摘要］ 湖北省自然条件多样，水土流失形式、强度程度不一，经济发展不平衡导致区域水土资源开发、利用、保护的需求不一，治理方向、模式、治理的标准存在较大区域差异性。为了提高水土保持工作的科学性、合理性和可操作性，做到因地制宜，分区指导湖北省水土保持工作，需开展系统的水土保持区划工作。湖北省水土保持区划采用主成分分析法建立指标体系，运用层次聚类分析进行水土保持区划，计算分析确定各区的水土保持主导功能，构建湖北省水土保持区划体系。湖北省水土保持区划采用两级分区体系，共划分为 8 个湖北省一级区，13 个湖北省二级区。

［关键词］ 湖北省；水土保持；区划

1 引言

2012 年 11 月水利部以《水利部办公厅关于印发全国水土保持区划（试行）的通知》（办水保〔2012〕512 号）明确了全国水土保持区划方案（试行），湖北省涉及八个水土保持三级分区：桐柏大别山山地丘陵水源涵养保土区、南阳盆地及大洪山丘陵保土农田防护区、江汉平原及周边丘陵农田防护人居环境维护区、洞庭湖丘陵平原农田防护水质维护区、幕阜山九岭山山地丘陵保土生态维护区、丹江口水库周边山地丘陵水质维护保土区、大巴山山地保土和生态维护区及鄂渝山地水源涵养保土区。

为了更好地满足湖北省水土保持规划工作的需要，在全国水土保持区划所确定的三级区基础上，开展了湖北省水土保持二级区划分工作。

2 区划原则及分级体系

2.1 区划原则

依据水土保持区划全面、客观而真实的反映区域单元的分异规律的目标，结合区域特点，按照“从源、从众、从主”确定区划原则的基本思想，结合水土保持区划性质、目的和尺度，确定以下原则：

（1）区内相似性和区间差异性原则。区划过程中，应充分考虑自然地理、气候条件和人类活动特点等关键因素，综合把握区域自然社会条件、水土流失等特征，突出区内的相似性和区间的差异性。

（2）主导因素和综合性相结合原则。水土保持区划具有人与自然的双重性，区划中不仅要考虑水土流失因素、同时还要考虑造成水土流失的上层因素的分异规律的综合性原则。重点考虑在众多水土保持区划因子中的主导因素，区划主要是以主导功能为依据。

（3）区域连续性与取大去小原则。区域连续性是区划的基本原则，即区划结果中的各个分区单位必须保持完整连续，在地域上是相邻的，空间上是不可重复的。水土保持区划中非地带性因素往往会影响区域的地带性分布规律，因而在考虑空间连续性时，必须根据区划空间范围的大小进行取舍，以大范围的非地带性为主，保持区域的完整性和连续性。

（4）自上而下与自下而上相结合原则。分区的高级单位在于区分和认识大的区域差异，在区划方法上宜采用自上而下的演绎途径；而分区的低级单位是自然环境、水土流失和社会经济属性的综合，旨在为水土保持措施的配置、功能效益的最大限度发挥服务，应采用自下而上的归纳方法。

（5）水土保持主导功能的原则。水土保持功能是水土保持区划的重要内容。水土保持功能主要体现在区域单元内生态环境特点和水土保持设施所发挥或蕴藏的有利于保护水土资源、防灾减灾、改善生态、促进社会经济发展等方面的作用。

2.2 分级体系

湖北省水土保持区划采用两级分区体系，一级区（沿用国家级三级区）为总体布局区，用于确定全省水土保持工作战略部署、总体布局和防治途径，协调跨市（州）的重大区域性规划目标、任务及重点；二级区为基本功能区，主要用于确定基本功能及防治模式及技术体系，优化水土资源配置，作为重点项目布局与规划的基础，反映区域水土流失及水土流失防治需求的区内相对一致性和区间最大差异性。

3 区划指标建立

本次湖北省水土保持区划一级区沿用国家级三级区，仅需确定湖北省二级区的区划指标，主要依据《全国水土保持区划导则（试行）》的指导，采用主成分分析法建立区划的指标体系。

水土保持区划不但涉及自然资源情况和水土流失情况的调查，还涉及经济社会状况调查，涉及农、林、水、国土等其他行业相关情况的调查。为湖北省水土保持区划提供科学依据，运用主成分分析方法，从自然、社会经济、土地利用和水土流失等方面选取20个指标，建立湖北省水土保持区划指标体系。

根据水土保持区划体系结构，将水土保持区划指标体系分为4个层次，包括目标层（A）、要素层（B）、因子层（C）和指标层（D），见表1。其中，要素层（B）包括自然要素（B_1）、社会经济要素（B_2）、土地利用要素（B_3）和水土流失要素（B_4），因子层（C）由各项指标构成，如地形地貌因子（C_1）等；指标层（D）是水土保持各影响因素的具体体现，根据湖北省具体情况进行选择。

表 1　湖北省水土保持区划选择指标表

目标层	要素层	因子层	指标层
湖北省水土保持区划选择指标（A）	自然要素（B_1）	地形地貌因子（C_1）	坡耕地占比（D_1）
			平均坡度（D_2）
		气候因子（C_2）	年均降水量（D_3）
			年均气温（D_4）
		植被因子（C_3）	林草覆盖率（D_5）
	社会经济要素（B_2）	人口因子（C_4）	人口密度（D_6）
			人均 GDP（D_7）
		经济因子（C_5）	第一产业生产总值（D_8）
			第二产业生产总值（D_9）
	土地利用要素（B_3）	各类用地比例因子（C_6）	园地比例（D_{10}）
			林地比例（D_{11}）
			未利用地比例（D_{12}）
			建设用地比例（D_{13}）
	水土流失要素（B_4）	水土流失类型因子（C_7）	水土流失面积比（D_{14}）
			微度侵蚀面积比（D_{15}）
			轻度侵蚀面积比（D_{16}）
			中度侵蚀面积比（D_{17}）
			强度侵蚀面积比（D_{18}）
			极强度侵蚀面积比（D_{19}）
			烈度侵蚀面积比（D_{20}）

由于选取的湖北省水土保持区划指标的来源不同，量化的方法各异，导致了各种变量的量纲和数量大小是不一致的，变化幅度也不相同。如果直接用指标值来计算，就会削弱绝对值小的变量的作用而突出绝对值大的变量的作用，不利于进一步的分析。为了给每种变量以统一度量，必须在进行主成分分析前，对原始数据进行数据标准化处理。选用标准差标准化方法，以使区划尽量保留实际值中的数值关系。

使用 SPSS 19 软件对标准化后的数据进行主成分分析。通过计算分析，抽取因子数量为 10，保证抽取主成分的累计贡献率大于 85%，由主成分分析得到成分矩阵，见表 2。

表 2　成分矩阵

区划指标	成分									
	1	2	3	4	5	6	7	8	9	10
坡耕地占比（D_1）	0.220	0.668	−0.091	0.116	−0.355	0.429	−0.515	0.090	0.100	−0.017
平均坡度（D_2）	0.838	0.165	0.078	−0.226	0.326	−0.025	−0.021	0.237	0.045	0.440
平均降水量（D_3）	0.031	0.315	0.055	0.350	−0.210	−0.434	0.579	0.234	0.423	−0.025
平均气温（D_4）	0.269	0.272	−0.148	0.130	−0.299	0.052	0.062	−0.308	−0.125	0.095
林草覆盖率（D_5）	0.886	−0.098	0.046	−0.240	0.246	0.056	0.081	0.163	0.512	0.144

续表

区划指标	成分									
	1	2	3	4	5	6	7	8	9	10
人口密度（D_6）	−0.412	0.252	0.718	0.181	0.190	−0.222	−0.219	0.027	−0.015	0.039
人均 GDP（D_7）	−0.446	−0.038	0.545	0.094	−0.035	0.548	0.098	0.174	−0.047	0.173
第一产业生产总值（D_8）	−0.078	−0.143	−0.312	0.708	0.360	0.128	−0.042	0.267	−0.125	0.242
第二产业生产总值（D_9）	−0.140	0.048	−0.377	0.420	0.155	0.108	−0.005	−0.342	0.227	−0.128
园地比例（D_{10}）	0.249	−0.246	0.361	0.064	−0.005	0.522	0.532	−0.140	0.046	−0.113
林地比例（D_{11}）	0.879	−0.064	−0.007	−0.257	0.255	−0.024	−0.002	0.189	0.097	0.166
未利用地比例（D_{12}）	−0.541	0.225	0.697	0.236	0.107	−0.155	−0.138	0.000	0.010	0.005
建设用地比例（D_{13}）	0.455	−0.352	−0.155	0.441	−0.347	0.017	−0.109	0.306	−0.276	−0.186
水土流失面积比（D_{14}）	0.913	−0.194	0.238	0.159	−0.039	−0.072	−0.082	−0.148	0.004	−0.023
微度侵蚀面积比（D_{15}）	0.705	−0.563	0.153	0.198	−0.164	−0.144	−0.033	−0.178	0.077	0.118
轻度侵蚀面积比（D_{16}）	0.705	−0.563	0.153	0.198	−0.164	−0.144	−0.033	−0.178	0.077	0.118
中度侵蚀面积比（D_{17}）	0.741	−0.063	0.384	0.031	0.625	−0.022	−0.195	−0.134	−0.016	−0.117
强度侵蚀面积比（D_{18}）	0.809	0.458	0.083	0.096	0.032	0.070	−0.004	0.018	−0.103	−0.186
极强度侵蚀面积比（D_{19}）	0.751	0.554	0.022	0.098	0.005	0.087	0.011	0.034	−0.098	−0.208
烈度侵蚀面积比（D_{20}）	0.707	0.583	−0.033	0.142	−0.045	0.000	0.100	−0.070	−0.186	−0.012

根据主成分分析，最终得到各要素主成分 10 个，达到了简化数据，提取重点的效果。从各主成分权重来看，自然要素主要由坡耕地占比、平均坡度、年均降水量和林草覆盖率构成，基本能反映湖北省自然情况的区内一致性和区间差异性；社会经济要素主要由人口密度、人均 GDP 和第一产业生产总值等构成，反映了湖北省产业发展水平、特别是第一产业发展（提供生产资料的产业）对湖北省水土保持产生较大影响的特征；土地利用要素主要由建设用地比例构成，说明湖北省不同土地利用类型对水土保持产生了不同程度的影响；水土流失要素主要由水土流失面积比及中度侵蚀面积比组成，符合湖北省主要以中度水土流失为主的实际，作为水土流失要素的主成分，能够有效划分不同水土流失情况和特征的区域，见表 3。

表 3　　湖北省水土保持区划指标体系

目标层	要素层	因子层	指标层
湖北省水土保持区划指标（A）	自然要素（B_1）	地形地貌因子（C_1）	坡耕地占比（D_1）
			平均坡度（D_2）
		气候因子（C_2）	年均降水量（D_3）
		植被因子（C_3）	林草覆盖率（D_4）
	社会经济要素（B_2）	人口因子（C_4）	人口密度（D_5）
			人均 GDP（D_6）
		经济因子（C_5）	第一产业生产总值（D_7）
	土地利用要素（B_3）	各类用地比例因子（C_6）	建设用地比例（D_8）
	水土流失要素（B_4）	水土流失类型因子（C_7）	水土流失面积比（D_9）
			中度侵蚀面积比（D_{10}）

4 区划方法

考虑到全国三级分区中涉及湖北省的县级行政区多、面积大，需对三级分区进行进一步区划，完成湖北省水土保持二级分区。

首先对涉及湖北省的8个全国水土保持三级区进行综合分析，洞庭湖丘陵平原农田防护水质维护区、幕阜山九岭山山地丘陵保土生态维护区、丹江口水库周边山地丘陵水质维护保土区、鄂渝山地水源涵养保土区4个三级区内各县市在自然条件、社会经济条件等方面一致性较好，差异较小，与湖北省原有的水土流失类型区划分比较协调，本次规划不再进一步划分。

对桐柏大别山山地丘陵水源涵养保土区、南阳盆地及大洪山丘陵保土农田防护区、江汉平原及周边丘陵农田防护人居环境维护区、大巴山山地保土和生态维护区（如图1所示）4个全国水土保持三级区运用层次聚类分析，应用层次聚类分析法进行水土保持区划的基本步骤为：

（1）数据标准化。水土保持区划中被聚类的对象是由多个要素构成的，不同要素的数据往往具有不同的单位和量纲，且数值差异可能很大，这会对分类结果产生较大影响。在分类要素的对象确定后、进行聚类分析前，先对各聚类要素数据进行处理，主要采用总和标准化方法。

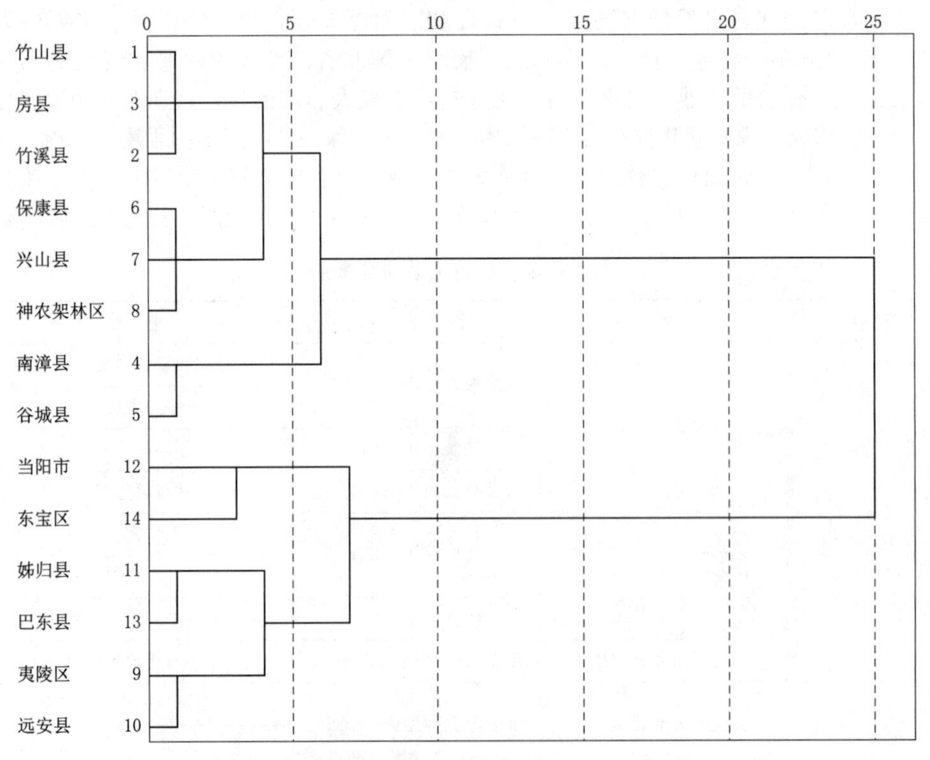

图1 大巴山山地保土和生态维护区使用Ward连接的树状图

（2）样品与样品之间的距离。在应用层次聚类法进行水土保持区划实践中，把每个分类对象（以县级行政区为单元）称为样品，样品与样品之间的距离采用欧式距离平方计算。

（3）聚类方法。通过反复试验，发现 Ward 聚类法在湖北省水土保持区划中分类效果最好，采用 Ward 聚类分析法进行湖北省水土保持二级区划。

以大巴山山地保土和生态维护区为例，基于统计分析软件平台 SPSS 19 进行分析，依据 SPSS 平台输出的树状图，将大巴山山地保土和生态维护区划分为 2 个湖北省二级分区见表 4，该区划分成果保持了区划连续性，不再进行调整，如果划分成果在地域上不连续，需进行进一步分析调整。

表 4　　大巴山山地保土和生态维护区二级区划结果

三级区（湖北省一级区）	湖北省二级区	县市数	行　政　区
大巴山山地保土和生态维护区	鄂西大巴山荆山山地生态维护区	8	十堰市：竹山县、竹溪县、房县 襄阳市：谷城县、南漳县、保康县 宜昌市：兴山县 神农架林区：神农架林区
	鄂西大巴山南坡保土区	6	宜昌市：夷陵区、远安县、秭归县、当阳市 恩施州：巴东县 荆门市：东宝区

根据树状图分析，桐柏大别山山地丘陵区、南阳盆地及大洪山丘陵区、大巴山山地区三个区按最大差异各划分为两个区，按区内相邻的原则进行复核，能满足划分要求；江汉平原及周边丘陵区如果按最大差异划分为两片，不能满足区内相邻的原则，按三片进划分可以满足区内连片的要求，因此将该区进一步划分为 3 个湖北省二级区。湖北省共划分为 13 个区，其中洞庭湖丘陵平原农田防护水质维护区、幕阜山九岭山山地丘陵保土生态维护区、丹江口水库周边山地丘陵水质维护保土区、鄂渝山地水源涵养保土区保留了原有区划，其他的 4 个全国水土保持三级区进行了进一步的划分。

5　水土保持功能评价

参考《全国水土保持区划导则》，结合湖北省实际情况分析，10 项水土保持基础功能中防风固沙、拦沙减沙等功能与湖北关系相对较小，防灾减灾、蓄水保水在湖北省也多为局部零星分布，因此仅选取水源涵养、土壤保持、生态维护、农田防护、水质维护、人居环境维护等 6 项基础功能进行评价。评价指标、权重值及指标分解标准按《全国水土保持区划导则》中推荐值，以鄂东北低山丘陵区为例进行计算，见表 5。

表 5　鄂东北低山丘陵区水土保持基础功能评价表

功能	指标名称	权重	区域描述及指标值	分值	加权后得分	总分	结果
水源涵养	定性	0.4934	重要江河源头和重要的水源补给区	8	3.9472	6.1694	主导基础功能是水源涵养、土壤保持；命名为水源涵养保土区
	林草植被覆盖率/%	0.3108	45.8	4	1.2432		
	人口密度/(人/km²)	0.1958	310	5	0.979		
土壤保持	定性	0.6483	以综合农业生产为主	7	4.5381	5.8229	
	耕地面积比例	0.2297	29.8	4	0.9188		
	大于15°土地面积/%	0.122	17.8	3	0.366		
生态维护	定性	0.5495	存在中等面积的森林、草地和湿地，生物多样性较高	4	2.198	4.1293	
	人口密度/(人/km²)	0.1293	310	5	0.6465		
	各类保护区面积比例/%	0.2476	2.12	4	0.9904		
	林草植被覆盖率/%	0.0736	45.8	4	0.2944		
农田防护	定性	0.6667	风、沙、水、旱等自然灾害偶尔发生	5	3.3335	4.2667	
	耕地面积比例	0.1333	29.8	4	0.5332		
	平原面积比例/%	0.2	11.2	2	0.4		
水质维护	定性	0.495	轻度污染区	1	0.495	2.7494	
	耕地面积比例	0.3878	29.8	4	1.5512		
	人口密度/(人/km²)	0.1172	310	6	0.7032		
人居环境维护	定性	0.5426	城市化率较高，区域生态环境和居民生活质量中等	4	2.1704	4.0896	
	人口密度/(人/km²)	0.348	310	3	1.044		
	人均收入/元	0.1094	14817	8	0.8752		

6 区划成果

6.1　分区命名

水土保持区划单元命名是水土保持区划成果表述的重要环节，命名遵循以下原则：①命名采用多段式命名法，文字简明扼要；②体现区域所处的地理空间位置和优势地貌特征；③单元命名应基本保持一致的原则。

湖北省一级区沿用国家三级区命名，湖北省二级区采用“区域地理位置（区域相对于湖北省区位、特定地理名称）＋地貌类型组合＋基本功能”的方式命名。

6.2 区划结果

湖北省水土保持区划在国家区划体系的基础上，进一步将 8 个湖北省一级区（国家三级区）划分为 13 个湖北省二级区，形成湖北省区划体系。

7 结语

（1）按照“从源、从众、从主”确定区划原则的基本思想，从自然、社会经济、土地利用和水土流失等方面选取 20 个指标，运用主成分分析方法，最终得到各要素主成分 10 个，建立区划指标，达到了简化数据，提取重点的效果。

（2）对湖北省涉及的全国水土保持三级区进行综合分析，部分三级区内各县市在自然条件、社会经济条件等方面一致性较好，差异较小，与湖北省原有的水土流失类型区划分比较协调，不再进一步划分；对其他的三级区运用层次聚类分析，选择 Ward 聚类法将湖北省划分为 13 个湖北省二级区。

（3）参考《全国水土保持区划导则》，对形成的湖北省二级区进行分析评价，确定各区主导的水土保持功能，采用多段式命名法命名划定的湖北省二级区，形成湖北省水土保持区划成果，从区划成果来看，比较全面地反映了湖北省地区特色和湖北省水土保持特征，其结果可为编制《湖北省水土保持规划》奠定重要基础。

参 考 文 献

[1] 赵岩，王治国，孙保平，等. 中国水土保持区划方案初步研究 [J]. 地理学报，2013，68 (3)：307 - 317.

[2] 承志荣，王新军，王雪晴，等. 基于主成分分析法的江苏省水土保持区划指标体系研究 [J]. 水土保持通报，2013，33 (6)：181 - 186.

[3] 水利部水利水电规划设计总院. 全国水土保持区划导则 [Z]. 北京：水利部水利水电规划设计总院.

大型水利工程移民安置点规划新思维

王绎思

［摘要］ 现阶段，我国大型水利工程移民安置点的选址大多采取地方政府指定或村集体商议的方式。此类选址方式不可避免地具有一定的局限性，选址很难结合区域整体规划，同时也无法预测周边地区发展趋势。随着我国设计理念和社会经济水平的快速发展，造成了多年后安置点无法满足规划要求，激发了移民群体居住诉求与安置点规划落后的矛盾。本文力求探究一种移民安置点规划新方法，结合运用 GIS 和系统动力模型科学地筛选并评估能够满足新农村乡村振兴建设要求的移民安置区域，为安置区规划选址提供可靠的科学依据。

［关键词］ 水利；移民；安置

1 引言

大型水利工程（大型枢纽工程、蓄滞洪区工程、湖泊修复工程等）的建设不可避免地涉及大量外迁移民，原先以自然村为单位生活聚居的大量移民需要搬迁到新的区域生产生活。因此，科学合理的规划设计移民安置点成了促进新时代乡村持续稳定和谐发展的关键因素。

2 水利工程移民安置点规划现状

目前，我国水利水电工程农村移民安置目标普遍以满足搬迁村民原有基本生活条件为基准，安置点的建设严格遵从国家节约用地的原则，控制用地标准和基础设施建设标准，移民搬迁安置规划偏重场地建设设计而忽视区域发展规划的现象明显，侧重于建设标准和建设规模的设计而较少讨论安置区的选址规划及整体布局合理性的设计。党的十九大提出了“产业兴旺、生态宜居、乡风文明、治理有效、生活富裕”的二十字乡村振兴战略方针，对于移民安置点的规划设计理念提出了新的要求，由早期的满足“三通一平”换变为建设“美丽乡村”。随着农村经济的快速发展，移民群体对安置点的规划设计也提出了更高的要求，当前移民安置点的规划急需解决搬迁村民对居住环境日益增长的诉求与规划设计过于单一化的矛盾。现阶段，我国水利水电工程移民搬迁安置点的规划设计主要存在以下问题。

（1）现阶段移民安置点规划设计主要关注场地地质条件是否安全、基础设施是否满足基本生活要求，对现代化的周边环境生态宜居、环境保护与治理等因素重视不够。按照中共中央、国务院印发的《乡村振兴战略规划（2018—2022 年）》提出的乡村振兴战略要求，现代化农村应推进农村生活垃圾处理处置体系建设，推动城镇污水管网与农村污水处理设施的衔接，巩固提升农村饮水安全保障水平，实施水系连通和河塘清淤整治等工程建设。因此，需要结合乡村振兴战略来研究探索新时期移民安置区设计与现代化新农村人居环境规划的关系。

（2）现阶段移民安置点规划设计主要考虑满足必要的交通出行条件，对现代化的物流基础设施建设重视不够。按照中共中央、国务院印发的《乡村振兴战略规划（2018—2022 年）》提出的乡村振兴战略要求，现代化农村应鼓励发展镇村公交，以乡镇公共交通线路向周边村集体延伸，构建农村物流基础设施骨干网络，完善农村物流基础设施。因此，需要结合乡村振兴战略来研究探索新时期移民安置区设计与现代化新农村物流交通网网络建设规划的关系。

（3）现阶段移民安置点规划设计主要关注必要的水、电、路等基础设施配置，对现代化的能源信息基础设施配套建设重视不够。按照中共中央、国务院印发的《乡村振兴战略规划（2018—2022 年）》提出的乡村振兴战略要求，现代化农村应具备进村入户的农业信息化水平，建立产销衔接的互联网农业服务平台，推广太阳能、生物质能和水、风能等农村绿色能源设施。因此，需要结合乡村振兴战略来研究探索新时期移民安置区设计与现代化新农村公共基础设施建设规划的关系。

（4）现阶段移民安置点规划设计主要关注周边大农业产业规划，对现代化农村多元化产业发展的规划重视不够。按照中共中央、国务院印发的《乡村振兴战略规划（2018—2022 年）》提出的乡村振兴战略要求，现代化农村应深入发掘特色产业优势，融合周边生态涵养、地域特产、休闲观光等多种功能和多重价值，同步发展农村三产。因此，需要结合乡村振兴战略来研究探索新时期移民安置区设计与现代化新农村产业发展规划的关系。

3 水利工程移民安置点规划方法

创新农村移民搬迁安置的规划理念，改善新建移民集中居住区的面貌，提高移民的生活生产环境，更好的体现现代化美丽乡村的特色，达到生态宜居的效果。新形势下，农村移民搬迁安置区应注重提升移民居住舒适度，按生态宜居的要求进行农村移民居民点的规划，建议增加农村生活污水处理和固体废物处理设施的规划内容，衔接周边安全饮水管网建设，利用河流水网治污规划打造生态宜居的生活环境，同时在居民点建设过程中注重生态环境的保护，保持地方特色和传统风貌，以达到建设生态化新农村人居环境的目的。

建立衔接便捷发达的农村交通物流网络设计。现阶段，社会商品资源交换效率得益于全国物流运输业的发展得到了极大的提升。移民安置区作为全国人群聚集的最小单元和物资生产的起始端，为了切实保障其人力资源与商品物资交换，充分激发安置区经济发展活力，建议衔接乡镇交通网络规划，使公共交通网辐射到周边自然村，以便形成合力共网推进移民安置区乡村振兴的实现。

强化现代化能源信息公共设施配套规划，现阶段，移民行业规范对农村移民安置的公共服务设施配套缺乏现代化设施配置要求和建设规定，对能源信息化公共设施配套重视不够。建议增加农村移民安置区的能源信息化公共服务设施配套规划，从规范层面对现代化的公共服务设施作出前瞻性的配套规定，并明确执行标准。推行农村移民安置区信息化管理，网络设施进村入户，统筹考虑周边天然气管网配套建设，在有条件的地区增加生物质能、风能、水能等情节能源的设施规划，以期提高移民生活水平并保障移民安置区乡村振兴的实现。

拓展具有当地特色的移民产业安置思路，兼顾经济发展与生态保护的协调统一并因地制宜的开发移民产业发展规划。现阶段我国水利水电移民政策基本以土地资源再分配为基础发展农业生产来保障安置区移民的生产生活需求，经济发展模式较为单一。因此，建议统筹考虑安置区三产发展的条件，与乡村振兴战略规划中的产业发展规划相衔接，结合地域经济发展特点，明确提出多样性的产业发展规划，提出能够推进安置区域移民可持续发展的切合实际的移民产业发展规划内容，以实现移民后续生产的发展并达到增收致富的目标。

4 水利工程移民安置点规划技术

目前，移民安置区的规划方法研究多集中于聚类分析法、灰色局势决策法、模糊综合评价法以及主成分分析法等。本章结合现有研究，重在探讨一种以生态绿色宜居为规划理念、以系统动力学模型为设计依托、以 GIS 软件应用为技术支撑的乡村安置规划方法。

4.1 安置点选址

安置点的选址应征求广大移民的意见，并同时满足国家各部门相关法律法规的政策规定。移民安置区应选择在国家自然保护区、基本农田保护区之外，同时考虑满足区域功能规划、住宅建设条件等因素。因此，设计规划之前应收集项目所在地主体功能区、生态保护红线、基本农田保护区、水土保持区划以及地质构造分区等边界条件，并通过 GIS 软件对安置区域范围进行筛选出允许布置移民安置点的区域。安置区筛选的流程如图 1 所示。

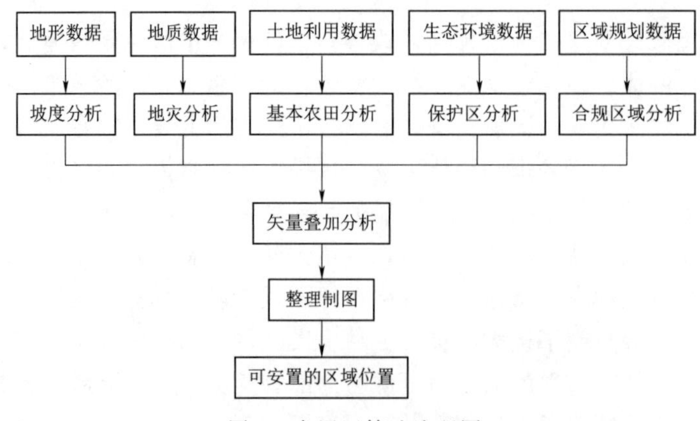

图 1 安置区筛选流程图

4.2 人居环境预测

系统分析法是指把要解决的问题作为一个系统，对系统要素进行综合分析，找出解决问题的可行方案的咨询方法。系统分析法因其能妥善地解决一些多目标动态性问题，目前已广泛应用于各行各业，尤其在进行区域开发或解决优化方案选择问题时，系统分析法显示出其他方法所不能达到的效果。

在分析过程中，通过输入影响安置点人居环境评价的生态环境因素、交通出行因素、能源信息因素、经济生产因素的预测函数构建闭合的系统动力学模型，利用模型分析预测安置点的发展趋势，为安置点的选址做出科学合理的参考（图 2）。

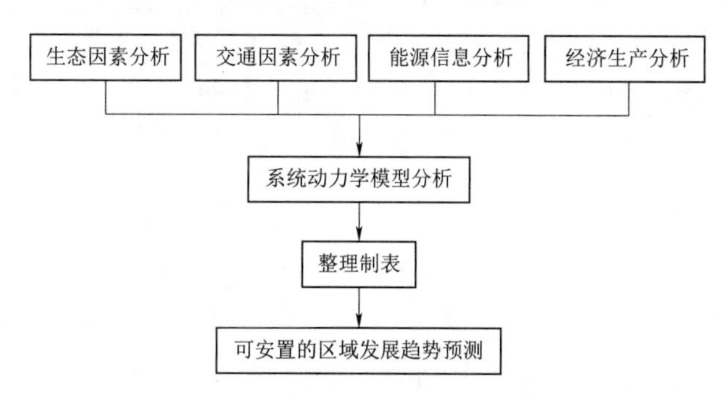

图 2　基于系统分析模型的安置点人居环境预测结构图

（1）生态因素分析。以建设安置点生态环境宜居为导向，考查周边农村水利基础设施网络和农村安全饮水管网的骨干与田间衔接情况；收集周边水系连通和河塘清淤整治情况；调查周边农村垃圾处理设施建设情况。依据周边环境因素与安置点远期生态发展趋势的相关性建立评价函数。

（2）交通因素分析。以保障安置点基本出行条件为基础，考查乡镇公共交通线路向安置点周边延伸的情况；收集周边农村物流基础设施骨干网络与布局情况；调查安置点附近范围内的现有公路交通连接情况。依据周边交通因素与安置点远期交通发展趋势的相关性建立评价函数。

（3）能源信息分析。以打造安置点现代化生活条件为前提，考查周边利用水能和风能等清洁能源的开发情况；了解周边规模化生物质天然气和沼气等清洁能源工程以及农村供气基础设施网络向农村延伸的情况；收集安置点附近范围内现有电力网络布置及升级改造情况；调查周边农业农村远程教育、远程医疗、智能化农村统计信息系统等的信息服务开发计划。依据周边能源信息因素与安置点远期能源信息发展趋势的相关性建立评价函数。

（4）经济生产分析。以满足安置点经济生产永续发展为根本，考查周边乡镇为中心的生活圈布局情况；收集周边特色魅力小镇发展特点以及区域内传承的乡村文化；了解周边区域农业产业特色以及生产资料储备情况；调查周边其他非移民的利益。依据周边经济生产因素与安置点远期经济生产发展趋势的相关性建立评价函数。

5 结论

近年来，我国农村移民安置点规划将面临国家、地方政府、搬迁村民等各个方面的众多新要求，水利水电工程农村移民安置点的设计应抓住机遇贯彻执行我国乡村振兴战略，惠及为了水利水电工程建设而搬迁的移民。为此，本篇结合《乡村振兴战略规划（2018—2022)》对新时代乡村建设的基本要求，通过综合考量多种影响安置区建设的要素来规划设计农村移民安置点，包括创新农村移民生态宜居安置规划理念、建立衔接便捷发达的农村物流网络设计、强化现代化能源信息公共设施配套规划、拓展具有当地特色的移民产业安置思路。利用GIS筛选和系统动力模型科学地筛选并评估能够满足新农村乡村振兴建设要求的移民安置区域，为安置区规划发展提供了可靠的科学依据。最后，力求通过提升我国水利水电农村移民安置效果来推动移民安置区实现乡村振兴，从而为实现国家乡村振兴战略政策作出贡献。

参考文献

[1] 姚凯文. 基于主要成分分析法的水库移民安置区选优模型 [J]. 水力发电，2009，35 (4)：8-10.
[2] 倪九派. 安置区移民安置适宜性评价——以雅安市雨城区为例 [J]. 水利学报，2004 (1)：78-82.
[3] 陈俊杰. 基于GIS的工程移民安置区选择模糊评价模型 [J]. 浙江大学学报，2012，39 (2)：219-224.